“十三五”国家重点出版物出版规划项目
卓越工程能力培养与工程教育专业认证系列规划教材（电气工程及其自动化、自动化专业）
普通高等教育电气工程/自动化系列规划教材

现代控制理论基础

第 4 版

主编　孙炳达
参编　梁慧冰

机械工业出版社

本书是为“应用型工科”控制类相关专业学生和非控制类学科的硕士研究生学习“现代控制技术和方法”而撰写的教材。

线性系统理论是现代控制理论的基础，也是目前理论上最完善、技术上最成熟、工程应用最广泛的内容。本次修订除对原书第3版的部分章节内容改写外，还增写了“最优控制”的有关内容，补充了部分习题参考答案供读者学习参考。

本书重点突出、概念清晰、内容精炼、简明易懂，具有工程应用的特色，可帮助读者正确理解和掌握“现代控制理论”中最基础又最重要的概念、原理和分析、综合系统的方法，了解工程上的典型应用实例，既方便教师教学也方便学生学习。

本书配有免费电子课件，欢迎选用本书作教材的教师登录 www.cmpedu.com 注册下载。

图书在版编目（CIP）数据

现代控制理论基础／孙炳达主编．—4版．—北京：机械工业出版社，2018.8（2024.8重印）
普通高等教育“十三五”规划教材
ISBN 978-7-111-60526-3

Ⅰ.①现… Ⅱ.①孙… Ⅲ.①现代控制理论—高等学校—教材
Ⅳ.①O231

中国版本图书馆CIP数据核字（2018）第161744号

机械工业出版社（北京市百万庄大街22号 邮政编码100037）
策划编辑：王 康 责任编辑：王 康 王玉鑫
责任校对：张 薇 封面设计：鞠 杨
责任印制：单爱军
北京虎彩文化传播有限公司印刷
2024年8月第4版第7次印刷
184mm×260mm · 13印张 · 317千字
标准书号：ISBN 978-7-111-60526-3
定价：32.00元

凡购本书，如有缺页、倒页、脱页，由本社发行部调换

电话服务
服务咨询热线：010-88379833
读者购书热线：010-88379649

网络服务
机 工 官 网：www.cmpbook.com
机 工 官 博：weibo.com/cmp1952
教育服务网：www.cmpedu.com
金 书 网：www.golden-book.com

前　言

本书是为“应用型工科”控制类相关专业，如自动化、电气工程及其自动化等专业学生和非控制类学科，如机电、信息、计算机应用等硕士研究生学习“现代控制技术和方法”而撰写的教材或参考书。本书重点突出、概念清晰、内容精练、简明易懂，具有工程应用的特色，既方便教师教学也方便学生学习。

线性系统理论是现代控制理论的基础，也是目前理论上最完善、技术上最成熟、工程应用最广泛的一个分支。本书可帮助读者正确理解和掌握其中最基础又最重要的概念、原理和分析、综合系统的方法，了解工程上的一些应用实例。

本书共分7章。第一章介绍现代控制中用到的建立系统数学模型的方法；第二～四章涉及系统的性能分析，主要包括系统的能控性及能观测性、稳定性分析；第五章介绍状态空间综合（设计）系统的方法；第六章介绍“最优控制”的主要内容；第七章为应用实例，有利于学生对全书内容的进一步理解和掌握。

本书在第3版（孙炳达、梁慧冰编著）的基础上修订而成。本次修订由孙炳达完成。其中，重新撰写第三章的第五～七节；增补有关“最优控制”的主要内容；对全书各章的习题重新选排并提供部分习题的参考答案。

本书的出版，曾得到广东工业大学、广东技术师范大学及天河学院、广东省重点学科及机械工业出版社等单位的支持，特别是在编写及修订过程中参阅和引用了同类教材的一些内容，编者对上述单位和个人表示深深的谢意！

由于编者水平有限，书中难免仍会有不妥和错误之处，衷心希望同行及读者批评指正。

编　者

目　录

第一章 控制系统的状态空间描述

系统的“数学模型”，能反映系统固有的“稳态、动态特性”。

经典控制理论中，系统的“数学模型”是用微分方程、传递函数、动态结构图等来描述的，这种描述又常称为系统的“**外部描述**”；控制对象主要是单输入－单输出的线性定常系统；采用的分析和综合方法，主要是基于复数域的间接方法，即频率特性法和根轨迹法。这两种方法，对性能要求不必太精准的系统来说，已被全世界控制界和工程应用界证明是完全合适而且是很有成效的。

由于控制系统是朝着复杂的大系统发展，控制任务更加复杂，其对控制的程度、范围及适应能力的要求越来越高、性能要求越来越精准。经典控制理论已难予信任和满足这类系统的分析及设计要求，因此便产生了现代控制理论并得到了迅速的发展。

现代控制理论中，系统的“数学模型”通常是用状态空间表达式或状态变量图来描述的，这种描述又常称为系统的“**内部描述**”；控制对象可以是单输入－单输出，可以是多输入－多输出，可以是线性的也可以是非线性的，可以是定常的也可以是时变的；现代控制理论采用的是时域的直接分析方法，能对给定的性能或综合指标设计出最优控制系统。

目前，现代控制理论主要包含5大方面内容或者说5个分支，分别是线性系统理论、系统建模与参数辨识、最优滤波、最优控制和自适应控制。其中，线性系统理论是现代控制理论的基础，也是目前理论上最完善、技术上最成熟、工程应用最广泛的一个分支，它是以微分方程、线性代数（矩阵运算）为主要的数学工具，以状态空间为基础的分析、综合系统的方法。

本章只重点介绍和讨论建立单输入－单输出线性定常系统状态空间描述的一些主要方法及相关问题，一是因为所讨论的方法具有代表性，二是这类系统在工业中目前仍占有很大比例。

第一节　状态空间描述的基本定义及一般形式

一、基本定义与概念

1. 状态

控制系统状态的定义是，能完全地描述或确定系统动态（时域）行为的个数最少的一组变量。

定义中的“完全描述或确定”的含义是指，如果给出了这组变量的各初值和 $t \geqslant 0$ 时的系统输入量，那么，系统在 $t \geqslant 0$ 时的任何瞬间的行为都能被完全确定。

定义中“个数最少”的含义是指，对于所选定的一组变量，若减少了其中的一个，则无法确定系统的行为；若再增加一个又没有必要，因此，要选择线性无关的变量作为状态。

2. 状态变量

构成系统状态中的每一个变量。常用 x_1，x_2，x_3，…表示。

状态变量通常是物理量，或是一些物理量的组合；可以是能测量的，也可以是不能测量的。但是，从工程应用角度，状态变量应选择容易测量的物理量为好，这对系统的分析和实施控制都会比较方便。

特别要**注意**的是，状态变量的个数等于系统的阶数，即系统中独立储能元件的数目。所以，n 阶系统仅可选 n 个状态变量，但选取具有非唯一性。例如，三相异步电动机在两相同步旋转坐标系中的数学模型是5阶微分方程，系统中的独立变量有9个，但考虑到转子电流的两个分量不可测，所以，状态变量只在7个变量中，选5个能检测的变量作为状态变量。

3. 状态矢量

状态矢量又称状态向量，把状态变量 x_1，x_2，…，x_n，视为向量 $\boldsymbol{x}(t)$ 的分量，则称 $\boldsymbol{x}(t)$ 为状态矢量。常简写为 $\boldsymbol{x}$，即

$$\boldsymbol{x}=\begin{pmatrix} x_1 \\ x_2 \\ \vdots \\ x_n \end{pmatrix} \quad \text{或} \ \boldsymbol{x}^{\mathrm{T}}=(x_1,\ x_2\cdots,\ x_n)$$

4. 状态空间

以状态变量 x_1，x_2，…，x_n 为坐标轴所构成的 n 维空间。

n 维空间是一个抽象的概念，但可以从几何学上的二维空间是一个平面、三维空间是一个立方体推广和联想。

5. 状态方程

状态变量的导数与状态变量和输入量之间关系的一阶微分方程组（连续系统）或一阶差分方程组（离散系统）。

6. 输出方程

系统输出量与状态变量和输入量之间关系的代数方程。输出量常用英文的大小写字母“Y”或“y”表示。

7. 状态空间表达式

状态方程和输出方程，总称为系统的状态空间表达式，或称为动态方程式，它构成了对系统动态行为的完整描述。

8. 状态变量图

反映系统输出量与输入量及各状态变量之间传递关系的图形。

系统的**状态空间描述**，是通过“**状态空间表达式**”或（和）“**状态变量图**”来表示的。

二、状态空间表达式的一般形式

由定义可知，系统的状态空间表达式，应包含两个方程：一个是状态方程；另一个是输出方程。

1. 单输入-单输出线性系统

（1）定常连续系统

一单输入-单输出线性定常连续系统，设 u 为输入量，y 为输出量。若系统有 n 个状态

变量 x_1，x_2，…，x_n，则根据**状态方程**的定义，它是由 n 个一阶微分方程式组成的一方程组，一般形式为

$$\begin{cases} \dot{x}_1 = a_{11}x_1 + a_{12}x_2 + \cdots + a_{1n}x_n + b_1 u \\ \dot{x}_2 = a_{21}x_1 + a_{22}x_2 + \cdots + a_{2n}x_n + b_2 u \\ \vdots \\ \dot{x}_n = a_{n1}x_1 + a_{n2}x_2 + \cdots + a_{nn}x_n + b_n u \end{cases} \tag{1-1}$$

式中的系数 a_{ij}（$i=1，2，\cdots，n；j=1，2，\cdots，n$），$b_1$，$b_2$，…，$b_n$ 与系统参数有关。

输出方程表达式的一般形式为

$$y = c_1x_1 + c_2x_2 + \cdots + c_nx_n + du \tag{1-2}$$

式中的系数 c_i（$i=1，2，\cdots，n$）和 d 与系统参数有关。

式（1-1）和式（1-2）构成了描述系统的**状态空间表达式**。写成**向量－矩阵式**为

$$\begin{cases} \begin{pmatrix} \dot{x}_1 \\ \dot{x}_2 \\ \vdots \\ \dot{x}_n \end{pmatrix} = \begin{pmatrix} a_{11} & a_{12} & \cdots & a_{1n} \\ a_{21} & a_{22} & \cdots & a_{2n} \\ \vdots & \vdots & & \vdots \\ a_{n1} & a_{n2} & \cdots & a_{nn} \end{pmatrix} \begin{pmatrix} x_1 \\ x_2 \\ \vdots \\ x_n \end{pmatrix} + \begin{pmatrix} b_1 \\ b_2 \\ \vdots \\ b_n \end{pmatrix} u & \textbf{状态方程} \\ y = (c_1 c_2 \cdots\cdots c_n) \begin{pmatrix} x_1 \\ x_2 \\ \vdots \\ x_n \end{pmatrix} + du & \textbf{输出方程} \end{cases} \tag{1-3}$$

或简写成

$$\begin{cases} \dot{\boldsymbol{x}} = \boldsymbol{A}\boldsymbol{x} + \boldsymbol{b}u \\ y = \boldsymbol{c}\boldsymbol{x} + du \end{cases} \tag{1-4}$$

式中　$\boldsymbol{x} = \begin{pmatrix} x_1 \\ x_2 \\ \vdots \\ x_n \end{pmatrix}$；$\boldsymbol{A} = \begin{pmatrix} a_{11} & a_{12} & \cdots & a_{1n} \\ a_{21} & a_{22} & \cdots & a_{2n} \\ \vdots & \vdots & & \vdots \\ a_{n1} & a_{n2} & \cdots & a_{nn} \end{pmatrix}$；$\boldsymbol{b} = \begin{pmatrix} b_1 \\ b_2 \\ \vdots \\ b_n \end{pmatrix}$；$\boldsymbol{c} = (c_1 c_2 \cdots\cdots c_n)$

$\boldsymbol{x}$ 是 $n \times 1$ 维的**状态向量**；$\boldsymbol{A}$ 是 $n \times n$ 维矩阵，称为**系统矩阵**；$\boldsymbol{b}$ 是 $n \times 1$ 维向量，称为**输入向量**或**控制向量**；$\boldsymbol{c}$ 是 $1 \times n$ 维向量，称为**输出向量**；d 为标量，称为**直接传输系数**。

状态空间表达式用向量矩阵方程表示，能方便用计算机进行计算，有利于对系统的分析和综合。

（2）定常离散系统

线性定常离散系统的状态空间表达式与线性定常连续系统的雷同，只是定常离散系统的状态方程由向量差分方程组成、输出方程用离散信号表达而已，简写形式如下：

$$\begin{cases} x(k+1)=\boldsymbol{A}x(k)+\boldsymbol{b}u(k) & \text{状态方程} \\ y(k)=\boldsymbol{c}x(k)+du(k) & \text{输出方程} \end{cases} \tag{1-5}$$

式中，相关矩阵的维数及名称与定常系统相同。

（3）时变系统

对于一单输入－单输出线性时变系统，设输入量为 u，输出量为 y。若有 n 个状态变量 x_1，x_2，…，x_n，则其状态方程和输出方程的形式，只要将定常系统的状态空间表达式（1-3）中的系数，或式（1-4）中的 $\boldsymbol{A}$、$\boldsymbol{b}$、$\boldsymbol{c}$ 和 d 中的某些元素或全部元素改为时间 t 的函数，就是时变系统的状态空间表达式的一般形式。简写为

$$\begin{cases} \dot{\boldsymbol{x}}=\boldsymbol{A}(t)\boldsymbol{x}+\boldsymbol{b}(t)u & \text{状态方程} \\ \boldsymbol{y}=\boldsymbol{c}(t)\boldsymbol{x}+d(t)u & \text{输出方程} \end{cases} \tag{1-6}$$

式中，相关矩阵的维数和名称与定常系统相同。

2. 多输入－多输出线性系统

（1）线性定常系统

一多输入－多输出线性定常系统，设有 r 个输入量 u_1，u_2，…u_r，m 个输出量 y_1，…，y_m。若有 n 个状态变量 x_1，x_2，…，x_n 则其**状态方程**的一般表达式为

$$\begin{cases} \dot{x}_1=a_{11}x_1+a_{12}x_2+\cdots+a_{1n}x_n+b_{11}u_1+b_{12}u_2+\cdots+b_{1r}u_r \\ \dot{x}_2=a_{21}x_1+a_{22}x_2+\cdots+a_{2n}x_n+b_{21}u_1+b_{22}u_2+\cdots+b_{2r}u_r \\ \vdots \\ \dot{x}_n=a_{n1}x_1+a_{n2}x_2+\cdots+a_{nn}x_n+b_{n1}u_1+b_{n2}u_2+\cdots+b_{nr}u_r \end{cases} \tag{1-7}$$

输出方程的一般表达式为

$$\begin{cases} y_1=c_{11}x_1+c_{12}x_2+\cdots+c_{1n}x_n+d_{11}u_1+d_{12}u_2+\cdots+d_{1r}u_r \\ y_2=a_{21}x_1+a_{22}x_2+\cdots+c_{2n}x_n+d_{21}u_1+d_{22}u_2+\cdots+d_{2r}u_r \\ \vdots \\ y_m=c_{m1}x_1+c_{m2}x_2+\cdots+c_{mn}x_n+d_{m1}u_1+d_{m2}u_2+\cdots+d_{mr}u_r \end{cases} \tag{1-8}$$

式（1-7）和式（1-8），构成了多输入－多输出线性定常系统的状态空间描述。写成**矩阵的形式**为

$$\begin{cases} \dot{\boldsymbol{X}}=\boldsymbol{AX}+\boldsymbol{BU} & \text{状态方程} \\ \boldsymbol{Y}=\boldsymbol{CX}+\boldsymbol{DU} & \text{输出方程} \end{cases} \tag{1-9}$$

式中 $\boldsymbol{X}=(x_1 \quad x_2 \quad \cdots \quad x_n)^{\mathrm{T}}$，$n\times1$ 维；$\boldsymbol{Y}=(y_1 \quad y_2 \quad \cdots \quad y_m)^{\mathrm{T}}$，$m\times1$ 维

$$\boldsymbol{A}=\begin{pmatrix} a_{11} & a_{12} & \cdots & a_{1n} \\ a_{21} & a_{22} & \cdots & a_{2n} \\ \vdots & \vdots & & \vdots \\ a_{n1} & a_{n2} & \cdots & a_{nn} \end{pmatrix}，n\times n \text{ 维} \qquad \boldsymbol{B}=\begin{pmatrix} b_{11} & b_{12} & \cdots & b_{1r} \\ b_{21} & b_{22} & \cdots & b_{2r} \\ \vdots & \vdots & & \vdots \\ b_{n1} & b_{n2} & \cdots & b_{nr} \end{pmatrix}，n\times r \text{ 维}$$

$$\boldsymbol{C}=\begin{pmatrix} c_{11} & c_{12} & \cdots & c_{1n} \\ c_{21} & c_{22} & \cdots & c_{2n} \\ \vdots & \vdots & & \vdots \\ c_{m1} & c_{m2} & \cdots & c_{mn} \end{pmatrix},\ m\times n\text{ 维}\qquad \boldsymbol{D}=\begin{pmatrix} d_{11} & d_{12} & \cdots & d_{1r} \\ d_{21} & d_{22} & \cdots & d_{2r} \\ \vdots & \vdots & & \vdots \\ d_{m1} & d_{m2} & \cdots & d_{mr} \end{pmatrix},\ m\times r\text{ 维}$$

$$\boldsymbol{U}=(u_1\quad u_2\quad \cdots\quad u_r)^{\mathrm{T}},\ r\times 1\text{ 维}$$

（2）线性时变系统

一多输入－多输出线性时变系统，设有 r 个输入量 u_1，u_2，…，u_r，m 个输出量 y_1，…，y_m。若有 n 个状态变量，则其状态空间的一般表达式，只要将式（1-7）和式（1-8）中的参数或式（1-9）中矩阵 $\boldsymbol{A}$、$\boldsymbol{B}$、$\boldsymbol{C}$ 和 $\boldsymbol{D}$ 中的某些元素或全部元素改为时间 t 的函数，就是时变系统的状态空间描述的一般式，简写形式为

$$\begin{cases} \dot{\boldsymbol{x}}=\boldsymbol{A}(t)\boldsymbol{x}+\boldsymbol{B}(t)\boldsymbol{U} & \text{状态方程} \\ \boldsymbol{Y}=\boldsymbol{C}(t)\boldsymbol{x}+\boldsymbol{D}(t)\boldsymbol{U} & \text{输出方程} \end{cases} \tag{1-10}$$

3. 非线性系统

非线性系统的状态空间描述，也是由状态方程和输出方程组成。不同的是，它们是由一组非线性方程组成的。例如，有 r 个输入量，m 个输出量的 n 阶非线性系统（定常或时变）的**状态方程**，是用 n 个一阶非线性微分方程式来表示：

$$\begin{cases} \dot{x}_1=f_1(x_1,\ x_2,\ \cdots,\ x_n;\ u_1,\ u_2,\ \cdots,\ u_r) \\ \dot{x}_2=f_2(x_1,\ x_2,\ \cdots,\ x_n;\ u_1,\ u_2,\ \cdots,\ u_r) \\ \vdots \\ \dot{x}_n=f_n(x_1,\ x_2,\ \cdots,\ u_1,\ u_2,\ \cdots,\ u_r) \end{cases}\quad \text{状态方程} \tag{1-11}$$

输出方程的一般表达式为

$$\begin{cases} y_1=g_1(x_1,\ x_2,\ \cdots,\ x_n;\ u_1,\ u_2,\ \cdots,\ u_r) \\ y_2=g_2(x_1,\ x_2,\ \cdots,\ x_n;\ u_1,\ u_2,\ \cdots,\ u_r) \\ \vdots \\ y_m=g_m(x_1,\ x_2,\ \cdots,\ u_1,\ u_2,\ \cdots,\ u_r) \end{cases}\quad \text{输出方程} \tag{1-12}$$

式（1-11）和式（1-12）也可写成矩阵方程形式：

$$\begin{cases} \dot{\boldsymbol{x}}=\boldsymbol{f}(x,\ u,\ t) \\ \boldsymbol{y}=\boldsymbol{g}(x,\ u,\ t) \end{cases}$$

三、状态变量图的一般形式

线性系统状态空间描述也可用状态变量图表示。状态变量图由积分器、比例器、加（减）法器和信号线组成。其中，积分器是用一个方框，方框内画一个积分符号“$\int$”或写入积分的拉普拉斯变换“$\frac{1}{s}$”；比例器也用一个方框，方框内写入其比例系数值；加（减）法器用小圆圈（圈内可带×），如图 1-1 所示。

根据系统的状态方程和输出方程容易绘制出其图形。例如，系统的状态空间表达式为

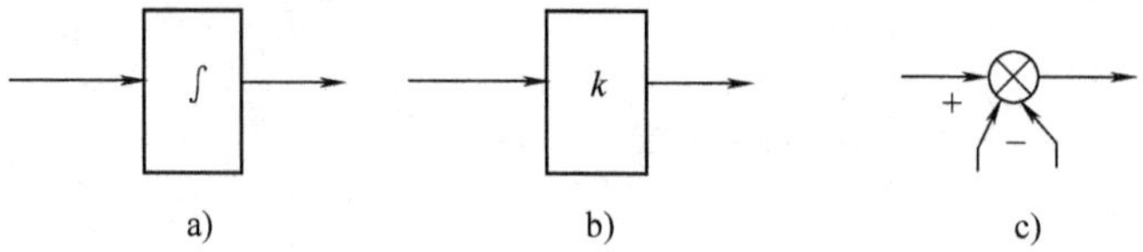

图 1-1 构成变量图的基本单元
a）积分器 b）比例器 c）加减法器

$$\begin{cases} \dot{\boldsymbol{X}} = \boldsymbol{AX} + \boldsymbol{BU} & \textbf{状态方程} \\ \boldsymbol{Y} = \boldsymbol{CX} + \boldsymbol{DU} & \textbf{输出方程} \end{cases}$$

其状态变量图如图 1-2 所示。依据状态方程容易画出 $\boldsymbol{U} \to \dot{\boldsymbol{X}} \to \boldsymbol{X}$ **正向传输通道和反馈通道**；依据输出方程可画出**直接传输通道** $\boldsymbol{U} \to \boldsymbol{D} \to \boldsymbol{Y}$。

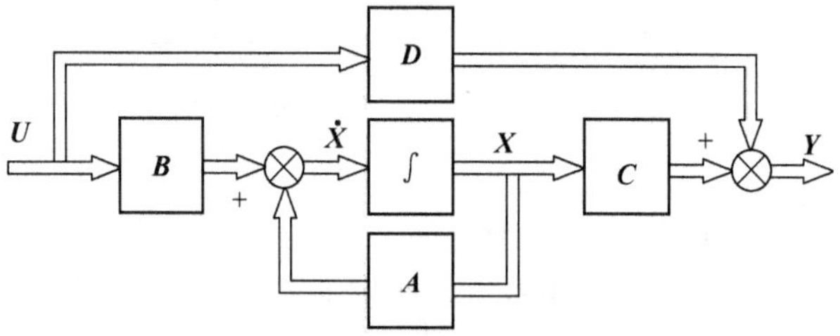

图 1-2 系统的状态变量图

图中，双线箭头表示信号传递的是向量信号，但为了绘图方便，今后都简化为单线箭头表示。具体的绘制方法和步骤，将在后面的章节中结合实际系统详细介绍。

第二节 根据系统机理建立状态空间表达式

一般的控制系统可根据系统内部信号所遵循的物理或化学定理或规律，去建立其状态空间表达式，具体步骤如下：

1）确定系统的输入量和输出量。

2）根据系统内部信号所遵循的机理或物理、化学定律，列写出描述系统动态特性的微分方程。

3）选择状态变量，把微分方程化为含状态变量的一阶微分方程组。

4）表示成向量－矩阵方程形式。

下面通过例子，说明用机理方法建立环节（或系统）状态空间表达式的方法和过程。

例 1-1 *RLC* 电路如图 1-3 所示，试求其状态空间表达式并绘制其状态变量图。

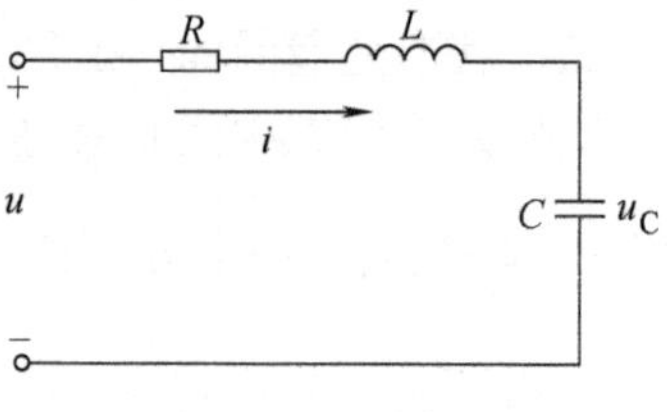

图 1-3 *RLC* 电路

解 1）输入量为 u，设输出量为电容电压 u_C。

2）根据电路理论中的相关定律有

$$L\frac{\mathrm{d}i}{\mathrm{d}t} + Ri + u_C = u \tag{1-13}$$

$$C\frac{\mathrm{d}u_C}{\mathrm{d}t} = i \tag{1-14}$$

3）电路中有两个独立的储能元件：电感和电容。若选取电流 i 和电容电压 u_C 为状态变量，即

$$x_1 = i, \qquad x_2 = u_C$$

将式（1-13）改写成为状态变量 i 的一阶微分方程式

$$\dot{x}_1 = -\frac{R}{L}x_1 - \frac{1}{L}x_2 + \frac{1}{L}u \tag{1-15}$$

将式（1-14）改写为状态变量 u_C 的一阶微分方程式

$$\dot{x}_2 = \frac{1}{C}x_1 \tag{1-16}$$

式（1-15）和式（1-16）便构成了图 1-3 所示的 *RLC* 电路的**状态方程**

$$\begin{cases} \dot{x}_1 = -\dfrac{R}{L}x_1 - \dfrac{1}{L}x_2 + \dfrac{1}{L}u \\ \dot{x}_2 = \dfrac{1}{C}x_1 \end{cases} \tag{1-17}$$

输出量用 y 表示，由状态变量可知，**输出方程**为

$$y = u_C = x_2 \tag{1-18}$$

式（1-17）和式（1-18）构成了图 1-3*RLC* 电路的**状态空间表达式**。

4）用向量 – 矩阵方程式表示

$$\begin{cases} \begin{pmatrix} \dot{x}_1 \\ \dot{x}_2 \end{pmatrix} = \begin{pmatrix} -\dfrac{R}{L} & -\dfrac{1}{L} \\ \dfrac{1}{C} & 0 \end{pmatrix} \begin{pmatrix} x_1 \\ x_2 \end{pmatrix} + \begin{pmatrix} \dfrac{1}{L} \\ 0 \end{pmatrix} u & \textbf{状态方程} \\ y = (0 \quad 1) \begin{pmatrix} x_1 \\ x_2 \end{pmatrix} & \textbf{输出方程} \end{cases} \tag{1-19}$$

或简写成

$$\begin{cases} \dot{\boldsymbol{x}} = \boldsymbol{A}\boldsymbol{x} + \boldsymbol{b}u \\ \boldsymbol{y} = \boldsymbol{c}\boldsymbol{x} \end{cases} \tag{1-20}$$

式中

$$\boldsymbol{x} = \begin{pmatrix} x_1 \\ x_2 \end{pmatrix}; \qquad \boldsymbol{A} = \begin{pmatrix} -\dfrac{R}{L} & -\dfrac{1}{L} \\ \dfrac{1}{C} & 0 \end{pmatrix}; \qquad \boldsymbol{b} = \begin{pmatrix} \dfrac{1}{L} \\ 0 \end{pmatrix}; \qquad \boldsymbol{c} = (0 \quad 1)$$

状态变量图的绘制方法和步骤是，首先画出两个积分器（积分器的个数等于状态变量的个数），并把它们画在适当的位置上；把每个积分器的输出表示为某个状态变量；然后，根据状态方程式（1-17）和输出方程式（1-18），画出相应的比例器和加法器；最后用带箭头的信号线按信号的流通方向将这些元件连接起来。其**状态变量图**如图 1-4 所示。

在第一节中指出，对于给定的系统，状态变量的选取具有非唯一性。由于选取的状态变量不同，因此，状态空间表达式也就不同。

对于例 1-1 的 *RLC* 电路，若选取电流和电流的积分为状态变量，即

$$x_1 = i, \; x_2 = \int i\mathrm{d}t,$$

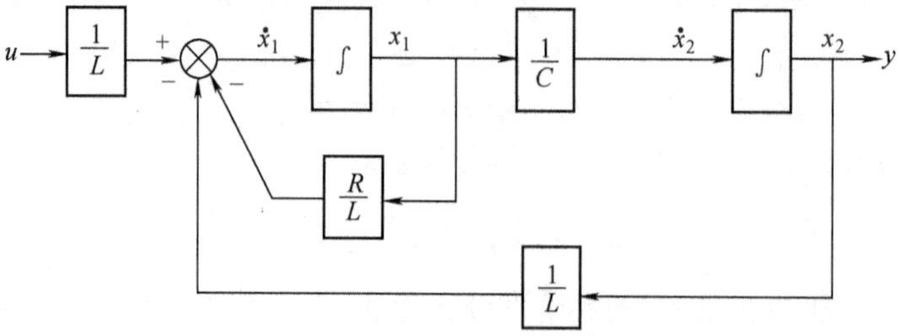

图 1-4 例 1-1 电路的状态变量图

由式（1-14），有

$$u_C = \frac{1}{C}\int i\mathrm{d}t, \tag{1-21}$$

将式（1-21）代入式（1-13），消去中间变量 u_C 后，式（1-13）可改写为

$$\dot{x}_1 = -\frac{R}{L}x_1 - \frac{1}{LC}x_2 + \frac{1}{L}u \tag{1-22}$$

考虑两个状态变量有如下关系：

$$\dot{x}_2 = x_1 \tag{1-23}$$

则由式（1-22）和式（1-23），组成了**又一组状态方程**

$$\begin{cases} \dot{x}_1 = -\dfrac{R}{L}x_1 - \dfrac{1}{LC}x_2 + \dfrac{1}{L}u \\ \dot{x}_2 = x_1 \end{cases} \tag{1-24}$$

输出量用 y 表示，由式（1-21）可得输出方程

$$y = u_C = \frac{1}{C}x_2 \tag{1-25}$$

式（1-24）和式（1-25）构成**另一状态空间表达式**。用矩阵式表示

$$\begin{cases} \begin{pmatrix} \dot{x}_1 \\ \dot{x}_2 \end{pmatrix} = \begin{pmatrix} -\dfrac{R}{L} & -\dfrac{1}{LC} \\ 1 & 0 \end{pmatrix}\begin{pmatrix} x_1 \\ x_2 \end{pmatrix} + \begin{pmatrix} \dfrac{1}{L} \\ 0 \end{pmatrix}u & \textbf{状态方程} \\ y = \begin{pmatrix} 0 & \dfrac{1}{C} \end{pmatrix}\begin{pmatrix} x_1 \\ x_2 \end{pmatrix} & \textbf{输出方程} \end{cases} \tag{1-26}$$

简写成

$$\begin{cases} \dot{\boldsymbol{x}} = \boldsymbol{A}\boldsymbol{x} + \boldsymbol{b}u \\ \boldsymbol{y} = \boldsymbol{c}\boldsymbol{x} \end{cases} \tag{1-27}$$

式中

$$\boldsymbol{x} = \begin{pmatrix} x_1 \\ x_2 \end{pmatrix}; \quad \boldsymbol{A} = \begin{pmatrix} -\dfrac{R}{L} & -\dfrac{1}{LC} \\ 1 & 0 \end{pmatrix}; \quad \boldsymbol{b} = \begin{pmatrix} \dfrac{1}{L} \\ 0 \end{pmatrix}; \quad \boldsymbol{c} = \begin{pmatrix} 0 & \dfrac{1}{C} \end{pmatrix}$$

比较式（1-19）和式（1-26），**状态空间表达式**是**不同**的。**要指出的是**，本章第六节将证明，在同一输入量作用下得到的系统或环节的输出量，或传递函数，却是**完全相**

同的。

例 1-2 电枢控制的直流电动机如图 1-5 所示，建立其动态方程。

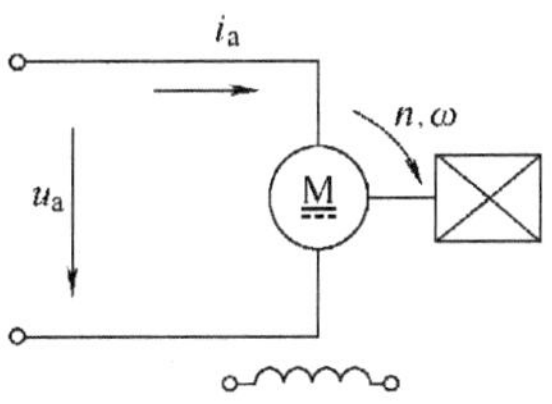

图 1-5 电枢控制的直流电动机

解 电枢控制的直流电动机，可视为是单输入（电枢电压）单输出（速度）的部件，但要同时考虑电枢电压和负载干扰时的数学模型，可视为双输入单输出的部件。

1）输入量为电枢电压 U_a 和负载转矩 M_Z，输出量为电动机轴上的角速度 ω。

2）列写微分方程。由“电机学”和“电机拖动”内容，可列写出如下方程：

$$U_a = R_a i_a + L_a \frac{di_a}{dt} + E_b \tag{1-28}$$

$$E_b = C_e \omega \tag{1-29}$$

$$M_d = M_Z + J\frac{d\omega}{dt} + f\omega \tag{1-30}$$

$$M_d = C_m i_a \tag{1-31}$$

式中，E_b 为电动机反电动势；M_d 为电动机的驱动转矩；f 为电动机轴上粘性摩擦系数。

3）选择状态变量。有两个独立的储能元件：一个是电枢电感 L_a，另一个是电动机轴上的转动惯量 J。选储能元件上的物理量，电枢电流 i_a 和电动机轴上的角速度 ω 为状态变量：

$$x_1 = i_a,\ x_2 = \omega$$

式（1-28）中，E_b 是中间变量。将式（1-29）代入式（1-28），消去式（1-28）中的中间变量 E_b 后，并改写成电枢电流 i_a 为状态变量的一阶微分方程式，有

$$\dot{x}_1 = -\frac{R_a}{L_a}x_1 - \frac{C_e}{L_a}x_2 + \frac{1}{L_a}U_a \tag{1-32}$$

将式（1-31）代入式（1-30），消去式（1-30）的中间变量 M_d，并改写为角速度 ω 为状态变量的一阶微分方程式，有

$$\dot{x}_2 = \frac{C_m}{J}x_1 - \frac{f}{J}x_2 - \frac{1}{J}M_Z \tag{1-33}$$

式（1-32）和式（1-33）构成了电枢控制的直流电动机的**状态方程**

$$\begin{cases} \dot{x}_1 = -\dfrac{R_a}{L_a}x_1 - \dfrac{C_e}{L_a}x_2 + \dfrac{1}{L_a}U_a \\ \dot{x}_2 = \dfrac{C_m}{J}x_1 - \dfrac{f}{J}x_2 - \dfrac{1}{J}M_Z \end{cases} \tag{1-34}$$

输出量为 ω，用 y 表示，**输出方程**为

$$y = \omega = x_2 \tag{1-35}$$

式（1-34）和式（1-35）构成了电枢控制的直流电动机的**状态空间表达式**。

4）用**向量矩阵形式**表示，状态空间表达式为

$$\begin{cases}\begin{pmatrix}\dot{x}_1\\ \dot{x}_2\end{pmatrix}=\begin{pmatrix}-\dfrac{R_a}{L_a} & -\dfrac{C_e}{L_a}\\ \dfrac{C_m}{J} & -\dfrac{f}{J}\end{pmatrix}\begin{pmatrix}x_1\\ x_2\end{pmatrix}+\begin{pmatrix}\dfrac{1}{L_a} & 0\\ 0 & -\dfrac{1}{J}\end{pmatrix}\begin{pmatrix}U_a\\ M_Z\end{pmatrix}\\ \boldsymbol{y}=(0\quad 1)\begin{pmatrix}x_1\\ x_2\end{pmatrix}\end{cases} \tag{1-36}$$

简写成

$$\begin{cases}\dot{\boldsymbol{x}}=\boldsymbol{A}\boldsymbol{x}+\boldsymbol{b}u & \text{状态方程} & (1\text{-}37)\\ \boldsymbol{y}=\boldsymbol{c}\boldsymbol{x} & \text{输出方程} & (1\text{-}38)\end{cases}$$

式中

$$\boldsymbol{x}=\begin{pmatrix}x_1\\ x_2\end{pmatrix};\ \boldsymbol{A}=\begin{pmatrix}-\dfrac{R_a}{L_a} & -\dfrac{C_e}{L_a}\\ \dfrac{C_m}{J} & -\dfrac{f}{J}\end{pmatrix};\ \boldsymbol{b}=\begin{pmatrix}\dfrac{1}{L_a} & 0\\ 0 & -\dfrac{1}{J}\end{pmatrix};\ \boldsymbol{c}=(0\quad 1)$$

第三节　由系统微分方程式转换为状态空间表达式

在经典控制理论中，线性定常系统或环节的数学模型可采用微分方程来描述。下面介绍和讨论根据微分方程来建立状态空间表达式的方法及相关问题。

设描述系统的 n 阶微分方程式为

$$y^{n}+a_{n-1}y^{n-1}+\cdots+a_1\dot{y}+a_0y=b_nu^{n}+b_{n-1}u^{n-1}+\cdots+b_1\dot{u}+b_0u \tag{1-39}$$

式中，y 为输出量；u 为输入量；$a_i(i=0,\ 1,\ 2,\ \cdots,\ n-1)$，$b_j(j=0,\ 1,\ 2,\ \cdots)$ 均为系统的参数。

由第一节可知，系统的状态空间表达式用矢量 - 矩阵方程表示时为

$$\begin{cases}\dot{\boldsymbol{x}}=\boldsymbol{A}\boldsymbol{x}+\boldsymbol{b}u\\ \boldsymbol{y}=\boldsymbol{c}\boldsymbol{x}+\boldsymbol{d}u\end{cases} \tag{1-40}$$

式中，$\boldsymbol{x}$ 为 $n\times1$ 维状态向量；$\boldsymbol{A}$ 为 $n\times n$ 维的系统矩阵；$\boldsymbol{b}$ 为 $n\times1$ 维的输入向量；$\boldsymbol{c}$ 为 $1\times n$ 维的输出向量；$\boldsymbol{d}$ 是直接传输向量，在单输入单输出系统中它是一个标量，并称为直接传输系数。

可见，要将微分方程式转变为状态空间表达式的关键问题，一是如何选择系统的状态变量，二是怎样由微分方程系数确定出矩阵 $\boldsymbol{A}$、向量 $\boldsymbol{b}$、$\boldsymbol{c}$ 及 $\boldsymbol{d}$ 中的元素值。下面分两种情况讨论。

一、输入信号不含有导数项的情况

系统的微分方程为

$$y^{(n)}+a_{n-1}y^{(n-1)}+\cdots+a_1\dot{y}+a_0y=b_0u \tag{1-41}$$

(1) 状态变量

第一节指出，n 阶系统，应选 n 个状态变量。由“高等数学”可知，当给定了输出 y 及其各阶导数的初始值 $y(0)$，$\dot{y}(0)$，…，$y^{(n-1)}(0)$ 和 $t\geqslant0$ 时的输入 u，则系统在 $t\geqslant0$ 时的

运动状态就可完全确定。所以，可选取输出及其各阶导数为状态变量，即

$$\begin{cases} x_1 = y \\ x_2 = \dot{y} \\ x_3 = \ddot{y} \\ \quad\vdots \\ x_n = y^{(n-1)} \end{cases} \tag{1-42}$$

（2）**状态方程**

对式（1-42）的状态变量求导数，并考虑式（1-41），可得

$$\begin{cases} \dot{x}_1 = \dot{y} = x_2 \\ \dot{x}_2 = \ddot{y} = x_3 \\ \quad\vdots \\ \dot{x}_{n-1} = y^{(n-1)} = x_n \\ \dot{x}_n = -a_0 y - a_1 \dot{y} - \cdots - a_{n-1} y^{n-1} + b_0 u \\ \quad = -a_0 x_1 - a_1 x_2 - \cdots - a_{n-1} x_n + b_0 u \end{cases} \tag{1-43}$$

式（1-43）就是描述系统微分方程式（1-41）的状态方程。

根据“线性代数”，式（1-43）的状态方程组可用向量 – 矩阵方程式表示

$$\begin{pmatrix} \dot{x}_1 \\ \dot{x}_2 \\ \vdots \\ \dot{x}_{n-1} \\ \dot{x}_n \end{pmatrix} = \begin{pmatrix} 0 & 1 & 0 & \cdots & 0 \\ 0 & 0 & 1 & \cdots & 0 \\ \vdots & \vdots & \vdots & \ddots & \vdots \\ 0 & 0 & 0 & \cdots & 1 \\ -a_0 & -a_1 & -a_2 & \cdots & -a_{n-1} \end{pmatrix} \begin{pmatrix} x_1 \\ x_2 \\ \vdots \\ x_{n-1} \\ x_n \end{pmatrix} + \begin{pmatrix} 0 \\ 0 \\ \vdots \\ 0 \\ b_0 \end{pmatrix} \boldsymbol{u} \tag{1-44}$$

（3）**输出方程**

由状态变量式（1-42）可知，系统的输出方程为

$$y = x_1 \tag{1-45}$$

用矢量 – 矩阵方程表示

$$\boldsymbol{y} = (1 \quad 0 \quad \cdots \quad 0) \begin{pmatrix} x_1 \\ x_2 \\ \vdots \\ x_n \end{pmatrix} \tag{1-46}$$

（4）**状态空间表达式**

式（1-43）和式（1-45）构成了描述系统微分方程式（1-41）的状态空间表达式。式（1-44）和式（1-46）构成了其矢量 – 矩阵方程表达式。状态空间表达式简写成

$$\begin{cases} \dot{\boldsymbol{x}} = \boldsymbol{Ax} + \boldsymbol{bu} \\ \boldsymbol{y} = \boldsymbol{cx} \end{cases} \tag{1-47}$$

式中

$$
\boldsymbol{x}=\begin{pmatrix} x_1 \\ x_2 \\ \vdots \\ x_{n-1} \\ x_n \end{pmatrix};\ \boldsymbol{A}=\begin{pmatrix} 0 & 1 & 0 & \cdots & 0 \\ 0 & 0 & 1 & \cdots & 0 \\ \vdots & \vdots & \vdots & \ddots & \vdots \\ 0 & 0 & 0 & \cdots & 1 \\ -a_0 & -a_1 & -a_2 & \cdots & -a_{n-1} \end{pmatrix};\ \boldsymbol{b}=\begin{pmatrix} 0 \\ 0 \\ \vdots \\ 0 \\ b_0 \end{pmatrix};\ \boldsymbol{c}=(1\quad 0\quad \cdots\quad 0)
$$

从状态空间表达式可看出，**系统矩阵 $\boldsymbol{A}$** 为 $n\times n$ 维，最后一行的元素值，由微分方程式左边的系数值 a_i（$i=0, 1, 2, \cdots, n-1$）取负号后，从左（第一列）至右（第 n 列）按顺序排列；主对角线的上方元素值全为1；其余元素（除最后1行外）全为0。**输入矩阵 $\boldsymbol{b}$** 为 n 维列向量，最后的元素值为 b_0（输入信号的系数即幅值），其余元素为0。**输出矩阵 $\boldsymbol{c}$** 为 n 维行向量，其第1行元素值为1，其余的元素值为零。直接传输系数 d 值为零。

（5）**状态变量图**

积分器的个数有 n 个（等于状态变量的个数），每个积分器的输出表示为状态变量；根据上面的状态方程和输出方程，画出相应的比例器并填入对应的值，画出加法器并加入符号；最后用带箭头的信号线按信号的流通方向将这些元件连接起来，如图1-6所示。

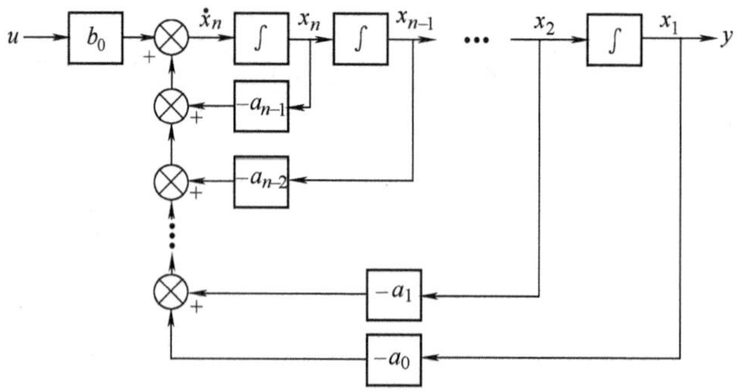

图1-6 状态空间描述式（1-47）的状态变量图

例1-3 设一控制系统的动态过程用微分方程表示为

$$
\dddot{y}+6\ddot{y}+11\dot{y}+5y=2u
$$

试写出其状态空间表达式，并画出状态变量图。

解 选取状态变量 $x_1=y$，$x_2=\dot{y}$，$x_3=\ddot{y}$，则由式（1-43）得状态方程为

$$
\begin{cases} \dot{x}_1=x_2 \\ \dot{x}_2=x_3 \\ \dot{x}_3=-5x_1-11x_2-6x_3+2u \end{cases}
$$

系统的输出方程为

$$
y=x_1
$$

所以，系统的状态空间表达式用矢量－矩阵方程表示为

$$
\begin{cases}
\begin{pmatrix}\dot{x}_1\\ \dot{x}_2\\ \dot{x}_3\end{pmatrix}=\begin{pmatrix}0&1&0\\0&0&1\\-5&-11&-6\end{pmatrix}\begin{pmatrix}x_1\\x_2\\x_3\end{pmatrix}+\begin{pmatrix}0\\0\\2\end{pmatrix}\boldsymbol{u}\\
y=(1\quad 0\quad 0)\ (x_1\quad x_2\quad x_3)^{\mathrm{T}}
\end{cases}
$$

状态变量图

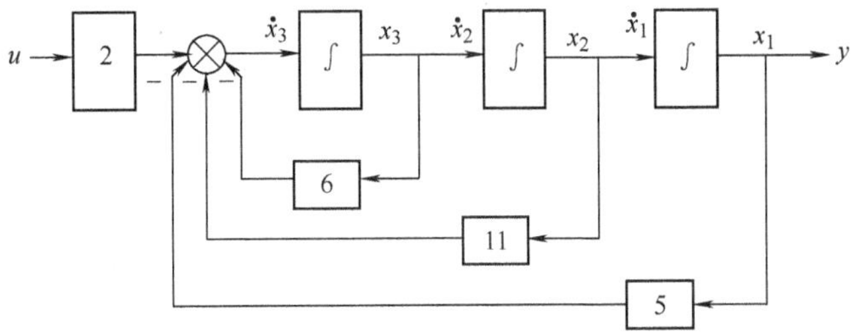

图 1-7　例 1-3 状态变量图

若系统微分方程式（1-41）选取另一组状态变量，则具有另一种状态空间的表达式。例如，若选**状态变量**为

$$
\begin{cases}
x_1=\dfrac{1}{b_0}y\\
x_2=\dfrac{1}{b_0}\dot{y}\\
x_3=\dfrac{1}{b_0}\ddot{y}\\
\quad\vdots\\
x_n=\dfrac{1}{b_0}y^{(n-1)}
\end{cases}
\tag{1-48}
$$

则**状态方程**为

$$
\begin{cases}
\dot{x}_1=x_2\\
\dot{x}_2=x_3\\
\quad\vdots\\
\dot{x}_{n-1}=x_n\\
\dot{x}_n=-a_0x_1-a_1x_2-\cdots-a_{n-1}x_n+u
\end{cases}
\tag{1-49}
$$

输出方程，由状态变量式（1-48）的第一式，有

$$
y=b_0x_1 \tag{1-50}
$$

式（1-49）和式（1-50）构成了另一状态空间表达式。写成矩阵方程形式

$$\begin{cases}\begin{pmatrix}\dot{x}_1\\ \dot{x}_2\\ \vdots\\ \dot{x}_{n-1}\\ \dot{x}_n\end{pmatrix}=\begin{pmatrix}0&1&0&\cdots&0\\0&0&1&\cdots&0\\ \vdots&\vdots&\vdots&\ddots&\vdots\\0&0&0&\cdots&1\\-a_0&-a_1&-a_2&\cdots&-a_{n-1}\end{pmatrix}\begin{pmatrix}x_1\\x_2\\ \vdots\\x_{n-1}\\x_n\end{pmatrix}+\begin{pmatrix}0\\0\\ \vdots\\0\\1\end{pmatrix}\boldsymbol{u}\\ y=(b_0\quad 0\quad\cdots\quad 0)(x_1\quad x_2\quad\cdots\quad x_n)^{\mathrm{T}}\end{cases}\tag{1-51}$$

比较状态空间表达式（1-47）和式（1-51），系统矩阵 $\boldsymbol{A}$ 相同，但输入向量和输出向量不同。式（1-51）对应的**状态变量图**如图 1-8 所示。

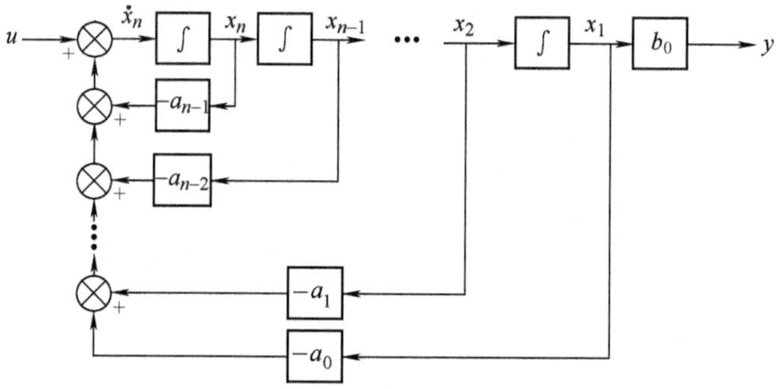

图 1-8 状态空间表达式（1-51）的状态变量图

二、输入信号含有导数项的情况

系统微分方程为

$$y^{n}+a_{n-1}y^{n-1}+\cdots+a_1\dot{y}+a_0y=b_nu^{n}+b_{n-1}u^{n-1}+\cdots+b_1\dot{u}+b_0u\tag{1-52}$$

此种情况时，不能采用上面的方法选状态变量。因为化为一阶微分方程组后，最后的一阶方程式中会含有输入信号的各阶导数项，这给方程的求解及系统的分析带来麻烦。因此，当方程中含有输入信号导数项时，选择状态变量的原则是，状态变量的表达式中不要单独出现输入量的各阶导数项。为此，通常把状态变量取为输出和输入导数的某种适当的组合。

（1）**状态变量**

为避免在状态方程中出现输入量的导数项，可选如下一组状态变量：

$$\begin{cases}x_1=y-\beta_0u\\ x_2=\dot{y}-\beta_0\dot{u}-\beta_1u=\dot{x}_1-\beta_1u\\ x_3=\ddot{y}-\beta_0\ddot{u}-\beta_1\dot{u}-\beta_2u=\dot{x}_2-\beta_2u\\ \quad\vdots\\ x_n=y^{(n-1)}-\beta_0u^{(n-1)}-\beta_1u^{(n-2)}-\cdots-\beta_{n-1}u=\dot{x}_{n-1}-\beta_{n-1}u\end{cases}\tag{1-53}$$

式中，β_0，β_1，β_2，…，由微分方程中的系数，按下式计算：

$$\begin{cases}\beta_0 = b_n; \\ \beta_1 = b_{n-1} - a_{n-1}\beta_0; \\ \beta_2 = b_{n-2} - a_{n-2}\beta_0 - a_{n-1}\beta_1; \\ \quad\vdots \\ \beta_n = b_0 - a_{n-1}\beta_{n-1} - a_{n-2}\beta_{n-2} - \cdots - a_1\beta_1 - a_0\beta_0\end{cases} \tag{1-54}$$

（2）**状态方程**

由状态变量式（1-53）第二行起，可推演出其状态方程式如下：

$$\begin{cases}\dot{x}_1 = x_2 + \beta_1 u \\ \dot{x}_2 = x_3 + \beta_2 u \\ \quad\vdots \\ \dot{x}_{n-1} = x_n + \beta_{n-1} u \\ \dot{x}_n = -a_0x_1 - a_1x_2 - \cdots - a_{n-1}x_n + \beta_n u\end{cases} \tag{1-55}$$

（3）**输出方程**

由状态变量式（1-53）的第一行，可得输出方程

$$y = x_1 + \beta_0 u \tag{1-56}$$

（4）**状态空间表达式**

式（1-55）和式（1-56）构成了系统微分方程式（1-52）的状态空间表达式。状态空间表达式用矢量－矩阵方程表示

$$\begin{cases}\begin{pmatrix}\dot{x}_1 \\ \dot{x}_2 \\ \vdots \\ \dot{x}_{n-1} \\ \dot{x}_n\end{pmatrix} = \begin{pmatrix}0 & 1 & 0 & \cdots & 0 \\ 0 & 0 & 1 & \cdots & 0 \\ \vdots & \vdots & \vdots & \ddots & \vdots \\ 0 & 0 & 0 & \cdots & 1 \\ -a_0 & -a_1 & -a_2 & \cdots & -a_{n-1}\end{pmatrix}\begin{pmatrix}x_1 \\ x_2 \\ \vdots \\ x_{n-1} \\ x_n\end{pmatrix} + \begin{pmatrix}\beta_1 \\ \beta_2 \\ \vdots \\ \beta_{n-1} \\ \beta_n\end{pmatrix}\boldsymbol{u} \\ y = (1 \quad 0 \quad \cdots \quad 0 \quad 0)(x_1 \quad x_2 \quad \cdots \quad x_{n-1} \quad x_n)^{\mathrm{T}} + \beta_0 u\end{cases} \tag{1-57}$$

简写为

$$\begin{cases}\dot{\boldsymbol{x}} = \boldsymbol{A}\boldsymbol{x} + \boldsymbol{b}\boldsymbol{u} \\ \boldsymbol{y} = \boldsymbol{c}\boldsymbol{x} + \boldsymbol{d}\boldsymbol{u}\end{cases} \tag{1-58}$$

式中

$$\boldsymbol{x} = \begin{pmatrix}x_1 \\ x_2 \\ \vdots \\ x_{n-1} \\ x_n\end{pmatrix};\ \boldsymbol{A} = \begin{pmatrix}0 & 1 & 0 & \cdots & 0 \\ 0 & 0 & 1 & \cdots & 0 \\ \vdots & \vdots & \vdots & \ddots & \vdots \\ 0 & 0 & 0 & \cdots & 1 \\ -a_0 & -a_1 & -a_2 & \cdots & -a_{n-1}\end{pmatrix};\ \boldsymbol{b} = \begin{pmatrix}\beta_1 \\ \beta_2 \\ \vdots \\ \beta_{n-1} \\ \beta_n\end{pmatrix};\ \boldsymbol{c} = (1 \quad 0 \quad \cdots \quad 0);$$

$$d = \beta_0$$

说明：

若输入量中仅含有 m 次导数，而 $n>m$，则可以把高于 m 次输入导数项的系数当作零来处理，上面公式仍适用。

例 1-4 设系统的微分方程为

$$\dddot{y}+18\ddot{y}+192\dot{y}+640y=160\dot{u}+640u$$

求系统的状态空间表达式。

解 对应微分方程式（1-52）可知，系统阶数 $n=3$，$m=1$；$a_0=640$ $a_1=192$，$a_2=18$；$b_0=640$，$b_1=160$，$b_2=0$，$b_3=0$。

状态变量，由式（1-53）可得

$$\begin{cases}x_1=y-\beta_0 u\\x_2=\dot{y}-\beta_0\dot{u}-\beta_1 u\\x_3=\ddot{y}-\beta_0\ddot{u}-\beta_1\dot{u}-\beta_2 u\end{cases}$$

系数 β，由式（1-54）可得

$$\beta_0=b_3=0,\quad \beta_1=b_2-a_2\beta_0=0,\quad \beta_2=b_1-a_1\beta_0-a_2\beta_1=160,$$
$$\beta_3=b_0-a_0\beta_0-a_1\beta_1-a_2\beta_2=640-18\times160=-2240$$

参照式（1-55），其状态方程为

$$\begin{cases}\dot{x}_1=x_2+\beta_1 u=x_2\\\dot{x}_2=x_3+\beta_2 u=x_3+160u\\\dot{x}_3=-a_0x_1-a_1x_2-a_2x_3+\beta_3 u=-640x_1-192x_2-18x_3-2240u\end{cases}$$

参照式（1-56），输出方程为

$$y=x_1+\beta_0 u=x_1$$

状态空间表达式用矩阵表示为

$$\begin{cases}\begin{pmatrix}\dot{x}_1\\\dot{x}_2\\\dot{x}_3\end{pmatrix}=\begin{pmatrix}0&1&0\\0&0&1\\-640&-192&-18\end{pmatrix}\begin{pmatrix}x_1\\x_2\\x_3\end{pmatrix}+\begin{pmatrix}0\\160\\-2240\end{pmatrix}\boldsymbol{u}\\y=(1\quad0\quad0)(x_1\quad x_2\quad x_3)^{\mathrm{T}}\end{cases}$$

第四节 由系统传递函数转变为状态空间表达式

当线性定常系统的数学模型用传递函数表示时，主要有两种表达形式，一种是其分子分母均为 s 的多项式；另一种是零-极点形式。本节介绍和讨论把它们转变为状态空间表达式的方法。

一、系统传递函数为 s 的多项式

设控制系统的传递函数为

$$W(s)=\frac{Y(s)}{U(s)}=\frac{b_m s^m+b_{m-1}s^{m-1}+\cdots+b_1 s+b_0}{s^n+a_{n-1}s^{n-1}+\cdots+a_1 s+a_0}\quad n\geqslant m \tag{1-59}$$

式中，$Y(s)$是系统输出量的拉普拉斯变换式；$U(s)$是系统输入量的拉普拉斯变换式；$a_i(i=0,1,2,\cdots,n-1)$，$b_j(j=0,1,2,\cdots,m)$是系统参数；且分子和分母不存在公因子相约。

由系统传递函数求状态空间表达式的问题是，选择系统的某一组状态变量，再由传递函数中 s 的系数 $a_i(i=0,1,2,\cdots)$，$b_j(j=0,1,2,\cdots)$的数值，确定出状态空间表达式

$$\begin{cases} \dot{\boldsymbol{x}} = \boldsymbol{A}\boldsymbol{x} + \boldsymbol{b}u & \text{状态方程} \\ y = \boldsymbol{c}\boldsymbol{x} + du & \text{输出方程} \end{cases} \tag{1-60}$$

中的矩阵 $\boldsymbol{A}$、$\boldsymbol{b}$、$\boldsymbol{c}$ 和 d 中具体的元素值。

由于传递函数式（1-59）中，$m=n$ 和 $m<n$ 两种情况下的状态空间描述会有着不同的形式，所以，下面分两种情况加以讨论。

1）当 $m=n$，即分子和分母 s 多项式的最高次方数相等时，式（1-59）表示为

$$W(s)=\frac{Y(s)}{U(s)}=\frac{b_n s^n+b_{n-1}s^{n-1}+\cdots+b_1 s+b_0}{s^n+a_{n-1}s^{n-1}+\cdots+a_1 s+a_0} \tag{1-61}$$

由于传递函数 $W(s)$不是一个严格有理的真分式，在建立这种传递函数的状态空间表达式时，其中一种方法是，首先把其化为具有严格有理真分式的表达式。为此，可用长除法使其变成

$$W(s)=\frac{Y(s)}{U(s)}=\frac{\gamma_{n-1}s^{n-1}+\cdots+\gamma_1 s+\gamma_0}{s^n+a_{n-1}s^{n-1}+\cdots+a_1 s+a_0}+b_n=W_1(s)+b_n \tag{1-62}$$

式（1-62）中，b_n 是商，也是分子最高次 s^n 的系数值，而

$$W_1(s)=\frac{Y_1(s)}{U_1(s)}=\frac{\gamma_{n-1}s^{n-1}+\cdots+\gamma_1 s+\gamma_0}{s^n+a_{n-1}s^{n-1}+\cdots+a_1 s+a_0} \tag{1-63}$$

是一个严格有理真分式，其分子项系数 γ_0、γ_1、$\cdots$、γ_{n-1} 由下式求出

$$\begin{cases} \gamma_0=b_0-a_0 b_n \\ \gamma_1=b_1-a_1 b_n \\ \quad\vdots \\ \gamma_{n-1}=b_{n-1}-a_{n-1}b_n \end{cases} \tag{1-64}$$

由式（1-62）可得系统输出量的拉普拉斯变换式

$$Y(s)=W_1(s)U(s)+b_n U(s) \tag{1-65}$$

对上式做拉普拉斯反变换，并与状态空间表达式（1-60）中的输出方程相比较，可得输出方程中的**直接传输系数值**为

$$d=b_n \tag{1-66}$$

状态空间表达式（1-60）中矩阵 $\boldsymbol{A}$、$\boldsymbol{b}$、$\boldsymbol{c}$ 的元素值，则由式（1-63）$W_1(s)$的分母系数 a 和分子系数 γ 值求取。为此，在式（1-63）中引入一个中间变量 $E(s)$

$$W_1(s)=\frac{Y_1(s)}{E(s)}\frac{E(s)}{U_1(s)}=\frac{\gamma_{n-1}s^{n-1}+\cdots+\gamma_1 s+\gamma_0}{s^n+a_{n-1}s^{n-1}+\cdots+a_1 s+a_0} \tag{1-67}$$

式(1-67)可写成

$$\begin{cases} \dfrac{Y_1(s)}{E(s)}=\gamma_{n-1}s^{n-1}+\gamma_{n-2}s^{n-2}+\cdots+\gamma_1 s+\gamma_0 \\ \dfrac{E(s)}{U_1(s)}=\dfrac{1}{s^n+a_{n-1}s^{n-1}+\cdots+a_1 s+a_0} \end{cases}$$

或写成

$$Y_1(s)=(\gamma_{n-1}s^{n-1}+\gamma_{n-2}s^{n-2}+\cdots+\gamma_1 s+\gamma_0)E(s) \tag{1-68}$$

$$U_1(s)=(s^n+a_{n-1}s^{n-1}+\cdots+a_1 s+a_0)E(s) \tag{1-69}$$

对式（1-69）两边取拉普拉斯反变换后的微分方程为

$$e^{(n)}+a_{n-1}e^{n-1}+\cdots+a_1\dot{e}+a_0 e=u_1 \tag{1-70}$$

式中，e 是 $E(s)$ 的拉普拉斯反变换。

式（1-70）是一个不含输入导数项的 n 阶微分方程，若选取一组状态变量

$$\begin{cases} x_1=e \\ x_2=\dot{e} \\ \vdots \\ x_n=e^{n-1} \end{cases}$$

参照第三节式（1-47），其对应的**状态方程**写成矩阵形式为

$$\begin{pmatrix} \dot{x}_1 \\ \dot{x}_2 \\ \vdots \\ \dot{x}_{n-1} \\ \dot{x}_n \end{pmatrix}=\begin{pmatrix} 0 & 1 & 0 & \cdots & 0 \\ 0 & 0 & 1 & \cdots & 0 \\ \vdots & \vdots & \vdots & \ddots & \vdots \\ 0 & 0 & 0 & \cdots & 1 \\ -a_0 & -a_1 & -a_2 & \cdots & -a_{n-1} \end{pmatrix}\begin{pmatrix} x_1 \\ x_2 \\ \vdots \\ x_{n-1} \\ x_n \end{pmatrix}+\begin{pmatrix} 0 \\ 0 \\ \vdots \\ 0 \\ 1 \end{pmatrix}\boldsymbol{u} \tag{1-71}$$

输出方程，对式（1-68）取拉普拉斯反变换，再考虑到状态变量的选取

$$\begin{aligned} y_1 &=\gamma_{n-1}e^{n-1}+\gamma_{n-2}e^{n-2}+\cdots+\gamma_1\dot{e}+\gamma_0 e \\ &=\gamma_{n-1}x_n+\gamma_{n-2}x_{n-1}+\cdots+\gamma_1 x_2+\gamma_0 x_1 \end{aligned} \tag{1-72}$$

式（1-71）和式（1-72），构成了传递函数具有严格有理真分式（1-63）时的状态空间表达式，用矩阵方程式表示为

$$\begin{cases} \dot{\boldsymbol{x}}=\boldsymbol{A}\boldsymbol{x}+\boldsymbol{b}\boldsymbol{u}_1 & \textbf{状态方程} \\ \boldsymbol{y}_1=\boldsymbol{c}\boldsymbol{x} & \textbf{输出方程} \end{cases} \tag{1-73}$$

式中

$$\boldsymbol{x}=\begin{pmatrix} x_1 \\ x_2 \\ \vdots \\ x_{n-1} \\ x_n \end{pmatrix};\ \boldsymbol{A}=\begin{pmatrix} 0 & 1 & 0 & \cdots & 0 \\ 0 & 0 & 1 & \cdots & 0 \\ \vdots & \vdots & \vdots & \ddots & \vdots \\ 0 & 0 & 0 & \cdots & 1 \\ -a_0 & -a_1 & -a_2 & \cdots & -a_{n-1} \end{pmatrix};\ \boldsymbol{b}=\begin{pmatrix} 0 \\ 0 \\ \vdots \\ 0 \\ 1 \end{pmatrix};\ \boldsymbol{c}^{\mathrm{T}}=\begin{pmatrix} \gamma_0 \\ \gamma_1 \\ \vdots \\ \gamma_{n-2} \\ \gamma_{n-1} \end{pmatrix}$$

输出矩阵 c 中的元素 γ_0、$\gamma_1\cdots\gamma_{n-1}$ 的值，由传递函数式（1-61）中分母和分子 s 的系数值 $a_i(i=0, 1, 2, \cdots)$；$b_j(j=0, 1, 2, \cdots)$ 按式（1-64）求出。

综合式（1-66）和式（1-73），当 $m=n$ 时，式（1-61）对应的状态空间表达式为

$$\begin{cases} \dot{\boldsymbol{x}}=\boldsymbol{A}\boldsymbol{x}+\boldsymbol{b}\boldsymbol{u} & \textbf{状态方程} \\ \boldsymbol{y}=\boldsymbol{c}\boldsymbol{x}+\boldsymbol{d}\boldsymbol{u} & \textbf{输出方程} \end{cases} \tag{1-74}$$

式中

$$
\boldsymbol{x}=\begin{pmatrix} x_1 \\ x_2 \\ \vdots \\ x_{n-1} \\ x_n \end{pmatrix};\ \boldsymbol{A}=\begin{pmatrix} 0 & 1 & 0 & \cdots & 0 \\ 0 & 0 & 1 & \cdots & 0 \\ \vdots & \vdots & \vdots & \ddots & \vdots \\ 0 & 0 & 0 & \cdots & 1 \\ -a_0 & -a_1 & -a_2 & \cdots & -a_{n-1} \end{pmatrix};\ \boldsymbol{b}=\begin{pmatrix} 0 \\ 0 \\ \vdots \\ 0 \\ 1 \end{pmatrix};\ \boldsymbol{c}^{\mathrm{T}}=\begin{pmatrix} \gamma_0 \\ \gamma_1 \\ \vdots \\ \gamma_{n-2} \\ \gamma_{n-1} \end{pmatrix};\ \boldsymbol{d}=\boldsymbol{b}_n
$$

从状态空间表达式可看出，系统矩阵 A 为 $n\times n$ 维，最后一行的元素，由传递函数的分母 s 多项式从低阶到高阶的系数取负号后，从左（第一列）至右（第 n 列）按顺序排列；主对角线的上方元素全为 1，其余元素（除最后一行外）全为 0。**输入矩阵**为 n 维列向量，最后的元素为 1，其余元素为 0。**输出矩阵**为 n 维行向量，其元素值由传递函数的分子和分母的参数值决定。**直接传输系数值**，是传递函数分子项的最高次方的系数值。

值得**指出**的是，第三节中的式（1-52）（微分方程 $n=m$ 阶）经拉普拉斯变换后所得到的传递函数式，实际上就是传递函数式（1-61）的表达式。但是它们所对应的状态空间表达式，除系统矩阵 $\boldsymbol{A}$ 相同外，其余均不同，这是因为选取的状态变量不同的原因。

2）当 $m<n$ 时，传递函数式（1-59）为

$$
W(s)=\frac{Y(s)}{U(s)}=\frac{b_m s^m+b_{m-1}s^{m-1}+\cdots+b_1 s+b_0}{s^n+a_{n-1}s^{n-1}+\cdots+a_1 s+a_0}\quad m<n \tag{1-75}
$$

式（1-75）已经是一个严格的有理真分式。它与严格的有理真分式（1-63）相对比，只是分子项的字母表达不同而已，只要令：参数 b 代替 γ，$m=n-1$ 代入其下标和因次，则两式完全相同。因此，传递函数式（1-75）对应的状态空间表达式，参照式（1-73）为

$$
\begin{cases} \dot{\boldsymbol{x}}=\boldsymbol{A}\boldsymbol{x}+\boldsymbol{b}u & \text{状态方程} \\ \boldsymbol{y}=\boldsymbol{c}\boldsymbol{x} & \text{输出方程} \end{cases} \tag{1-76}
$$

式中

$$
\boldsymbol{x}=\begin{pmatrix} x_1 \\ x_2 \\ \vdots \\ x_{n-1} \\ x_n \end{pmatrix};\ \boldsymbol{A}=\begin{pmatrix} 0 & 1 & 0 & \cdots & 0 \\ 0 & 0 & 1 & \cdots & 0 \\ \vdots & \vdots & \vdots & \ddots & \vdots \\ 0 & 0 & 0 & \cdots & 1 \\ -a_0 & -a_1 & -a_2 & \cdots & -a_{n-1} \end{pmatrix};\ \boldsymbol{b}=\begin{pmatrix} 0 \\ 0 \\ \vdots \\ 0 \\ 1 \end{pmatrix};\ \boldsymbol{c}^{\mathrm{T}}=\begin{pmatrix} b_0 \\ b_1 \\ \vdots \\ b_{m-1} \\ b_m \end{pmatrix}
$$

综合上面分析，有如下结论：

1）若系统传递函数的分子分母“最高次方”数相同

$$
W(s)=\frac{Y(s)}{U(s)}=\frac{b_n s^n+b_{n-1}s^{n-1}+\cdots+b_1 s+b_0}{s^n+a_{n-1}s^{n-1}+\cdots+a_1 s+a_0} \tag{1-77}
$$

则系统的状态空间描述式为

$$
\begin{cases} \dot{\boldsymbol{x}}=\boldsymbol{A}\boldsymbol{x}+\boldsymbol{b}u & \text{状态方程} \\ \boldsymbol{y}=\boldsymbol{c}\boldsymbol{x}+\boldsymbol{d}u & \text{输出方程} \end{cases} \tag{1-78}
$$

式中

$$\boldsymbol{x}=\begin{pmatrix}x_1\\x_2\\\vdots\\x_{n-1}\\x_n\end{pmatrix};\ \boldsymbol{A}=\begin{pmatrix}0&1&0&\cdots&0\\0&0&1&\cdots&0\\\vdots&\vdots&\vdots&\ddots&\vdots\\0&0&0&\cdots&1\\-a_0&-a_1&-a_2&\cdots&-a_{n-1}\end{pmatrix};\ \boldsymbol{b}=\begin{pmatrix}0\\0\\\vdots\\0\\1\end{pmatrix};\ \boldsymbol{c}^{\mathrm{T}}=\begin{pmatrix}\gamma_0\\\gamma_1\\\vdots\\\gamma_{n-2}\\\gamma_{n-1}\end{pmatrix};\ \boldsymbol{d}=b_n$$

其中，γ_0、$\gamma_1\cdots\gamma_{n-1}$值由下式计算

$$\begin{cases}\gamma_0=b_0-a_0b_n\\\gamma_1=b_1-a_1b_n\\\vdots\\\gamma_{n-1}=b_{n-1}-a_{n-1}b_n\end{cases}\tag{1-79}$$

2）若系统传递函数的“分母最高次方”数大于“分子最高次方”数

$$W(s)=\frac{Y(s)}{U(s)}=\frac{b_ms^m+b_{m-1}s^{m-1}+\cdots+b_1s+b_0}{s^n+a_{n-1}s^{n-1}+\cdots+a_1s+a_0}\qquad n>m\tag{1-80}$$

则系统的状态空间描述式为

$$\begin{cases}\dot{\boldsymbol{x}}=\boldsymbol{Ax}+\boldsymbol{bu} & \textbf{状态方程}\\\boldsymbol{y}=\boldsymbol{cx} & \textbf{输出方程}\end{cases}\tag{1-81}$$

式中 $\boldsymbol{x}=\begin{pmatrix}x_1\\x_2\\\vdots\\x_{n-1}\\x_n\end{pmatrix};\ \boldsymbol{A}=\begin{pmatrix}0&1&0&\cdots&0\\0&0&1&\cdots&0\\\vdots&\vdots&\vdots&\ddots&\vdots\\0&0&0&\cdots&1\\-a_0&-a_1&-a_2&\cdots&-a_{n-1}\end{pmatrix};\ \boldsymbol{b}=\begin{pmatrix}0\\0\\\vdots\\0\\1\end{pmatrix};\ \boldsymbol{c}^{\mathrm{T}}=\begin{pmatrix}b_0\\b_1\\\vdots\\b_{m-1}\\b_m\end{pmatrix}$

例 1-5 已知系统的传递函数

$$W(s)=\frac{Y(s)}{U(s)}=\frac{s^2+3s+1}{s^2+5s+6}$$

求其对应的状态空间描述式。

解 方法一

因为 $n=m$（$m=2$、$n=2$），应用式（1-78），状态空间描述式为

$$\begin{cases}\dot{\boldsymbol{x}}=\boldsymbol{Ax}+\boldsymbol{bu}\\\boldsymbol{y}=\boldsymbol{cx}+\boldsymbol{du}\end{cases}$$

其中

$$\boldsymbol{x}=\begin{pmatrix}x_1\\x_2\end{pmatrix};\ \boldsymbol{A}=\begin{pmatrix}0&1\\-a_0&-a_1\end{pmatrix};\ \boldsymbol{b}=\begin{pmatrix}0\\1\end{pmatrix};\ \boldsymbol{c}=(\gamma_0\quad\gamma_1);\boldsymbol{d}=\boldsymbol{b}_n$$

对照传递函数式（1-77），各项系数为

$$a_0=6、a_1=5；\ b_0=1、b_1=3、b_2=b_n=1。$$

按式（1-79），计算 γ_0、γ_1：

$$\gamma_0=b_0-a_0b_2=1-6\times1=-5$$
$$\gamma_1=b_1-a_1b_2=3-5\times1=-2$$

相关参数值代入矩阵方程，状态空间表达式为

$$\begin{cases}\begin{pmatrix}\dot{x}_1\\ \dot{x}_2\end{pmatrix}=\begin{pmatrix}0 & 1\\ -6 & -5\end{pmatrix}\begin{pmatrix}x_1\\ x_2\end{pmatrix}+\begin{pmatrix}0\\ 1\end{pmatrix}\boldsymbol{u} & \text{状态方程}\\ y=(-5 \quad -2)\begin{pmatrix}x_1\\ x_2\end{pmatrix}+\boldsymbol{u} & \text{输出方程}\end{cases}$$

方法二 先用长除法，传递函数变为

$$W(s)=\frac{s^2+3s+1}{s^2+5s+6}=1+\frac{-2s-5}{s^2+5s+6}=1+W_1(s)$$

$W_1(s)$是一严格有理真分式，对照式（1-80），$a_0=6$，$a_1=5$；$b_0=-5$，$b_1=-2$。参照式（1-81），其对应的状态方程为

$$\begin{pmatrix}\dot{x}_1\\ \dot{x}_2\end{pmatrix}=\begin{pmatrix}0 & 1\\ -6 & -5\end{pmatrix}\begin{pmatrix}x_1\\ x_2\end{pmatrix}+\begin{pmatrix}0\\ 1\end{pmatrix}\boldsymbol{u}$$

输出方程中 c 的元素值对照式（1-81），并考虑到直接传输系数值 $d=1$，有

$$\boldsymbol{y}=(-5 \quad -2)\begin{pmatrix}x_1\\ x_2\end{pmatrix}+\boldsymbol{u}$$

于是，状态空间表达式，简写为

$$\begin{cases}\dot{\boldsymbol{x}}=\boldsymbol{A}\boldsymbol{x}+\boldsymbol{b}\boldsymbol{u}\\ \boldsymbol{y}=\boldsymbol{c}\boldsymbol{x}+\boldsymbol{d}\boldsymbol{u}\end{cases}$$

式中

$$\boldsymbol{A}=\begin{pmatrix}0 & 1\\ -6 & -5\end{pmatrix};\ \boldsymbol{b}=\begin{pmatrix}0\\ 1\end{pmatrix};\ \boldsymbol{c}=(-5 \quad -2);\ \boldsymbol{d}=1$$

可见，两种方法的结果相同。

例 1-6 已知系统的传递函数

$$W(s)=\frac{Y(s)}{U(s)}=\frac{5s+2}{s^3+6s^2+11s+3}$$

求其对应的状态空间表达式。

解 因为 $n>m$（$n=3$、$m=1$）；对照传递函数式（1-80），各项系数为

$$a_0=3、a_1=11、a_2=6，b_0=2、b_1=5$$

其对应的状态空间描述式，根据式（1-81）有

$$\begin{cases}\begin{pmatrix}\dot{x}_1\\ \dot{x}_2\\ \dot{x}_3\end{pmatrix}=\begin{pmatrix}0 & 1 & 0\\ 0 & 0 & 1\\ -3 & -11 & -6\end{pmatrix}\begin{pmatrix}x_1\\ x_2\\ x_3\end{pmatrix}+\begin{pmatrix}0\\ 0\\ 1\end{pmatrix}\boldsymbol{u}\\ y=(2 \quad 5 \quad 0)\begin{pmatrix}x_1\\ x_2\\ x_3\end{pmatrix}\end{cases}$$

简写成

$$\begin{cases} \dot{\boldsymbol{x}} = \boldsymbol{A}x + \boldsymbol{b}u \\ y = \boldsymbol{c}\boldsymbol{x} \end{cases}$$

其中

$$\boldsymbol{A} = \begin{pmatrix} 0 & 1 & 0 \\ 0 & 0 & 1 \\ -3 & -11 & -6 \end{pmatrix};\ \boldsymbol{b} = \begin{pmatrix} 0 \\ 0 \\ 1 \end{pmatrix};\ \boldsymbol{c} = (2\quad 5\quad 0)$$

二、传递函数为因子相乘

由于实际的控制系统通常分母的阶数都大于分子的阶数，因此，下面只讨论 $n>m$ 的情况。当 $m=n$ 时，可先用长除法处理后再按 $n>m$ 的情况分析和处理。经典控制理论中，系统传递函数分母的根也就是特征方程的根，或称系统极点。

1. 特征方程根互异

设 n 阶系统的传递函数为

$$W(s) = \frac{Y(s)}{U(s)} = \frac{b_m s^m + b_{m-1}s^{m-1} + \cdots + b_1 s + b_0}{(s+\lambda_1)(s+\lambda_2)\cdots(s+\lambda_n)} \qquad n>m \tag{1-82}$$

式中，$-\lambda_1$，$-\lambda_2$，…，$-\lambda_n$ 为 n 个互不相同的特征根，且分子分母无因子相约。将式（1-82）化为部分分式的形式

$$\begin{aligned} W(s) &= \frac{Y(s)}{U(s)} = \frac{b_m s^m + b_{m-1}s^{m-1} + \cdots + b_1 s + b_0}{(s+\lambda_1)(s+\lambda_2)\cdots(s+\lambda_n)} \\ &= \frac{c_1}{(s+\lambda_1)} + \frac{c_2}{(s+\lambda_2)} + \cdots + \frac{c_n}{(s+\lambda_n)} \end{aligned} \tag{1-83}$$

式中，c_1，c_2，…，c_n 为待定常数（留数），其值可按下式计算：

$$c_i = \lim_{s\to -\lambda_i} W(s)(s+\lambda_i),\ i=1,2,\cdots,n \tag{1-84}$$

系统输出的拉普拉斯变换式，由式（1-83）可得

$$Y(s) = \frac{c_1}{(s+\lambda_1)}U(s) + \frac{c_2}{(s+\lambda_2)}U(s) + \cdots + \frac{c_n}{(s+\lambda_n)}U(s) \tag{1-85}$$

若选状态变量的拉普拉斯变换式为

$$\begin{cases} X_1(s) = \dfrac{1}{s+\lambda_1}U(s) \\ X_2(s) = \dfrac{1}{s+\lambda_2}U(s) \\ \quad\vdots \\ X_n(s) = \dfrac{1}{s+\lambda_n}U(s) \end{cases} \tag{1-86}$$

式（1-86）中各拉普拉斯变换式去分母、移项后，又可写成

$$\begin{cases} sX_1(s) = -\lambda_1 X_1(s) + U(s) \\ sX_2(s) = -\lambda_2 X_2(s) + U(s) \\ \quad\vdots \\ sX_n(s) = -\lambda_n X_n(s) + U(s) \end{cases} \tag{1-87}$$

对式（1-87）中各拉普拉斯变换式取拉普拉斯反变换，可得**状态方程**

$$\begin{cases} \dot{x}_1 = -\lambda_1 x_1 + u \\ \dot{x}_2 = -\lambda_2 x_2 + u \\ \quad\vdots \\ \dot{x}_n = -\lambda_n x_n + u \end{cases} \tag{1-88}$$

输出量的拉普拉斯变换式，可由状态变量拉普拉斯变换式（1-86）代入式（1-85）得到

$$Y(s) = c_1 X_1(s) + c_2 X_2(s) + \cdots + c_n X_n(s) \tag{1-89}$$

对上式进行拉普拉斯反变换，可得**输出方程**

$$y = c_1 x_1 + c_2 x_2 + \cdots + c_n x_n \tag{1-90}$$

由式（1-88）和式（1-90），组成了系统的**状态空间表达式**。写成矢量－矩阵形式

$$\begin{cases} \begin{pmatrix} \dot{x}_1 \\ \dot{x}_2 \\ \vdots \\ \dot{x}_n \end{pmatrix} = \begin{pmatrix} -\lambda_1 & 0 & \cdots & 0 \\ 0 & -\lambda_2 & \cdots & 0 \\ \vdots & \vdots & & \vdots \\ 0 & 0 & \cdots & -\lambda_n \end{pmatrix} \begin{pmatrix} x_1 \\ x_2 \\ \vdots \\ x_n \end{pmatrix} + \begin{pmatrix} 1 \\ 1 \\ \vdots \\ 1 \end{pmatrix} \boldsymbol{u} \\ y = (c_1 \quad c_2 \quad \cdots \quad c_n)(x_1 \quad x_2 \quad \cdots \quad x_n)^{\mathrm{T}} \end{cases} \tag{1-91}$$

从状态空间表达式可看出，状态方程中的**系统矩阵 $\boldsymbol{A}$** 为 $n \times n$ 维的**对角矩阵**，主对角线元素是传递函数分母的根，即极点，其余元素全为0；**输入矩阵**为 n 维列向量，全部元素均为1；输出方程中，**输出矩阵**为 n 维行向量，其元素值由传递函数表示为部分分式后的留数值；直接传输系数值为0。

例 1-7 设一控制系统的闭环传递函数为

$$W(s) = \frac{s^2 + s + 2}{(s+1)(s+2)(s+3)}$$

试求状态空间描述。

解 对传递函数做部分分式展开

$$W(s) = \frac{s^2 + s + 2}{(s+1)(s+2)(s+3)} = \frac{1}{s+1} + \frac{-4}{s+2} + \frac{4}{s+3}$$

极点为 $-\lambda_1 = -1$，$-\lambda_2 = -2$，$-\lambda_3 = -3$。留数值为 $c_1 = 1$，$c_2 = -4$，$c_3 = 4$。

对照式（1-91），系统的状态空间表达式为

$$\begin{cases} \begin{pmatrix} \dot{x}_1 \\ \dot{x}_2 \\ \dot{x}_3 \end{pmatrix} = \begin{pmatrix} -1 & 0 & 0 \\ 0 & -2 & 0 \\ 0 & 0 & -3 \end{pmatrix} \begin{pmatrix} x_1 \\ x_2 \\ x_3 \end{pmatrix} + \begin{pmatrix} 1 \\ 1 \\ 1 \end{pmatrix} \boldsymbol{u} \\ y = (1 \quad -4 \quad 4)(x_1 \quad x_2 \quad x_3)^{\mathrm{T}} \end{cases}$$

2. 特征方程有重根

设 n 阶系统的传递函数中有 q 个重根，其余均为互异根，即

$$W(s) = \frac{Y(s)}{U(s)} = \frac{b_{n-1}s^{n-1} + \cdots + b_1 s + b_0}{(s+\lambda_1)^q (s+\lambda_{q+1})(s+\lambda_{q+2})\cdots(s+\lambda_n)} \tag{1-92}$$

式中，$-\lambda_1$ 为重根，有 q 个；$-\lambda_{q+1}$，$-\lambda_{q+2}$，$\cdots$，$-\lambda_n$ 为互异根。

传递函数部分分式展开

$$W(s)=\frac{Y(s)}{U(s)}=\frac{b_ns^n+b_{n-1}s^{n-1}+\cdots+b_1s+b_0}{(s+\lambda_1)^q(s+\lambda_{q+1})(s+\lambda_{q+2})\cdots(s+\lambda_n)}$$

$$=\left[\frac{c_{11}}{(s+\lambda_1)^q}+\frac{c_{12}}{(s+\lambda_1)^{q-1}}+\cdots+\frac{c_{1q}}{(s+\lambda_1)}\right]$$

$$+\left[\frac{c_{q+1}}{s+\lambda_{q+1}}+\frac{c_{q+2}}{s+\lambda_{q+2}}+\cdots+\frac{c_n}{s+\lambda_n}\right] \tag{1-93}$$

对于重极点 $-\lambda_1$ 的留数，c_{1i}（$i=1$，2，…，q）按下式计算：

$$c_{1i}=\lim_{s\to-\lambda_1}\frac{1}{(i-1)!}\frac{d^{i-1}}{ds^{i-1}}\left[W(s)(s+\lambda_1)^q\right] \tag{1-94}$$

对于单极点 $-\lambda_j$ 的留数，c_j（$j=q+1$；$q+2$；…；n）按下式计算：

$$c_j=\lim_{s\to-\lambda_i}W(s)(s+\lambda_j) \tag{1-95}$$

输出的拉普拉斯变换式，由式（1-93）可得

$$Y(s)=\frac{c_{11}}{(s+\lambda_1)^q}U(s)+\frac{c_{12}}{(s+\lambda_1)^{q-1}}U(s)+\cdots+\frac{c_{1q}}{(s+\lambda_1)}U(s)$$

$$+\frac{c_{q+1}}{s+\lambda_{q+1}}U(s)+\cdots+\frac{c_n}{(s+\lambda_n)}U(s) \tag{1-96}$$

若选状态变量的拉普拉斯变换式为

$$\begin{cases}X_1(s)=\dfrac{1}{(s+\lambda_1)^q}U(s) & X_{q+1}(s)=\dfrac{1}{(s+\lambda_{q+1})}U(s)\\ X_2(s)=\dfrac{1}{(s+\lambda_1)^{q-1}}U(s) & X_{q+2}(s)=\dfrac{1}{(s+\lambda_{q+2})}U(s)\\ \quad\vdots & \quad\vdots\\ X_q(s)=\dfrac{1}{(s+\lambda_1)}U(s) & X_n(s)=\dfrac{1}{(s+\lambda_n)}U(s)\end{cases} \tag{1-97}$$

式(1-97)又可写成

$$\begin{cases}X_1(s)=\dfrac{1}{(s+\lambda_1)}X_2(s) & X_{q+1}(s)=\dfrac{1}{(s+\lambda_{q+1})}U(s)\\ X_2(s)=\dfrac{1}{(s+\lambda_1)}X_3(s) & X_{q+2}(s)=\dfrac{1}{(s+\lambda_{q+2})}U(s)\\ \quad\vdots & \quad\vdots\\ X_q(s)=\dfrac{1}{(s+\lambda_1)}U(s) & X_n(s)=\dfrac{1}{(s+\lambda_n)}U(s)\end{cases} \tag{1-98}$$

式（1-98）去分母及移项后有

$$
\begin{cases}
sX_1(s) = -\lambda_1 X_1(s) + X_2(s) \\
sX_2(s) = -\lambda_1 X_2(s) + X_3(s) \\
\qquad \vdots \\
sX_q(s) = -\lambda_1 X_q(s) + U(s) \\
sX_{q+1}(s) = -\lambda_{q+1} X_{q+1}(s) + U(s) \\
sX_{q+2}(s) = -\lambda_{q+2} X_{q+2}(s) + U(s) \\
\qquad \vdots \\
sX_n(s) = -\lambda_n X_n(s) + U(s)
\end{cases}
\tag{1-99}
$$

对式(1-99)取拉普拉斯反变换，可得**状态方程**为

$$
\begin{cases}
\dot{x}_1 = -\lambda_1 x_1 + x_2 \\
\dot{x}_2 = -\lambda_1 x_2 + x_3 \\
\quad \vdots \\
\dot{x}_q = -\lambda_1 x_q + u \\
\dot{x}_{q+1} = -\lambda_{q+1} x_{q+1} + u \\
\dot{x}_{q+2} = -\lambda_{q+2} x_{q+2} + u \\
\quad \vdots \\
\dot{x}_n = -\lambda_n x_n + u
\end{cases}
\tag{1-100}
$$

状态方程写成矩阵形式

$$
\begin{pmatrix} \dot{x}_1 \\ \dot{x}_2 \\ \vdots \\ x_{q-1} \\ \dot{x}_q \\ \hdashline \dot{x}_{q+1} \\ \vdots \\ \dot{x}_n \end{pmatrix}
=
\left(\begin{array}{ccccc:ccc}
-\lambda_1 & 1 & 0 & \cdots & 0 & 0 & \cdots & 0 \\
0 & -\lambda_1 & 1 & \cdots & 0 & 0 & \cdots & 0 \\
\vdots & \vdots & \ddots & \ddots & \vdots & \vdots & & \vdots \\
0 & 0 & 0 & -\lambda_1 & 1 & 0 & \cdots & 0 \\
0 & 0 & 0 & \cdots & -\lambda_1 & 0 & \cdots & 0 \\
\hdashline
0 & 0 & 0 & \cdots & 0 & -\lambda_{q+1} & \cdots & 0 \\
\vdots & \vdots & \vdots & & \vdots & \vdots & \ddots & \vdots \\
0 & 0 & 0 & \cdots & 0 & 0 & \cdots & -\lambda_n
\end{array}\right)
\begin{pmatrix} x_1 \\ x_2 \\ \vdots \\ x_{q-1} \\ x_q \\ \hdashline x_{q+1} \\ \vdots \\ x_n \end{pmatrix}
+
\begin{pmatrix} 0 \\ 0 \\ \vdots \\ 0 \\ 1 \\ \hdashline 1 \\ \vdots \\ 1 \end{pmatrix} u
\tag{1-101}
$$

输出方程对式（1-96）取拉普拉斯反变换，可得

$$
\boldsymbol{y} = (c_{11} \quad c_{12} \quad \cdots \quad c_{1q} \quad c_{q+1} \quad \cdots \quad c_n)(x_1 \quad x_2 \quad \cdots \quad x_q \quad x_{q+1} \quad \cdots \quad x_n)^{\mathrm{T}} \tag{1-102}
$$

式（1-101）和式（1-102），组成了**系统的状态空间矩阵表达式**，简写为

$$
\begin{cases}
\dot{\boldsymbol{x}} = \boldsymbol{A}\boldsymbol{x} + \boldsymbol{b}u & \text{状态方程} \\
\boldsymbol{y} = \boldsymbol{c}\boldsymbol{x} & \text{输出方程}
\end{cases}
\tag{1-103}
$$

式中

$$
\boldsymbol{x}=\begin{pmatrix} x_1\\ x_2\\ \vdots\\ x_{q-1}\\ x_q\\ \hline x_{q+1}\\ \vdots\\ x_n \end{pmatrix};\ \boldsymbol{A}=\left(\begin{array}{ccccc|ccc} -\lambda_1 & 1 & 0 & \cdots & 0 & 0 & \cdots & 0\\ 0 & -\lambda_1 & 1 & \cdots & 0 & 0 & \cdots & 0\\ \vdots & \vdots & \ddots & \ddots & \vdots & \vdots & & \vdots\\ 0 & 0 & 0 & -\lambda_1 & 1 & 0 & \cdots & 0\\ 0 & 0 & 0 & \cdots & -\lambda_1 & 0 & \cdots & 0\\ \hline 0 & 0 & 0 & \cdots & 0 & -\lambda_{q+1} & \cdots & 0\\ \vdots & \vdots & \vdots & & \vdots & \vdots & \ddots & \vdots\\ 0 & 0 & 0 & \cdots & 0 & 0 & \cdots & -\lambda_n \end{array}\right);\ \boldsymbol{b}=\begin{pmatrix} 0\\ 0\\ \vdots\\ 0\\ 1\\ \hline 1\\ \vdots\\ 1 \end{pmatrix}
$$

$$
\boldsymbol{c}=(c_{11}\quad c_{12}\quad \cdots\quad c_{1q}\quad c_{q+1}\cdots\quad c_n)
$$

从式（1-101）可看出，**系统矩阵 $\boldsymbol{A}$** 为 $n\times n$ 矩阵，对角线上的元素，是特征根的值，对角线下方的元素全为零。对角线上方，除了重极点的上方的元素为 1 外，其余全部为零。**输入矩阵 $\boldsymbol{b}$** 是 n 维列向量，其中，除重极点对应的最后元素为 1 外，其余均为零，互异极点对应的全为 1。**输出矩阵**是 n 维行向量，元素是部分分式中的留数值。

n 阶系统的传递函数中的 q 个重根，其余均为互异根的状态变量图，如图 1-9 所示。

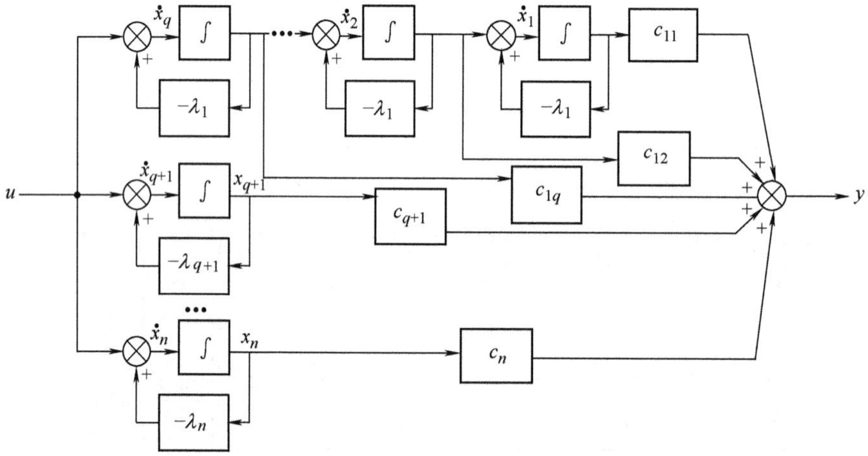

图 1-9 传递函数中有 q 个重根，其余均为互异根的状态变量图

例 1-8 已知系统传递函数

$$
W(s)=\frac{5}{(s+1)^2(s+2)}
$$

试求状态空间表达式。

解 系统有两个重根，-1 和 -2。系统传递函数化为部分分式

$$
W(s)=\frac{5}{(s+1)^2(s+2)}=\frac{5}{(s+1)^2}+\frac{-5}{s+1}+\frac{5}{s+2}
$$

参考式（1-103），状态空间表达式为

$$\begin{cases}\begin{pmatrix}\dot{x}_1\\\dot{x}_2\\\dot{x}_3\end{pmatrix}=\begin{pmatrix}-1&1&0\\0&-1&0\\0&0&-2\end{pmatrix}\begin{pmatrix}x_1\\x_2\\x_3\end{pmatrix}+\begin{pmatrix}0\\1\\1\end{pmatrix}\boldsymbol{u}\\ \boldsymbol{y}=(5\quad -5\quad 5)\begin{pmatrix}x_1\\x_2\\x_3\end{pmatrix}\end{cases}$$

第五节 由系统结构图建立状态空间表达式

在经典控制理论中，系统的数学模型也常用（动态）结构图表示。由系统结构图建立其状态空间表达式，常用的有两种方法：一种是，用结构图的变换法则求出系统传递函数，再按第四节的方法进行，这种方法有时会比较繁琐，特别是，失去了状态变量与物理环节中的实际变量之间关系；另一种方法是，直接由系统结构图变换成状态变量图，再由状态变量图求出系统状态空间表达式；或者，直接从系统结构图求出状态空间表达式。这种方法对系统的分析更有针对性和实用意义，而且往往还会比较简单。

由于系统结构图通常都是由一些典型结构组成，下面先介绍一些常见的典型结构图相对应的状态变量图，以及对应的状态空间表达式。

一、典型结构图的状态变换图及状态空间表达式

1. 积分环节

积分环节的结构图和对应的状态变量图，如图 1-10 所示。

令积分器的输出端为状态变量，则积分器的输入端为状态变量的导数，由此可写出其状态空间表达式

$$\begin{cases}\dot{x}=ku & \text{状态方程}\\ y=x & \text{输出方程}\end{cases}\qquad(1\text{-}104)$$

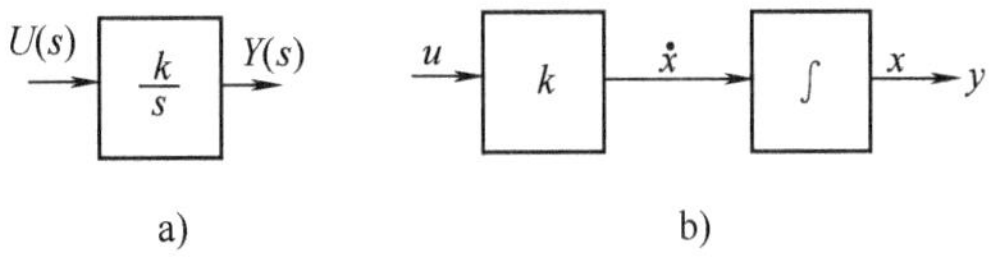

图 1-10 积分器的结构图及状态变量图
a）结构图 b）状态变量图

2. 一阶环节

最基本、最常见的一阶环节，如图 1-11a 所示。实际上是一个惯性部件，或者就是一阶系统模型。转换成状态变量图时，先把放大系数 k 和时间常数 T 提出，视为一个比例器，再与一个正向通道为积分、反馈系数为 $1/T$ 的负反馈环节相串联，如图 1-11b 所示。

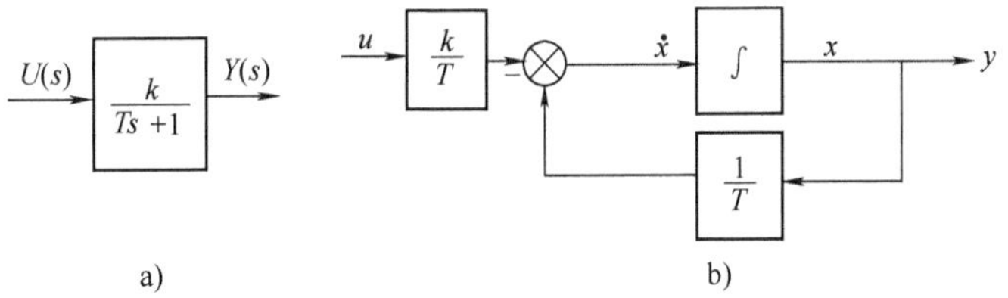

图 1-11 惯性环节的结构图及状态变量图
a）结构图 b）状态变量图

令积分器的输出端为状态变量，则积分器的输入端为状态变量的导数，由此可写出其状

态空间表达式

$$\begin{cases}\dot{x} = -\dfrac{1}{T}x + \dfrac{k}{T}u & \text{状态方程} \\ y = x & \text{输出方程}\end{cases} \tag{1-105}$$

3. 带零点－极点环节

带零点－极点环节的结构图如图1-12a所示。

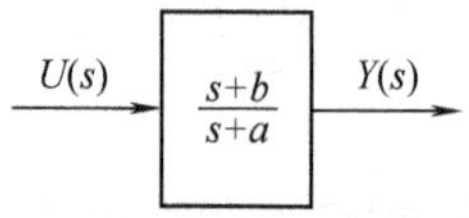

a)

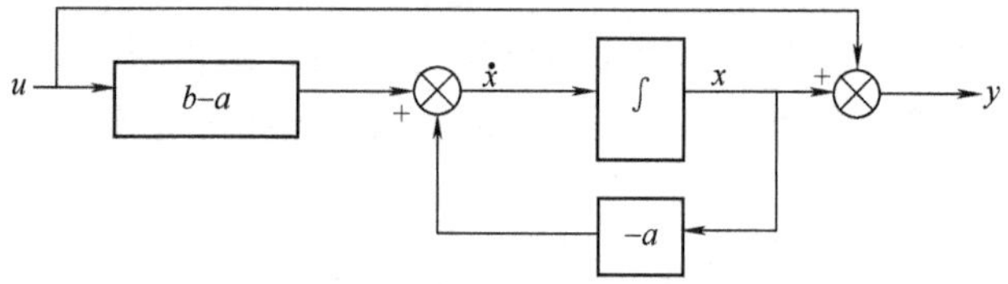

b)

图1-12　带零点－极点环节的结构图及状态变量图
a）结构图　b）状态变量图

改为状态变量图时，把传递函数化为

$$\frac{s+b}{s+a} = 1 + \frac{b-a}{s+a}$$

由上式可画出其对应的状态变量图，如图1-12b所示。令积分器的输出端为状态变量，则积分器的输入端为状态变量的导数，由此可写出其状态方程和输出方程为

$$\begin{cases}\dot{x} = -ax + (b-a)u & \text{状态方程} \\ y = x + u & \text{输出方程}\end{cases} \tag{1-106}$$

4. 振荡环节

振荡环节结构图和状态变量图，如图1-13所示。

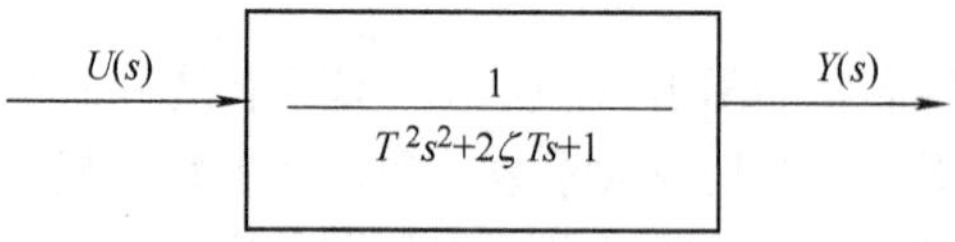

a)

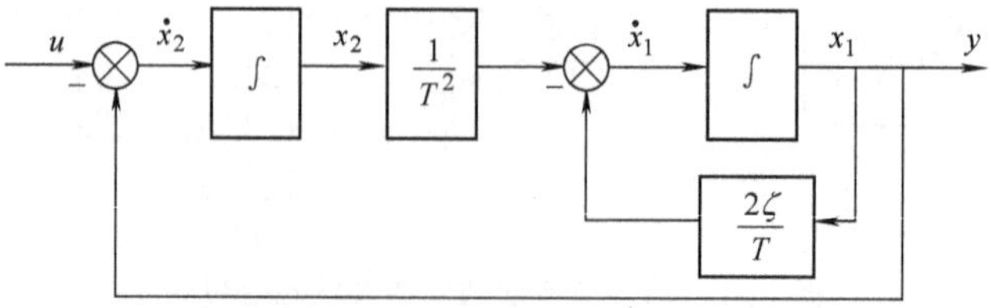

b)

图1-13　二阶振荡环节结构图和状态变量图
a）结构图　b）状态变量图

令两个积分器的输出端分别为状态变量 x_1、x_2，则积分器的输入端为状态变量的导数，由状态变量图可写出其状态方程

$$\begin{cases}\dot{x}_1 = -\dfrac{2\zeta}{T}x_1 + \dfrac{1}{T^2}x_2 \\ \dot{x}_2 = -x_1 + u\end{cases} \qquad \text{状态方程} \qquad (1\text{-}107)$$

和输出方程为

$$y = x_1 \qquad \text{输出方程} \qquad (1\text{-}108)$$

5. 一般二阶环节

典型二阶环节的结构图及其对应的一种状态变量图，如图 1-14 所示。

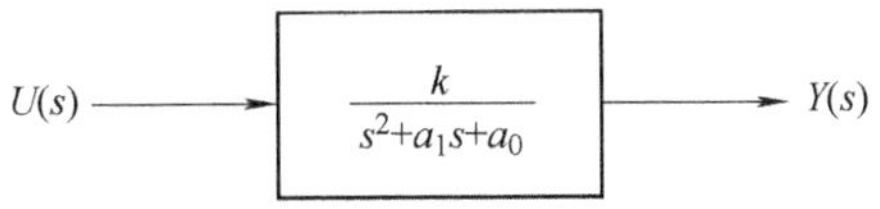

a)

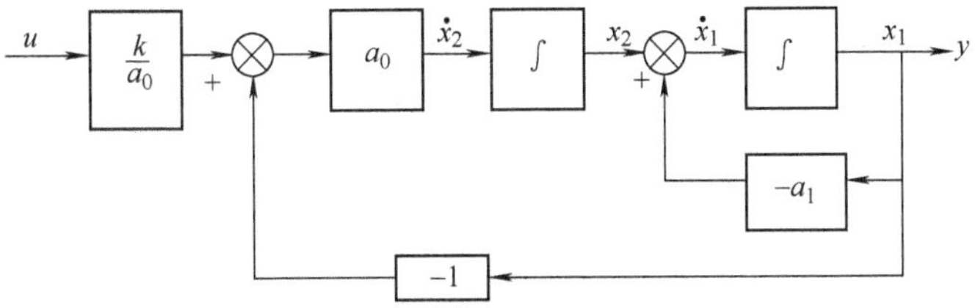

b)

图 1-14　二阶环节的结构图、状态变量图

a）结构图　b）状态变量图

令两个积分器的输出分别为状态变量 x_1 和 x_2，则积分器的输入端分别为状态变量的导数，根据状态变量图容易写出其状态空间表达式为

$$\begin{cases}\dot{x}_1 = -a_1x_1 + x_2 \\ \dot{x}_2 = -a_0x_1 + ku\end{cases} \qquad \text{状态方程} \qquad (1\text{-}109)$$

$$y = x_1 \qquad \text{输出方程} \qquad (1\text{-}110)$$

要注意的是，上面环节的状态变量图并不是唯一的形式。

二、由系统结构图建立状态空间表达式

把系统结构图中的各个环节，按上面的方法分别改画成对应的状态变量图后便组成了系统的状态变量图；然后把含有积分器的输出端作为系统的一个状态变量，积分器的输入端为该状态变量的导数；最后，根据系统变量图的信号传递关系能容易地写出状态空间表达式。

例 1-9　已知系统结构图如图 1-15 所示，求系统状态空间表达式。

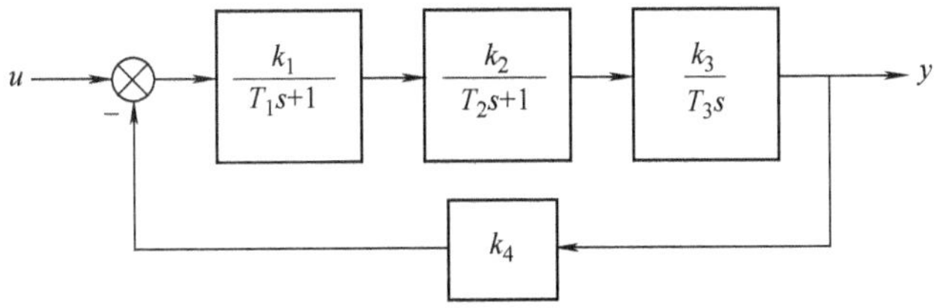

图 1-15　例 1-9 系统结构图

解 该系统由4个环节组成，分别是两个惯性，一个积分和一个比例。按上面的方法把每个环节分别画出其对应的状态变量图后得到原系统的状态变量图，如图1-16所示。

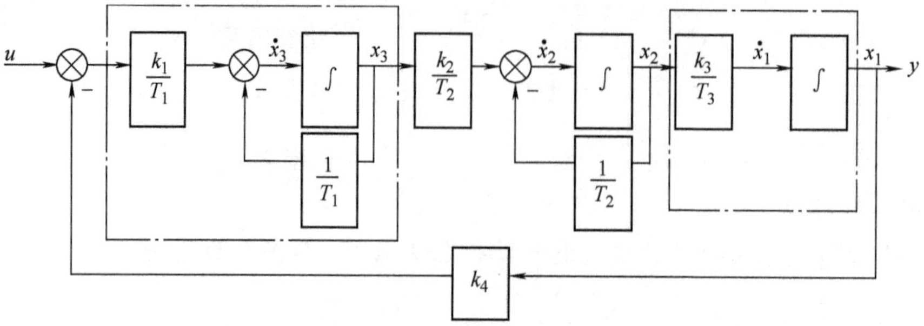

图1-16 例1-9系统结构图对应的系统状态变量图

3个积分器的输出端分别设定为状态变量 x_1，x_2，x_3，积分器的输入端为该状态变量的导数 $\dot{x}_1$、$\dot{x}_2$、$\dot{x}_3$。根据系统状态结构图列写出如下状态方程：

$$
\begin{cases}
\dot{x}_1 = \dfrac{k_3}{T_3}x_2 \\
\dot{x}_2 = -\dfrac{1}{T_2}x_2 + \dfrac{k_2}{T_2}x_3 \\
\dot{x}_3 = -k_4\dfrac{k_1}{T_1}x_1 - \dfrac{1}{T_1}x_3 + \dfrac{k_1}{T_1}u
\end{cases}
$$

输出方程

$$y = x_1$$

写成矩阵形式

$$
\begin{cases}
\begin{pmatrix}\dot{x}_1\\ \dot{x}_2\\ \dot{x}_3\end{pmatrix} = \begin{pmatrix} 0 & \dfrac{k_3}{T_3} & 0 \\ 0 & -\dfrac{1}{T_2} & \dfrac{k_2}{T_2} \\ \dfrac{-k_1k_4}{T_1} & 0 & -\dfrac{1}{T_1}\end{pmatrix}\begin{pmatrix}x_1\\ x_2\\ x_3\end{pmatrix} + \begin{pmatrix}0\\ 0\\ \dfrac{k_1}{T_1}\end{pmatrix}\boldsymbol{u} & \textbf{状态方程} \\
\boldsymbol{y} = (1\quad 0\quad 0)\,(x_1\quad x_2\quad x_3)^{\mathrm{T}} & \textbf{输出方程}
\end{cases}
$$

若系统中包含的环节不多而且较简单时，也可以直接令各个环节的输出为状态变量的拉普拉斯变换，然后根据结构图列出相关方程，再经拉普拉斯反变换的方法，也能容易地求出状态空间表达式。下面通过例题说明其求解过程。

例1-10 已知系统结构图如图1-17所示，试求状态空间表达式，并画出状态变量图。

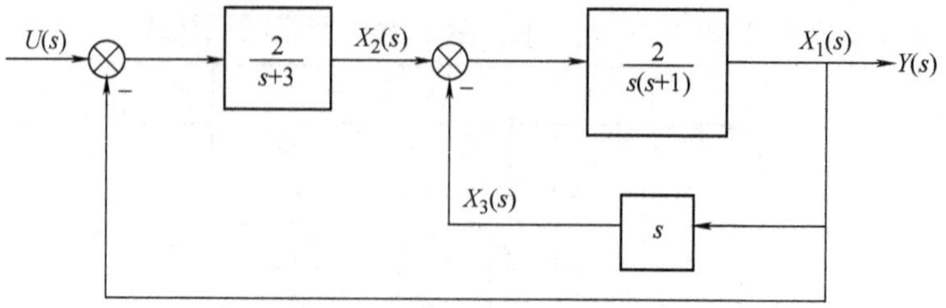

图1-17 例1-10系统结构图

解　在系统结构图中的相关环节后（或前）分别标注出状态变量 x_1、x_2、x_3 的拉普拉斯变换式 $X_1(s)$、$X_2(s)$ 和 $X_3(s)$，如图 1-17 所示。

由结构图可列出如下方程：

$$\begin{cases} X_1(s)=\dfrac{2}{s(s+1)}[X_2(s)-X_3(s)] \\ X_2(s)=\dfrac{2}{s+3}[U(s)-X_1(s)] \\ X_3(s)=sX_1(s) \end{cases}$$

对上面的前两个方程去分母及移项

$$\begin{cases} s^2X_1(s)+sX_1(s)=2X_2(s)-2X_3(s) \\ sX_2(s)=-2X_1(s)-3X_2(s)+2U(s) \\ X_3(s)=sX_1(s) \end{cases}$$

对上面方程取拉普拉斯反变换有

$$\begin{cases} \ddot{x}_1+\dot{x}_1=2x_2-2x_3 \\ \dot{x}_2=-2x_1-3x_2+2u \\ \dot{x}_1=x_3 \end{cases}$$

由上述 3 式，可得状态空间表达式如下：

$$\begin{cases} \begin{pmatrix} \dot{x}_1 \\ \dot{x}_2 \\ \dot{x}_3 \end{pmatrix}=\begin{pmatrix} 0 & 0 & 1 \\ -2 & -3 & 0 \\ 0 & 2 & -3 \end{pmatrix}\begin{pmatrix} x_1 \\ x_2 \\ x_3 \end{pmatrix}+\begin{pmatrix} 0 \\ 2 \\ 0 \end{pmatrix}\boldsymbol{u} \\ \boldsymbol{y}=x_1=(1 \quad 0 \quad 0)\begin{pmatrix} x_1 \\ x_2 \\ x_3 \end{pmatrix} \end{cases}$$

对应的状态变量图如图 1-18 所示。

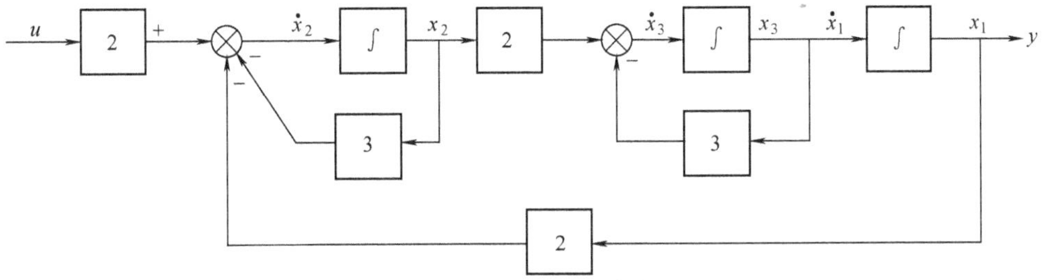

图 1-18　例 1-10 系统状态变量图

第六节　由状态空间描述转换成传递函数描述

前面讨论过由系统传递函数式转变为状态空间表达式的问题，本节讨论由系统的状态空间表达式转变为传递函数的问题。

一、单输入-单输出系统

设 n 阶单输入-单输出系统的状态空间描述为

$$\begin{cases}\dot{\boldsymbol{x}}=\boldsymbol{A}\boldsymbol{x}+\boldsymbol{b}u\\ y=\boldsymbol{c}\boldsymbol{x}+\boldsymbol{d}u\end{cases}\tag{1-111}$$

式中，$\boldsymbol{x}$ 为 n 维**状态（列）向量**；u，y 为**输入和输出标量**；$\boldsymbol{A}$ 为 $n\times n$ **维系统矩阵**；$\boldsymbol{b}$ 为 n **维输入（列）向量**；$\boldsymbol{c}$ 为 n **维输出（行）向量**；$\boldsymbol{d}$ 为直接传输系数。

在零初始条件下，对上式进行拉普拉斯变换可得

$$\begin{cases}sX(s)=\boldsymbol{A}X(s)+\boldsymbol{b}U(s) & (1\text{-}112)\\ Y(s)=\boldsymbol{c}X(s)+\boldsymbol{d}U(s) & (1\text{-}113)\end{cases}$$

式（1-112）做移项、合并和整理后，可得状态变量的拉普拉斯变换式

$$X(s)=(s\boldsymbol{I}-\boldsymbol{A})^{-1}\boldsymbol{b}U(s)\tag{1-114}$$

式中，$\boldsymbol{I}$ 是 $n\times n$ 维的单位矩阵。

式（1-114）代入式（1-113），可得输出量的拉普拉斯变换式

$$Y(s)=\boldsymbol{c}(s\boldsymbol{I}-\boldsymbol{A})^{-1}\boldsymbol{b}U(s)+\boldsymbol{d}U(s)\tag{1-115}$$

根据传递函数的定义，由式（1-115）可得系统的传递函数

$$\begin{aligned}W(s)&=\frac{Y(s)}{U(s)}=\boldsymbol{c}(s\boldsymbol{I}-\boldsymbol{A})^{-1}\boldsymbol{b}+\boldsymbol{d}\\ &=\boldsymbol{c}\frac{\operatorname{adj}(s\boldsymbol{I}-\boldsymbol{A})}{|s\boldsymbol{I}-\boldsymbol{A}|}\boldsymbol{b}+\boldsymbol{d}\end{aligned}\tag{1-116}$$

若直接传输系数 d 为零，则传递函数为

$$W(s)=\frac{Y(s)}{U(s)}=\boldsymbol{c}\frac{\operatorname{adj}(s\boldsymbol{I}-\boldsymbol{A})}{|s\boldsymbol{I}-\boldsymbol{A}|}\boldsymbol{b}\tag{1-117}$$

式中，$(s\boldsymbol{I}-\boldsymbol{A})$ 为**特征矩阵**；$(s\boldsymbol{I}-\boldsymbol{A})^{-1}$ 为特征矩阵的逆阵；adj $(s\boldsymbol{I}-\boldsymbol{A})$ 为**特征矩阵的伴随矩阵**；$|s\boldsymbol{I}-\boldsymbol{A}|$ 也可写成 det $(s\boldsymbol{I}-\boldsymbol{A})$，为**特征矩阵的行列式**，又称为**系统矩阵 $\boldsymbol{A}$ 的特征多项式**。

例 1-11 某系统的状态空间表达式为

$$\begin{cases}\dot{\boldsymbol{x}}=\boldsymbol{A}\boldsymbol{x}+\boldsymbol{b}u\\ \boldsymbol{y}=\boldsymbol{c}\boldsymbol{x}\end{cases}$$

式中，$\boldsymbol{A}=\begin{pmatrix}0 & 1\\ -1 & -3\end{pmatrix}$；$\boldsymbol{b}=\begin{pmatrix}0\\ 1\end{pmatrix}$；$\boldsymbol{c}^{\mathrm{T}}=\begin{pmatrix}1\\ 0\end{pmatrix}$。

求系统的传递函数。

解 先求 $s\boldsymbol{I}-\boldsymbol{A}=\begin{pmatrix}s & 0\\ 0 & s\end{pmatrix}-\begin{pmatrix}0 & 1\\ -1 & -3\end{pmatrix}=\begin{pmatrix}s & -1\\ 1 & s+3\end{pmatrix}$

$$(s\boldsymbol{I}-\boldsymbol{A})^{-1}=\frac{1}{s(s+3)+1}\begin{pmatrix}s+3 & 1\\ -1 & s\end{pmatrix}$$

所以系统传递函数为

$$\boldsymbol{W}(s)=\frac{Y(s)}{U(s)}=c(s\boldsymbol{I}-\boldsymbol{A})^{-1}\boldsymbol{b}$$

$$=(1\quad 0)\begin{pmatrix}\dfrac{s+3}{s(s+3)+1} & \dfrac{1}{s(s+3)+1}\\ \dfrac{-1}{s(s+3)+1} & \dfrac{s}{s(s+3)+1}\end{pmatrix}\begin{pmatrix}0\\1\end{pmatrix}$$

$$=\frac{1}{s(s+3)+1}$$

$$=\frac{1}{s^2+3s+1}$$

二、多输入 – 多输出系统

多输入 – 多输出系统的状态空间表达式的形式与单输入 – 单输出系统的形式相同

$$\begin{cases}\dot{\boldsymbol{X}}=\boldsymbol{AX}+\boldsymbol{BU}\\ \boldsymbol{Y}=\boldsymbol{CX}+\boldsymbol{DU}\end{cases}\tag{1-118}$$

只是表达式中的 $\boldsymbol{B}$、$\boldsymbol{C}$ 和 $\boldsymbol{D}$ 都是矩阵，在单输入 – 单输出系统中，它们都是向量。

由状态空间表达式转换成传递函数的方法和过程，都和单输入 – 单输出系统的一样，也是先对式（1-118）取拉普拉斯变换、移项、代入及整理，公式的形式也相同，即

$$\boldsymbol{W}(s)=\frac{Y(s)}{U(s)}=\boldsymbol{C}(s\boldsymbol{I}-\boldsymbol{A})^{-1}\boldsymbol{B}+\boldsymbol{D}\tag{1-119}$$

由于 $\boldsymbol{A}$、$\boldsymbol{B}$、$\boldsymbol{C}$ 和 $\boldsymbol{D}$ 都是矩阵，因此，式（1-119）中的 $\boldsymbol{W}(s)$ 也是矩阵。例如，一个 n 阶系统，若有 r 个输入量，m 个输出量，则 $\boldsymbol{W}(s)$ 是两个向量的比，其一般的形式为

$$\boldsymbol{W}(s)=\begin{pmatrix}w_{11}(s) & w_{12}(s) & \cdots & w_{1r}(s)\\ w_{21}(s) & w_{22}(s) & \cdots & w_{2r}(s)\\ \cdots & \cdots & & \cdots\\ w_{m1}(s) & w_{m2}(s) & \cdots & w_{mr}(s)\end{pmatrix}$$

对于多输入 – 多输出系统，称 $\boldsymbol{W}(s)$ 为**传递函数矩阵**。它的元素 $w_{ij}(s)$，$i=1, 2, \cdots, m$，$j=1, 2, \cdots, r$，通常都是 s 的有理分式，表示系统的第 j 个输入量对第 i 个输出量的拉普拉斯变换的比。

例 1-12　已知一多输入 – 多输出系统的状态空间描述

$$\begin{cases}\dot{\boldsymbol{X}}=\boldsymbol{AX}+\boldsymbol{BU}\\ \boldsymbol{Y}=\boldsymbol{CX}\end{cases}$$

式中
$$\boldsymbol{A}=\begin{pmatrix}0 & 1 & 0\\ 0 & 0 & 1\\ -6 & -11 & -6\end{pmatrix},\ \boldsymbol{B}=\begin{pmatrix}1 & 0\\ 2 & -1\\ 0 & 2\end{pmatrix},\ \boldsymbol{C}=\begin{pmatrix}1 & -1 & 0\\ 2 & 1 & -1\end{pmatrix}$$

求其传递矩阵。

解　由传递函数公式（1-119），并代入 A、B、C 和 D 的值，其中 $D=0$，有

$$\boldsymbol{W}(s)=\boldsymbol{C}(s\boldsymbol{I}-\boldsymbol{A})^{-1}\boldsymbol{B}$$

$$=\begin{pmatrix}1 & -1 & 0\\ 2 & 1 & -1\end{pmatrix}\begin{pmatrix}s & -1 & 0\\ 0 & s & -1\\ 6 & 11 & s+6\end{pmatrix}^{-1}\begin{pmatrix}1 & 0\\ 2 & -1\\ 0 & 2\end{pmatrix}$$

根据矩阵求逆公式

$$(s\boldsymbol{I}-\boldsymbol{A})^{-1}=\frac{\mathrm{adj}(s\boldsymbol{I}-\boldsymbol{A})}{\det(s\boldsymbol{I}-\boldsymbol{A})}$$

求出 $$\begin{pmatrix} s & -1 & 0 \\ 0 & s & -1 \\ 6 & 11 & s+6 \end{pmatrix}^{-1}=\frac{1}{s^3+6s^2+11s+6}\begin{pmatrix} s^2+6s+11 & s+6 & 1 \\ -6 & s(s+6) & s \\ -6s & -11s-6 & s^2 \end{pmatrix}$$

于是，传递函数矩阵为

$$\boldsymbol{W}(s)=C(s\boldsymbol{I}-\boldsymbol{A})^{-1}\boldsymbol{B}$$

$$=\begin{pmatrix} 1 & -1 & 0 \\ 2 & 1 & -1 \end{pmatrix}\begin{pmatrix} s & -1 & 0 \\ 0 & s & -1 \\ 6 & 11 & s+6 \end{pmatrix}^{-1}\begin{pmatrix} 1 & 0 \\ 2 & -1 \\ 0 & 2 \end{pmatrix}$$

$$=\begin{pmatrix} 1 & -1 & 0 \\ 2 & 1 & -1 \end{pmatrix}\frac{1}{s^3+6s^2+11s+6}\begin{pmatrix} s^2+6s+11 & s+6 & 1 \\ -6 & s(s+6) & s \\ -6s & -11s-6 & s^2 \end{pmatrix}\begin{pmatrix} 1 & 0 \\ 2 & -1 \\ 0 & 2 \end{pmatrix}$$

$$=\frac{1}{s^3+6s^2+11s+6}\begin{pmatrix} -s^2-4s+29 & s^2+3s-4 \\ 4s^2+56s+52 & -3s^2-17s-14 \end{pmatrix}$$

第二节曾指出，对一个系统或环节而言，由于状态变量的选取不同，因此，它的状态空间表达式也是不同的，但要注意，系统的传递函数或传递函数矩阵却是相同的，下面以例题说明。

例 1-13 图 1-3 所示的 *RLC* 电路中，输入量为 u，输出量为电容电压 u_C。由例 1-1，当选择电流 i 和电容电压 u_C 为状态变量（$x_1=i$，$x_2=u_C$）时，其状态空间表达式为

$$\begin{cases} \dot{\boldsymbol{x}}=\boldsymbol{A}\boldsymbol{x}+\boldsymbol{b}u \\ y=\boldsymbol{c}\boldsymbol{x} \end{cases}$$

式中 $$\boldsymbol{x}=\begin{pmatrix} x_1 \\ x_2 \end{pmatrix};\ \boldsymbol{A}=\begin{pmatrix} -\frac{R}{L} & -\frac{1}{L} \\ \frac{1}{C} & 0 \end{pmatrix};\ \boldsymbol{b}=\begin{pmatrix} \frac{1}{L} \\ 0 \end{pmatrix};\ \boldsymbol{c}=(0\quad 1)$$

当选取电流 i 和电流的积分为状态变量（$x_1=i$，$x_2=\int i\mathrm{d}t$）时，其状态空间表达式为

$$\begin{cases} \dot{\boldsymbol{x}}=\boldsymbol{A}\boldsymbol{x}+\boldsymbol{b}u \\ y=\boldsymbol{c}\boldsymbol{x} \end{cases}$$

式中 $$\boldsymbol{x}=\begin{pmatrix} x_1 \\ x_2 \end{pmatrix};\ \boldsymbol{A}=\begin{pmatrix} -\frac{R}{L} & -\frac{1}{LC} \\ 1 & 0 \end{pmatrix};\ \boldsymbol{b}=\begin{pmatrix} \frac{1}{L} \\ 0 \end{pmatrix};\ \boldsymbol{c}=\begin{pmatrix} 0 & \frac{1}{C} \end{pmatrix}$$

试证明，两种不同状态变量下的电路传递函数是相同的。

解 （1）当选取电流 i 和电容电压 u_C 为状态变量时，电路的传递函数。

先求

$$(s\boldsymbol{I}-\boldsymbol{A})=\begin{pmatrix} s & 0 \\ 0 & s \end{pmatrix}-\begin{pmatrix} -\frac{R}{L} & -\frac{1}{L} \\ \frac{1}{C} & 0 \end{pmatrix}=\begin{pmatrix} s+\frac{R}{L} & \frac{1}{L} \\ -\frac{1}{C} & s \end{pmatrix};\ (s-\boldsymbol{A})^{-1}=\frac{\begin{pmatrix} s & -\frac{1}{L} \\ \frac{1}{C} & s \end{pmatrix}}{s^2+\frac{R}{L}s+\frac{1}{LC}}$$

由式（1-117），系统传递函数为

$$w(s)=\frac{u(s)}{u_{\mathrm{C}}(s)}=\boldsymbol{c}(s\boldsymbol{I}-\boldsymbol{A})^{-1}\boldsymbol{b}=(0\quad 1)\frac{\begin{pmatrix} s & -\frac{1}{L} \\ \frac{1}{C} & s \end{pmatrix}}{s^2+\frac{R}{L}s+\frac{1}{LC}}\begin{pmatrix} \frac{1}{L} \\ 0 \end{pmatrix}$$

$$=\frac{\frac{1}{LC}}{s^2+\frac{R}{L}s+\frac{1}{LC}}=\frac{1}{LCs^2+RCs+1}$$

（2）当选取电流 i 和电流的积分为状态变量时，电路的传递函数。

先求 $$(s\boldsymbol{I}-\boldsymbol{A})=\begin{pmatrix} s & 0 \\ 0 & s \end{pmatrix}-\begin{pmatrix} -\frac{R}{L} & -\frac{1}{LC} \\ 1 & 0 \end{pmatrix}=\begin{pmatrix} s+\frac{R}{L} & \frac{1}{LC} \\ -1 & s \end{pmatrix};\ (\boldsymbol{s}-\boldsymbol{A})^{-1}=\frac{\begin{pmatrix} s & -\frac{1}{LC} \\ 1 & -1 \end{pmatrix}}{s^2+\frac{R}{L}s+\frac{1}{LC}}$$

由式（1-117）知，系统传递函数为

$$w(s)=\frac{u(s)}{u_{\mathrm{C}}(s)}=\boldsymbol{c}(s\boldsymbol{I}-\boldsymbol{A})^{-1}\boldsymbol{b}=\begin{pmatrix} 0 & \frac{1}{C} \end{pmatrix}\frac{\begin{pmatrix} s & -\frac{1}{LC} \\ 1 & -1 \end{pmatrix}}{s^2+\frac{R}{L}s+\frac{1}{LC}}\begin{pmatrix} \frac{1}{L} \\ 0 \end{pmatrix}$$

$$=\frac{\frac{1}{LC}}{s^2+\frac{R}{L}s+\frac{1}{LC}}=\frac{1}{LCs^2+RCs+1}$$

可见，选取不同的两组状态变量，得到两种不同的状态空间表达式，但电路的传递函数却是完全相同的。

三、组合系统

组合系统是指由若干个子系统分别按串联、并联或反馈连接而成的系统。为了讨论方便，下面仅讨论由两个子系统主要按串联、并联组成的组合系统。

1. 串联连接

两个子系统串联连接，如图 1-19 所示。

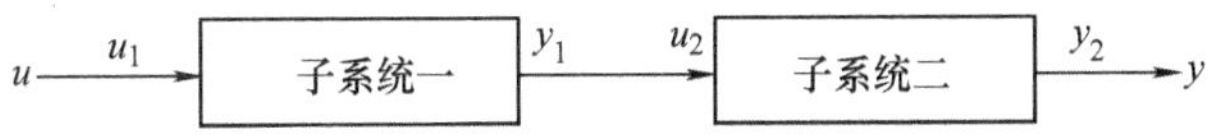

图 1-19　两个子系统串联连接

设**子系统一**的状态空间表达式和传递函数分别为

$$\begin{cases} \dot{x}_1=A_1x_1+b_1u_1 \\ y_1=c_1x_1+d_1u_1 \end{cases};\quad w_1(s)=\frac{y_1(s)}{u_1(s)} \tag{1-120}$$

子系统二的状态空间表达式和传递函数分别为

$$\begin{cases}\dot{x}_2 = A_2x_2 + b_2u_2 \\ y_2 = c_2x_2 + d_2u_2\end{cases};\quad w_2(s) = \frac{y_2(s)}{u_2(s)} \tag{1-121}$$

设组合系统的输入量为 u，输出量为 y。由图 1-19 可知，第一个子系统的输入量为组合系统的输入量，$u = u_1$；第一个子系统的输出量是第二个子系统的输入量，$y_1 = u_2$；第二个子系统的输出量，作为组合系统的输出量，$y = y_2$。上述关系分别代入两个子系统的状态空间表达式中，有

$$\begin{cases}\dot{x}_1 = A_1x_1 + b_1u_1 = A_1x_1 + b_1u \\ y_1 = c_1x_1 + d_1u_1 = c_1x_1 + d_1u\end{cases} \tag{1-122}$$

$$\begin{cases}\dot{x}_2 = A_2x_2 + b_2u_2 = A_2x_2 + b_2y_1 = A_2x_2 + b_2c_1x_1 + b_2d_1u \\ y = y_2 = c_2x_2 + d_2u_2 = c_2x_2 + d_2c_1x_1 + d_2d_1u\end{cases} \tag{1-123}$$

组合系统的状态空间表达式，写成矩阵方程为

$$\begin{cases}\begin{pmatrix}\dot{x}_1 \\ \cdots \\ \dot{x}_2\end{pmatrix} = \begin{pmatrix}A_1 & \vdots & 0 \\ \cdots & \cdots & \cdots \\ b_2c_1 & \vdots & A_2\end{pmatrix}\begin{pmatrix}x_1 \\ \cdots \\ x_2\end{pmatrix} + \begin{pmatrix}b_1 \\ \cdots \\ b_2d_1\end{pmatrix}\boldsymbol{u} \\ y = (d_2c_1 \ \vdots \ c_2)\begin{pmatrix}x_1 \\ \cdots \\ x_2\end{pmatrix} + d_2d_1u\end{cases} \tag{1-124}$$

因为

$$w_1(s)w_2(s) = \frac{y_1(s)}{u_1(s)}\frac{y_2(s)}{u_2(s)} = \frac{y_1(s)}{u(s)}\frac{y(s)}{y_1(s)} = \frac{y(s)}{u(s)} = w(s) \tag{1-125}$$

式（1-125）表明，当两个子系统相串联时，组合系统的总传递函数是两个子系统传递函数的乘积。这一结论也可推广到 n 个子系统相串联，即 n 个子系统相串联后的总传递函数为 n 个子系统的传递函数之乘积。

2. 并联连接

两个子系统并联连接，如图 1-20 所示。

设组合系统的输入量为 u，输出量为 y。由图 1-20 可知，组合系统的输入量与第一个和第二个子系统的输入量是相同的，即 $u = u_1 = u_2$；组合系统的输出量是两个子系统的输出量之和，即 $y = y_1 + y_2$。上述关系分别代入两个子系统的状态空间表达式中，并做一定处理后容易得到组合系统的状态空间表达式

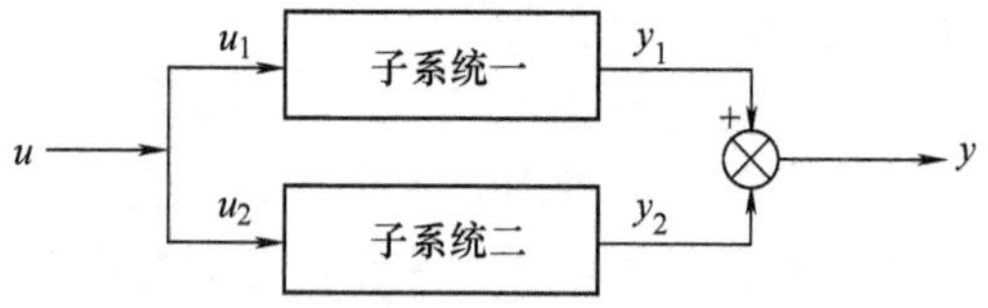

图 1-20 两个子系统并联连接

$$\begin{cases}\begin{pmatrix}\dot{x}_1 \\ \cdots \\ \dot{x}_2\end{pmatrix} = \begin{pmatrix}A_1 & \vdots & 0 \\ \cdots & \cdots & \cdots \\ 0 & \vdots & A_2\end{pmatrix}\begin{pmatrix}x_1 \\ \cdots \\ x_2\end{pmatrix} + \begin{pmatrix}b_1 \\ \cdots \\ b_2\end{pmatrix}\boldsymbol{u} \\ \boldsymbol{y} = (c_1 \ \vdots \ c_2)(x_1 \ \vdots \ x_2)^{\mathrm{T}} + (d_1 + d_2)\boldsymbol{u}\end{cases} \tag{1-126}$$

由式 1-119，组合系统的传递函数（矩阵）容易求得

$w(s) = \boldsymbol{c}(s\boldsymbol{I} - \boldsymbol{A})^{-1}\boldsymbol{b} + \boldsymbol{d}$

$$
\begin{aligned}
&= (c_1 \ \vdots \ c_2)\begin{pmatrix} s\boldsymbol{I}-\boldsymbol{A}_1 & 0 \\ 0 & s\boldsymbol{I}-\boldsymbol{A}_2 \end{pmatrix}^{-1}\begin{pmatrix} b_1 \\ b_2 \end{pmatrix} + (d_1+d_2)\boldsymbol{u} \\
&= c_1(s\boldsymbol{I}-\boldsymbol{A}_1)^{-1}b_1 + d_1 + c_2(s\boldsymbol{I}-\boldsymbol{A}_2)^{-1}b_2 + d_2 \\
&= w_1(s) + w_2(s)
\end{aligned} \tag{1-127}
$$

式（1-127）表明，当两个子系统相并联时，组合系统的总传递函数是两个子系统传递函数之和。这一结论也可推广到 n 个子系统相并联，即 n 个子系统相并联后的总传递函数为 n 个子系统传递函数之和。

第七节　离散控制系统的状态空间描述

在经典控制理论中，离散控制系统的数学模型是 Z 域的差分方程和脉冲传递函数。本节介绍和讨论由差分方程和（或）脉冲传递函数转换成状态空间描述的方法。

一、离散控制系统 Z 域的数学描述

n 阶离散定常系统差分方程的一般表达式为

$$
\begin{aligned}
&y(k+n) + a_{n-1}y(k+n-1) + \cdots + a_1y(k+1) + a_0y(k) \\
&= b_nu(k+n) + b_{n-1}u(k+n-1) + \cdots + b_1u(k+1) + b_0u(k)
\end{aligned} \tag{1-128}
$$

式中，$k=0, 1, 2, \cdots$，表示系统运行过程中的第 k 个采样时刻；$y(k)$为第 k 个采样时刻系统的输出量；$u(k)$为第 k 个采样时刻的输入量；a_i，b_i（$i=0, 1, 2, \cdots, n-1$）是与系统参数有关的系数。

当初始条件为零时，对式（1-128）两边取 Z 变换，容易求出输出量的 Z 变换式与输入量的 Z 变换式的比，即该系统的**脉冲传递函数**

$$
w(z) = \frac{y(z)}{u(z)} = \frac{b_nz^n + b_{n-1}z^{n-1} + \cdots + b_1z + b_0}{z^n + a_{n-1}z^{n-1} + \cdots + a_1z + a_0} \tag{1-129}
$$

二、离散控制系统的状态空间描述

离散系统的差分方程或脉冲传递函数转换成状态空间描述的方法和过程与连续系统的微分方程或传递函数转换成状态空间描述的方法和过程是完全雷同的。下面只介绍和讨论由脉冲传递函数转换成状态空间表达式的方法和过程。

设 n 阶线性离散定常系统的脉冲传递函数如式（1-129）所示。它不是一个严格的有理分式。仿照第四节的传递函数具有无理分式形式，即传递函数的分子和分母多项式的最高次方数相同的情况，去求取式（1-129）相应的状态空间描述，为此，先用长除法化式（1-129）为

$$
\begin{aligned}
w(z) &= \frac{y(z)}{u(z)} = \frac{b_nz^n + b_{n-1}z^{n-1} + \cdots + b_1z + b_0}{z^n + a_{n-1}z^{n-1} + \cdots + a_1z + a_0} \\
&= \frac{\beta_{n-1}z^{n-1} + \cdots + \beta_1z + \beta_0}{z^n + a_{n-1}z^{n-1} + \cdots + a_1z + a_0} + b_n = w_1(z) + b_n
\end{aligned} \tag{1-130}
$$

式中，b_n 是商，是分子项最高次的系数值；而第一项为余式

$$
w_1(z) = \frac{\beta_{n-1}z^{n-1} + \beta_{n-2}z^{n-2} + \cdots + \beta_1z + \beta_0}{z^n + a_{n-1}z^{n-1} + \cdots + a_1z + a_0} = \frac{y_1(z)}{u_1(z)} \tag{1-131}
$$

式（1-131）是 z 的有理分式，式中的系数 β 为

$$\begin{cases}\beta_0 = b_0 - a_0 b_n \\ \beta_1 = b_1 - a_1 b_n \\ \quad\vdots \\ \beta_{n-1} = b_{n-1} - a_{n-1} b_n\end{cases} \tag{1-132}$$

同样，在式（1-131）中引入一个中间变量后经过第四节式（1-63）相似的处理，可求得式（1-130）的状态空间描述：

状态方程

$$\begin{cases}x_1(k+1) = x_2(k) \\ x_2(k+1) = x_3(k) \\ \quad\vdots \\ x_{n-1}(k+1) = x_n(k) \\ x_n(k+1) = -a_{n-1}x_n(k) - a_{n-2}x_{n-1}(k) - \cdots - a_0 x_1(k) + u(k)\end{cases} \tag{1-133}$$

输出方程

$$y(k) = \beta_{n-1}x_n(k) + \beta_{n-2}x_{n-1}(k) + \cdots + \beta_1 x_2(k) + \beta_0 x_1(k) + b_n u(k) \tag{1-134}$$

用矩阵方程表示为

$$\begin{cases}\begin{pmatrix}x_1(k+1) \\ x_2(k+1) \\ \vdots \\ x_{n-1}(k+1) \\ x_n(k+1)\end{pmatrix} = \begin{pmatrix}0 & 1 & 0 & \cdots & 0 \\ 0 & 0 & 1 & \cdots & 0 \\ \vdots & \vdots & \vdots & \ddots & \vdots \\ 0 & 0 & 0 & \cdots & 1 \\ -a_0 & -a_1 & -a_2 & \cdots & -a_{n-1}\end{pmatrix}\begin{pmatrix}x_1(k) \\ x_2(k) \\ \vdots \\ x_{n-1}(k) \\ x_n(k)\end{pmatrix} + \begin{pmatrix}0 \\ 0 \\ \vdots \\ 0 \\ 1\end{pmatrix}u(k) \\ y(k) = (\beta_0 \quad \beta_1 \quad \cdots \quad \beta_{n-1})x(k) + b_n u(k)\end{cases} \tag{1-135}$$

简写为

$$\begin{cases}x(k+1) = \boldsymbol{A}x(k) + \boldsymbol{b}u(k) \\ y(k) = \boldsymbol{c}x(k) + du(k)\end{cases} \tag{1-136}$$

其中

$$x(k+1) = \begin{pmatrix}x_1(k+1) \\ x_2(k+1) \\ \vdots \\ x_n(k+1)\end{pmatrix}; \quad \boldsymbol{A} = \begin{pmatrix}0 & 1 & 0 & \cdots & 0 \\ 0 & 0 & 1 & \cdots & 0 \\ \vdots & \vdots & \vdots & \ddots & \vdots \\ 0 & 0 & 0 & \cdots & 1 \\ -a_0 & -a_1 & -a_2 & \cdots & -a_{n-1}\end{pmatrix}; \quad \boldsymbol{b} = \begin{pmatrix}0 \\ 0 \\ \vdots \\ 0 \\ 1\end{pmatrix}$$

$$\boldsymbol{c} = (\beta_0 \quad \beta_1 \quad \cdots \quad \beta_{n-1}); \quad d = b_n$$

与连续系统类似，式中，$x(k)$为 $n\times1$ 维向量，称为系统的**状态向量**；$\boldsymbol{A}$ 为 $n\times n$ 维矩阵，称为系统矩阵；$\boldsymbol{b}$ 为 $n\times1$ 维向量，称为系统的**输入（控制）状态向量**；$\boldsymbol{c}$ 为 $1\times n$ 维向量，称为系统的**输出向量**；d 为常数，称为直接传输系数。

由式（1-135）可见，离散系统状态方程描述了 $(k+1)$ 时刻的状态与 k 时刻的状态以及 k 时刻的输入量之间的关系；离散系统输出方程描述了 k 时刻的输出量与 k 时刻的状态、k 时刻的输入量之间的关系。

例 1-14　离散系统的差分方程为

$$y(k+3)+2y(k+2)+5y(k+1)+6y(k)=$$
$$2u(k+3)+3u(k+2)+11u(k+1)+13u(k)$$

试求出该离散系统的一个状态空间描述。

解　由差分方程写出相应的脉冲传递函数：

$$w(z)=\frac{2z^3+3z^2+11z+13}{z^3+2z^2+5z+6}=2+\frac{-z^2+z+1}{z^3+2z^2+5z+6}$$

由式（1-136）和式（1-131）或式（1-132），直接写出它的一个状态空间描述为

$$x(k+1)=\begin{pmatrix}0 & 1 & 0\\ 0 & 0 & 1\\ -6 & -5 & 2\end{pmatrix}x(k)+\begin{pmatrix}0\\0\\1\end{pmatrix}u(k)$$

$$y(k)=(1\quad 1\quad -1)x(k)+2u(k)$$

若系统的脉冲传递函数式以极点形式表示时，其对应的状态空间描述式的转换方法也和连续系统的方法完全雷同。由于工程系统中，脉冲传递函数大多数是有理分式的，下面只考虑有理分式且分子分母无因子相消的情况。

设 n 阶系统的脉冲传递函数为

$$w(z)=\frac{y(z)}{u(z)}=\frac{b_m z^m+b_{m-1}z^{m-1}+\cdots+b_1 z+b_0}{z^n+a_{n-1}z^{n-1}+\cdots+a_1 z+a_0}\quad n>m \tag{1-137}$$

当**脉冲传递函数为相异极点**时，先用部分分式法展开

$$w(z)=\frac{y(z)}{u(z)}=\frac{c_1}{z+z_1}+\frac{c_2}{z+z_2}+\cdots+\frac{c_n}{z+z_n} \tag{1-138}$$

式中，$-z_1$，$-z_2$，…，$-z_n$ 为相异极点。

$c_i(i=1,\ 2,\ \cdots,\ n)$ 为留数，按下式计算：

$$c_i=\lim_{z\to -z_i} w(z)(z+z_i) \tag{1-139}$$

离散系统式（1-137）的一种**状态空间表达式**表示为

$$\begin{cases}x(k+1)=\boldsymbol{A}x(k)+\boldsymbol{b}u(k)\\ y(k)=\boldsymbol{c}x(k)\end{cases} \tag{1-140}$$

式中

$$\boldsymbol{A}=\begin{pmatrix}-z_1 & 0 & 0 & \cdots & 0\\ 0 & -z_2 & 0 & \cdots & 0\\ \vdots & \vdots & \ddots & \cdots & \vdots\\ 0 & 0 & 0 & -z_{n-1} & 0\\ 0 & 0 & 0 & \cdots & -z_n\end{pmatrix};\quad \boldsymbol{b}=\begin{pmatrix}1\\1\\ \vdots\\1\\1\end{pmatrix};\quad \boldsymbol{c}=(c_1\quad c_2\quad \cdots\quad c_n)$$

当**脉冲传递函数具有** n **个重极点**（$-z_1$）时，先用部分分式法展开

$$w(z)=\frac{y(z)}{u(z)}=\frac{c_{11}}{(z+z_1)^n}+\frac{c_{12}}{(z+z_1)^{n-1}}+\cdots+\frac{c_{1n}}{(z+z_1)} \tag{1-141}$$

式中，c_{1i}（$i=1,\ 2,\ \cdots,\ n$）为留数，按下式计算：

$$c_{1i}=\lim_{z\to -z_1}\frac{1}{(i-1)!}\frac{d^{i-1}}{dz^{i-1}}\{w(z)(z+z_1)^n\},\quad i=1,2,\cdots,n \tag{1-142}$$

离散系统式（1-137）的一种状态空间表达式，用**矩阵方程式**表示为

$$\begin{cases}\begin{pmatrix}x_1(k+1)\\x_2(k+1)\\\vdots\\x_{n-1}(k+1)\\x_n(k+1)\end{pmatrix}\boldsymbol{A}=\begin{pmatrix}-z_1&1&0&\cdots&0\\0&-z_1&1&\cdots&0\\\vdots&\vdots&\ddots&\ddots&\vdots\\0&0&0&-z_1&1\\0&0&0&\cdots&-z_1\end{pmatrix}\begin{pmatrix}x_1(k)\\x_2(k)\\\vdots\\x_{n-1}(k)\\x_n(k)\end{pmatrix}+\begin{pmatrix}0\\0\\\vdots\\0\\1\end{pmatrix}u(k)\\ y(k)=(c_{11}\quad c_{12}\quad\cdots\quad c_{1n})x(k)\end{cases}\tag{1-143}$$

当系统具有相异极点又有重极点时，把上面两种情况综合起来，仿照连续系统的公式很容易写出其对应的状态空间表达式。

三、由状态空间表达式求脉冲传递函数

由上面内容可知，n 阶离散系统的状态空间通用的表达形式

$$\begin{cases}x(k+1)=\boldsymbol{A}x(k)+\boldsymbol{b}u(k) & \textbf{状态方程}\\ y(k)=\boldsymbol{c}x(k)+du(k) & \textbf{输出方程}\end{cases}\tag{1-144}$$

对式（1-144）两边取初始状态为零的 Z 变换

$$\begin{cases}zx(z)=\boldsymbol{A}x(z)+\boldsymbol{b}u(z)\\ y(z)=\boldsymbol{c}x(z)+du(z)\end{cases}\tag{1-145}$$

对式（1-145）的第一个方程移项、合并，有

$$x(z)=(z\boldsymbol{I}-\boldsymbol{A})^{-1}\boldsymbol{b}u(z)\tag{1-146}$$

式（1-146）代入式（1-145）的第二个方程，可得输出量 y 的 Z 变换式

$$y(z)=\boldsymbol{c}x(z)+du(z)=(\boldsymbol{c}(z\boldsymbol{I}-\boldsymbol{A})^{-1}\boldsymbol{b}+d)u(z)=w(z)u(z)\tag{1-147}$$

根据脉冲传递函数的定义，由式（1-147）可得**脉冲传递函数**为

$$w(z)=\frac{y(z)}{u(z)}=\boldsymbol{c}(z\boldsymbol{I}-\boldsymbol{A})^{-1}\boldsymbol{b}+d\tag{1-148}$$

式中，$\boldsymbol{A}$ 是 $n\times n$ 维矩阵；$\boldsymbol{I}$ 是 $n\times n$ 单位阵；$\boldsymbol{c}$、$\boldsymbol{b}$ 均为 n 维向量，d 为标量。

若系统不存在直接传输，则 $d=0$，**脉冲传递函数**为

$$w(z)=\frac{y(z)}{u(z)}=\boldsymbol{c}(z\boldsymbol{I}-\boldsymbol{A})^{-1}\boldsymbol{b}\tag{1-149}$$

若是多输入-多输出系统，**脉冲传递函数矩阵**为

$$W(z)=\frac{Y(z)}{U(z)}=\boldsymbol{C}(z\boldsymbol{I}-\boldsymbol{A})^{-1}\boldsymbol{B}+\boldsymbol{D}\tag{1-150}$$

式中，$\boldsymbol{A}$、$\boldsymbol{B}$、$\boldsymbol{C}$ 和 $\boldsymbol{D}$ 均为矩阵。

习　　题

1-1　求图 1-21 所示电路网络的状态空间表达式，并画出状态变量图。

1-2　图 1-22 所示为减振系统，质量为 m 的物体，受到 $u(t)$ 的作用力下产生 $y(t)$ 的位移。求状态空间表达式，并画出状态变量图。

1-3　设系统微分方程为

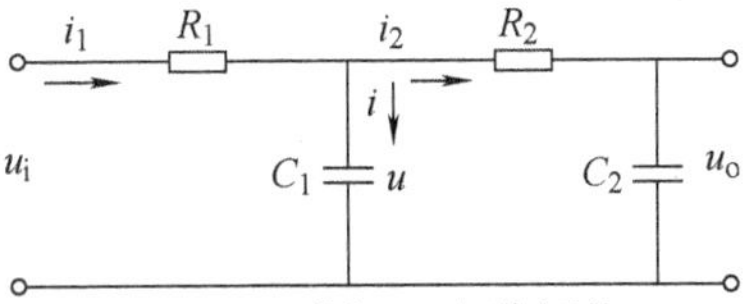

图 1-21　题 1-1 电路网络

（1）$\dddot{y}+8\ddot{y}+7\dot{y}+6y=5u$

（2）$\dddot{y}+7\ddot{y}+3y=\dot{u}+2u$

式中，u 和 y 分别为系统输入和输出量。试列写其状态空间表达式，并画出状态变量图。

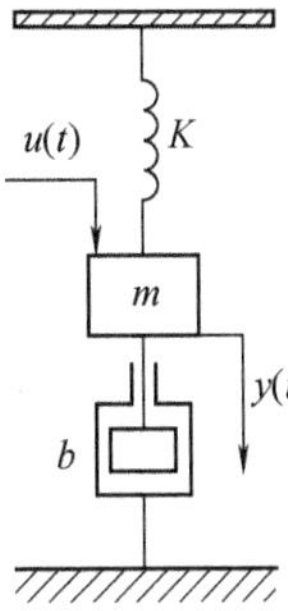

图 1-22　题 1-2 减振系统

1-4　已知系统传递函数为

（1）$G(s)=\dfrac{3s+1}{s^3+5s^2+4s+2}$

（2）$G(s)=\dfrac{s^2+4s+8}{s^2+5s+3}$

（3）$G(s)=\dfrac{5}{(s+1)^2(s+2)(s+1)}$

试求动态方程式，并画出状态变量图。

1-5　已知系统结构图如图 1-23 所示，试求动态方程，并画出状态变量图。

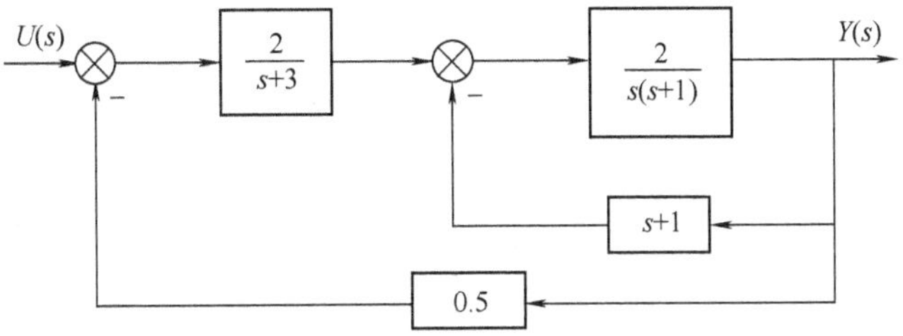

图 1-23　题 1-5 系统结构图

1-6　已知系统动态方程为 $\begin{cases}\dot{x}=\begin{pmatrix}0 & 1 & 0\\ -2 & -3 & 0\\ -1 & 1 & 3\end{pmatrix}x+\begin{pmatrix}0\\1\\2\end{pmatrix}u\\ y=(0\quad 0\quad 1)x\end{cases}$，试求传递函数 $G(s)$。

1-7　已知离散系统的运动方程为

$$y(k+3)+3y(k+2)+2y(k+1)+y(k)=u(k+2)+2u(k+1)+u(k)$$

试求状态空间表达式。

1-8　已知离散系统的脉冲传递函数为

$$w(z)=\frac{4}{(z-1)^2(z+2)}$$

试写出系统状态空间表达式。

第二章 线性系统的状态空间响应分析

系统分析，包含“定量分析”和“定性分析”两个方面。定量分析主要是对系统的运动规律及过程进行准确的计算及研究；定性分析则着重对决定系统的一些重要特性，例如系统的稳定性、能控能观性等进行分析和研究。本章涉及系统的定量分析，定性分析则分别在第三章和第四章进行讨论。

系统的状态空间响应分析，就是在已知系统的状态空间描述基础上，定量地分析和研究系统在初始状态和外输入作用下的运动规律和基本特性。第一章指出，系统的状态空间描述包含“状态分程”和“输出方程”，所以，状态空间响应分析，从数学角度看就是对这两个方程式进行求解，并分析解的性质。

第一节 线性定常连续系统状态空间响应分析

单输入-单输出线性定常连续系统，状态空间描述的一般形式为

$$\begin{cases}\dot{\boldsymbol{x}} = \boldsymbol{A}\boldsymbol{x} + \boldsymbol{b}u & \text{状态方程}\\ y = \boldsymbol{c}\boldsymbol{x} & \text{输出方程}\end{cases} \tag{2-1}$$

式中，$\boldsymbol{x}$ 为 $n\times 1$ 维**状态向量**；$\boldsymbol{A}$ 为 $n\times n$ 维**系统矩阵**；$\boldsymbol{b}$ 为 $n\times 1$ 维**输入（控制）向量**；$\boldsymbol{c}$ 为 $1\times n$ 维**输出向量**。

从式（2-1）可知，求系统的输出响应，要先求出状态响应。即要先对状态方程进行求解，求出状态 $\boldsymbol{x}$ 的解后，代入输出方程中便可得到系统输出响应。由于输出向量 $\boldsymbol{c}$ 是已知的，求出状态解后只要通过向量乘法，就容易求得系统输出 y，所以，主要涉及求解状态方程的问题。

一、状态方程的求解

状态方程，是描述系统状态运动过程的一阶微分方程组。状态方程的解，本质上是反映系统在初始状态值 $x(0)$ 和外输入 u 的共同作用下，系统状态响应的过程及其基本特性。其中，由初始状态值 $x(0)$ 引起的状态响应，常称为系统的**自由运动**；由外输入 u 引起的状态响应，常称为系统的**强迫运动**。系统的自由运动，相对应的是齐次状态方程的解。下面先讨论齐次状态方程的求解问题。

1. 齐次状态方程的求解

齐次状态方程，也常称为系统的自治方程，是在式（2-1）的状态方程中，当输入作用 $u=0$ 时的状态方程，即

$$\dot{\boldsymbol{x}} = \boldsymbol{A}\boldsymbol{x} \tag{2-2}$$

求解式（2-2）常用两种方法，即矩阵指数法和拉普拉斯变换法，分述如下。

方法一　矩阵指数法

结论　设初始时刻从 $t=0$ 开始，状态初始值 $x(t)$ 为 $x(0)$，则式（2-2）的唯一确定解是

$$x(t)=e^{At}x(0) \qquad t\geqslant 0 \tag{2-3}$$

证明　设式（2-2）的解 $x(t)$ 具有 t 的向量幂级数形式，即

$$x(t)=b_0+b_1t+b_2t^2+\cdots+b_kt^k+\cdots \tag{2-4}$$

式（2-4）中，$x(t)$，b_0，b_1，…，b_k，…均为 n 维向量。两边对 t 求导数，有

$$\dot{x}(t)=b_1+2b_2t+\cdots+kb_kt^{k-1}+\cdots \tag{2-5}$$

将式（2-4）和式（2-5）代入式（2-2）等式两边，得

$$b_1+2b_2t+\cdots+kb_kt^{k-1}+\cdots=A(b_0+b_1t+b_2t^2+\cdots+b_kt^k+\cdots) \tag{2-6}$$

令式（2-6）等式两边 t 的同次幂项的系数相等，有

$$b_1=Ab_0;\ b_2=\frac{1}{2}Ab_1=\frac{1}{2!}A^2b_0;\cdots;\ b_k=\frac{1}{k}Ab_{k-1}=\frac{1}{k!}A^kb_0,\cdots \tag{2-7}$$

将 $t=0$ 代入式（2-4），可得

$$x(0)=b_0 \tag{2-8}$$

将式（2-7）、式（2-8）代入式（2-4），可得齐次状态方程的解

$$x(t)=(I+At+\frac{1}{2!}A^2t^2+\cdots+\frac{1}{k!}A^kt^k+\cdots)x(0) \tag{2-9}$$

式（2-9）等式右边括号内的展开式是 $n\times n$ 维矩阵。由于其展开式从形式上类似于纯量指数 e^{at} 的无穷级数，故又称它为**矩阵指数**，并记为

$$\boldsymbol{I}+\boldsymbol{A}t+\frac{1}{2!}\boldsymbol{A}^2t^2+\frac{1}{3!}\boldsymbol{A}^3t^3+\cdots+\frac{1}{k!}\boldsymbol{A}^kt^k+\cdots=e^{At}$$

这样，用矩阵指数表示齐次状态方程的解时，写成为

$$x(t)=e^{At}x(0)$$

证毕。

若初始时刻 $t\neq 0$，则

$$x(t)=e^{A(t-t_0)}x(t_0) \tag{2-10}$$

例 2-1　已知齐次状态方程

$$\dot{x}(t)=\begin{pmatrix}0 & 1\\ -2 & -3\end{pmatrix}x(t)$$

系统的初始状态值为 x（0），求状态响应。

解　先求 e^{At}

$$\begin{aligned}
e^{At}&=\boldsymbol{I}+\boldsymbol{A}t+\frac{1}{2!}\boldsymbol{A}^2t^2+\frac{1}{3!}\boldsymbol{A}^3t^3+\cdots\\
&=\begin{pmatrix}1 & 0\\ 0 & 1\end{pmatrix}+\begin{pmatrix}0 & 1\\ -2 & -3\end{pmatrix}t+\frac{1}{2!}\begin{pmatrix}0 & 1\\ -2 & -3\end{pmatrix}^2t^2+\frac{1}{3!}\begin{pmatrix}0 & 1\\ -2 & -3\end{pmatrix}^3t^3+\cdots\\
&=\begin{pmatrix}1-t^2+t^3+\cdots, & t-\frac{3}{2}t^2+\frac{7}{6}t^3+\cdots\\ -2t+3t^2-\frac{7}{3}t^3+\cdots, & 1-3t+\frac{7}{2}t^2-\frac{5}{2}t^3+\cdots\end{pmatrix}
\end{aligned}$$

所以

$$x(t)=e^{At}x(0)=\begin{pmatrix}1-t^2+t^3+\cdots, & t-\frac{3}{2}t^2+\frac{7}{6}t^3+\cdots\\ -2t+3t^2-\frac{7}{3}t^3+\cdots, & 1-3t+\frac{7}{2}t^2-\frac{5}{2}t^3+\cdots\end{pmatrix}x(0)$$

方法二 拉普拉斯变换法

结论 设初始时刻从 $t=0$ 开始，状态初始值 $\boldsymbol{x}(t)$ 为 $\boldsymbol{x}(0)$，则式（2-2）的唯一解为

$$x(t)=L^{-1}[(s\boldsymbol{I}-\boldsymbol{A})^{-1}]x(0)\qquad t\geqslant 0 \tag{2-11}$$

证明 对式（2-2）等式两边取拉普拉斯变换

$$sX(s)-X(0)=\boldsymbol{A}X(s)$$

整理上式

$$(s\boldsymbol{I}-\boldsymbol{A})X(s)=X(0)$$

若 $(s\boldsymbol{I}-\boldsymbol{A})^{-1}$ 逆阵存在，则有

$$X(s)=(s\boldsymbol{I}-\boldsymbol{A})^{-1}X(0)$$

对上式进行拉普拉斯反变换

$$x(t)=L^{-1}[(s\boldsymbol{I}-\boldsymbol{A})^{-1}]x(0)$$

证毕。

例 2-2 已知系统的初始状态值为 $\boldsymbol{x}(0)$，求齐次状态方程

$$\dot{x}=\begin{pmatrix}-1 & 0\\ 0 & 1\end{pmatrix}x$$

的解。

解 先求 $(s\boldsymbol{I}-\boldsymbol{A})$

$$(s\boldsymbol{I}-\boldsymbol{A})=\begin{pmatrix}s & 0\\ 0 & s\end{pmatrix}-\begin{pmatrix}-1 & 0\\ 0 & 1\end{pmatrix}=\begin{pmatrix}s+1 & 0\\ 0 & s-1\end{pmatrix}$$

再求 $(s\boldsymbol{I}-\boldsymbol{A})^{-1}$

$$(s\boldsymbol{I}-\boldsymbol{A})^{-1}=\begin{pmatrix}s+1 & 0\\ 0 & s-1\end{pmatrix}^{-1}=\begin{pmatrix}\frac{1}{s+1} & 0\\ 0 & \frac{1}{s-1}\end{pmatrix}$$

对上式进行拉普拉斯反变换并代入式（2-11），齐次状态方程的解为

$$x=\begin{pmatrix}e^{-t} & 0\\ 0 & e^{t}\end{pmatrix}x(0)$$

对比两种方法的状态解 $\boldsymbol{x}(t)$，式（2-3）中含矩阵指数 e^{At} 项，式（2-11）中含矩阵 $L^{-1}((s\boldsymbol{I}-\boldsymbol{A})^{-1})$ 项。对于同一系统在相同的初始条件下，其解是相同的，于是必有

$$e^{At}=L^{-1}((s\boldsymbol{I}-\boldsymbol{A})^{-1}) \tag{2-12}$$

式（2-12）也可从矩阵理论得到证明，这里从略。

式（2-3）和式（2-11）的物理上的含义是，矩阵指数 e^{At} 和矩阵 $L^{-1}((s\boldsymbol{I}-\boldsymbol{A})^{-1})$ 一样，都是用来描述系统的状态向量 $x(t)$ 由 $t=0$ 时刻向任一时刻 t 做状态转移的矩阵，换言之，系统在任意 t 时刻的状态 $x(t)$，可看成是初始状态 $x(0)$ 经 e^{At} 或 $L^{-1}((s\boldsymbol{I}-\boldsymbol{A})^{-1})$ 变换及转移

的结果，故又称它们为**状态转移矩阵**。由于状态转移矩阵中每个元都是时间 t 的函数，因此，常用符号 $\boldsymbol{\Phi}(t)$ 表示，即

$$\boldsymbol{\Phi}(t)=\mathrm{e}^{At}=L^{-1}((s\boldsymbol{I}-\boldsymbol{A})^{-1}) \tag{2-13}$$

于是，当齐次状态方程解的表达式用状态转移矩阵表示时，为

$$t=0\text{ 时}\qquad \boldsymbol{x}(t)=\boldsymbol{\Phi}(t)x(0)$$

$$t\neq0\text{ 时}\qquad \boldsymbol{x}(t)=\boldsymbol{\Phi}(t-t_0)x(t_0)$$

可见，系统的自由运动除了初始状态值外，完全由**状态转移矩阵**唯一决定，因此，它包含了系统自由运动的全部信息。

由于线性定常系统的分析结果和初始时间的选取无关，不失一般性，以后的讨论均认为初始时刻从 $t=0$ 开始。

2. 非齐次状态方程的求解

非齐次状态方程，是同时考虑初始状态 $x(0)$ 和外输入 u 共同作用下状态运动的表达式，也就是式（2-1）中的状态方程式，即

$$\dot{\boldsymbol{x}}=\boldsymbol{A}\boldsymbol{x}+\boldsymbol{b}\boldsymbol{u}$$

求解也有两种主要方法：一是普通方法；二是拉普拉斯变换方法。

方法一　普通方法

结论　设系统初始时刻 $t=0$，状态初值为 $x(0)$，则状态方程的唯一确定解为

$$x(t)=\mathrm{e}^{At}x(0)+\int_0^t\mathrm{e}^{A(t-\tau)}\boldsymbol{b}u(\tau)\mathrm{d}\tau\qquad t\geqslant0 \tag{2-14}$$

证明　将非齐次状态方程式改写为

$$\dot{\boldsymbol{x}}(t)-\boldsymbol{A}x(t)=\boldsymbol{b}u(t)$$

上式等号两边左乘 e^{-At}

$$\mathrm{e}^{-At}[\dot{\boldsymbol{x}}(t)-\boldsymbol{A}x(t)]=\mathrm{e}^{-At}\boldsymbol{b}u(t)$$

并写成

$$\frac{\mathrm{d}}{\mathrm{d}t}[\mathrm{e}^{-At}x(t)]=\mathrm{e}^{-At}\boldsymbol{b}u(t)$$

两边积分

$$\int_0^t\frac{\mathrm{d}}{\mathrm{d}t}[\mathrm{e}^{-At}x(t)]=\int_0^t\mathrm{e}^{-At}bu(\tau)\mathrm{d}\tau$$

即有

$$\mathrm{e}^{-At}x(t)-x(0)=\int_0^t\mathrm{e}^{-At}\boldsymbol{b}u(\tau)\mathrm{d}\tau$$

将 $x(0)$ 移至等号右边，并在等号两边左乘 e^{At}，有

$$x(t)=\mathrm{e}^{At}x(0)+\int_0^t\mathrm{e}^{A(t-\tau)}\boldsymbol{b}u(\tau)\mathrm{d}\tau$$

证毕。

方法二　拉普拉斯变换方法

结论　设系统初始时刻 $t=0$，状态初值为 $x(0)$，则非齐次状态方程的唯一确定解为

$$x(t)=L^{-1}((s\boldsymbol{I}-\boldsymbol{A})^{-1})x(0)+L^{-1}((s\boldsymbol{I}-\boldsymbol{A})^{-1}\boldsymbol{b}U(s)) \tag{2-15}$$

证明　对非齐次状态方程式两边取拉普拉斯变换

$$sX(s)-x(0)=\boldsymbol{A}x(t)+\boldsymbol{b}U(s)$$

移项及合并

$$(s\boldsymbol{I}-\boldsymbol{A})X(s)=x(0)+\boldsymbol{b}U(s)$$

若 $(s\boldsymbol{I}-\boldsymbol{A})^{-1}$逆阵存在，则有

$$X(s)=(s\boldsymbol{I}-\boldsymbol{A})^{-1}x(0)+(s\boldsymbol{I}-\boldsymbol{A})^{-1}\boldsymbol{b}U(s)$$

对上式两边取拉普拉斯反变换

$$x(t)=L^{-1}[(s\boldsymbol{I}-\boldsymbol{A})^{-1}]x(0)+L^{-1}[(s\boldsymbol{I}-\boldsymbol{A})^{-1}\boldsymbol{b}U(s)]$$

证毕。

若解用状态转移矩阵表示，式（2-14）和式（2-15）统一表示为

$$x(t)=\boldsymbol{\Phi}(0)x(0)+\int_0^t\boldsymbol{\Phi}(t-\tau)\boldsymbol{b}u(\tau)\mathrm{d}\tau \quad t\geqslant 0 \tag{2-16}$$

非齐次状态方程解表明：其解由两部分组成：一部分是齐次状态方程的解，由初始状态引起的，常称它为系统状态的**自由运动**或称为**零输入响应**，它只与初始状态和系统本身的结构有关；另一部分则与输入作用和结构特性有关，常称它为系统的**强迫运动**。

状态方程解的物理上含义是，第一项是初始状态的转移项，第二项是控制输入作用下的受控项。**表明了只要有受控项的存在，就有可能通过选取合适的控制使系统状态的运动轨迹满足期望的要求，从而为改善系统的动态性能提供了可能性。**

例 2-3 线性定常系统的齐次状态方程为

$$\begin{pmatrix}\dot{x}_1\\ \dot{x}_2\end{pmatrix}=\begin{pmatrix}0 & 1\\ -2 & -3\end{pmatrix}\begin{pmatrix}x_1\\ x_2\end{pmatrix}+\begin{pmatrix}0\\ 1\end{pmatrix}u \quad x(0)=\begin{pmatrix}1\\ 0\end{pmatrix}$$

求单位阶跃输入作用下的状态响应。

解 用拉普拉斯变换方法求解

$$s\boldsymbol{I}-\boldsymbol{A}=\begin{pmatrix}s & 0\\ 0 & s\end{pmatrix}-\begin{pmatrix}0 & 1\\ -2 & -3\end{pmatrix}=\begin{pmatrix}s & -1\\ 2 & s+3\end{pmatrix}$$

$$(s\boldsymbol{I}-\boldsymbol{A})^{-1}=\frac{1}{(s+1)(s+2)}\begin{pmatrix}s+3 & 1\\ -2 & s\end{pmatrix}=\begin{pmatrix}\dfrac{s+3}{(s+1)(s+2)} & \dfrac{1}{(s+1)(s+2)}\\ \dfrac{-2}{(s+1)(s+2)} & \dfrac{s}{(s+1)(s+2)}\end{pmatrix}$$

拉普拉斯反变换

$$L^{-1}(s\boldsymbol{I}-\boldsymbol{A})=\begin{pmatrix}2\mathrm{e}^{-t}-\mathrm{e}^{-2t} & \mathrm{e}^{-t}-\mathrm{e}^{-2t}\\ -2\mathrm{e}^{-t}+2\mathrm{e}^{-2t} & -\mathrm{e}^{-t}+2\mathrm{e}^{-2t}\end{pmatrix}$$

因此，系统对单位阶跃输入的状态响应为

$$\begin{aligned}x(t)&=L^{-1}((s\boldsymbol{I}-\boldsymbol{A})^{-1})x(0)+L^{-1}((s\boldsymbol{I}-\boldsymbol{A})^{-1}\boldsymbol{b}U(s))\\ &=\begin{pmatrix}2\mathrm{e}^{-t}-\mathrm{e}^{-2t} & \mathrm{e}^{-t}-\mathrm{e}^{-2t}\\ -2\mathrm{e}^{-t}+2\mathrm{e}^{-2t} & -\mathrm{e}^{-t}+2\mathrm{e}^{-2t}\end{pmatrix}\begin{pmatrix}x_1(0)\\ x_2(0)\end{pmatrix}\\ &\quad+\int_0^t\begin{pmatrix}2\mathrm{e}^{-(t-\tau)}-\mathrm{e}^{-2(t-\tau)} & \mathrm{e}^{-(t-\tau)}-\mathrm{e}^{-2(t-\tau)}\\ -2\mathrm{e}^{-(t-\tau)}+2\mathrm{e}^{-2(t-\tau)} & -\mathrm{e}^{-(t-\tau)}+2\mathrm{e}^{-2(t-\tau)}\end{pmatrix}\begin{pmatrix}0\\ 1\end{pmatrix}1(\tau)\mathrm{d}\tau\end{aligned}$$

$$= \begin{pmatrix} 2e^{-t}-e^{-2t} & e^{-t}-e^{-2t} \\ -2e^{-t}+2e^{-2t} & -e^{-t}+2e^{-2t} \end{pmatrix}\begin{pmatrix} x_1(0) \\ x_2(0) \end{pmatrix} + \begin{pmatrix} \frac{1}{2}-e^{-t}+\frac{1}{2}e^{-2t} \\ e^{-t}-e^{-2t} \end{pmatrix}$$

若初始状态为零，$x(0)=0$，则单位阶跃输入下的状态响应，即系统的强迫运动为

$$x(t) = \begin{pmatrix} \frac{1}{2}-e^{-t}+\frac{1}{2}e^{-2t} \\ e^{-t}-e^{-2t} \end{pmatrix}$$

二、系统输出方程的求解

求出状态解 $x(t)$ 后，代入输出方程

$$y(t) = cx(t)$$

由于 c 是已知的，只要做简单的向量乘法的运算，就容易求得系统输出 $y(t)$ 的响应。

例 2-4　线性定常系统的状态空间表达式为

$$\begin{pmatrix} \dot{x}_1 \\ \dot{x}_2 \end{pmatrix} = \begin{pmatrix} 0 & 1 \\ -2 & -3 \end{pmatrix}\begin{pmatrix} x_1 \\ x_2 \end{pmatrix} + \begin{pmatrix} 0 \\ 1 \end{pmatrix} u$$

$$y(t) = (1\quad 0)\begin{pmatrix} x_1 \\ x_2 \end{pmatrix}$$

试求系统在初始状态为零时，单位阶跃输入下系统的输出响应。

解　由例 2-3 的计算可知，系统在单位阶跃输入下的状态解为

$$x(t) = \begin{pmatrix} 2e^{-t}-e^{-2t} & e^{-t}-e^{-2t} \\ -2e^{-t}+2e^{-2t} & -e^{-t}+2e^{-2t} \end{pmatrix}\begin{pmatrix} x_1(0) \\ x_2(0) \end{pmatrix} + \begin{pmatrix} \frac{1}{2}-e^{-t}+\frac{1}{2}e^{-2t} \\ e^{-t}-e^{-2t} \end{pmatrix}$$

初始状态为零时，状态解为

$$x(t) = \begin{pmatrix} \frac{1}{2}-e^{-t}+\frac{1}{2}e^{-2t} \\ e^{-t}-e^{-2t} \end{pmatrix}$$

把状态解代入输出方程，输出响应为

$$y(t) = (1\quad 0)\begin{pmatrix} x_1 \\ x_2 \end{pmatrix} = \frac{1}{2}-e^{-t}+\frac{1}{2}e^{-2t}$$

系统输出只与系统状态 x_1 有关。可见，输出响应是稳定的。

三、典型输入信号作用下的系统响应

在阶跃、斜波、脉冲典型输入信号作用下，系统解的公式如下：

1. 阶跃响应

$u(t)=h\times 1(t)$，h 为幅值，$h=1$ 为单位阶跃输入

$$x(t) = e^{At}x(0) + A^{-1}(e^{At}-I)bh \tag{2-17}$$

$$y(t) = c[e^{At}x(0) + A^{-1}(e^{At}-I)bh] \tag{2-18}$$

2. 斜波响应

$u(t)=ht(t)$，h 为幅值，$h=1$ 为单位斜波输入

$$x(t) = e^{At}x(0) + [A^{-2}(e^{At}-I) - A^{-1}t]bh \tag{2-19}$$

$$y(t) = c\{e^{At}x(0) + [A^{-2}(e^{At} - I) - A^{-1}t]bh\} \tag{2-20}$$

3. 脉冲响应

$u(t)=\delta(t)$，单位脉冲输入

$$x(t) = e^{At}x(0) + e^{At}b \tag{2-21}$$

$$y(t) = c[e^{At}x(0) + e^{At}b] \tag{2-22}$$

第二节 系统状态转移矩阵的性质及其计算

从第一节可知，要获得线性定常系统状态空间方程的解，首先应求出状态转移矩阵 $\boldsymbol{\Phi}(t)$。求 $\boldsymbol{\Phi}(t)$ 不仅在整个计算过程中是关键的一步，而且它对系统的分析研究也起着重要的作用。下面将对状态转移矩阵的一些重要性质及其计算方法做必要的介绍和讨论。

一、状态转移矩阵的基本性质

下面不加证明地引用状态转移矩阵的一些性质，相关证明可参阅《线性代数》的相关内容。

1. 不变性

$$\boldsymbol{\Phi}(t-t)=\boldsymbol{\Phi}(0)=\boldsymbol{I} \quad 或 \quad e^{A(t-t)}=\boldsymbol{I}$$

这意味着状态向量从时刻 t 又转移到时刻 t 时，状态向量是不变的。

2. 组合性与分解性

$$\boldsymbol{\Phi}(t)\boldsymbol{\Phi}(\tau)=\boldsymbol{\Phi}(t+\tau) \quad 或 \quad e^{At}e^{A\tau}=e^{A(t+\tau)}$$

或表示为
$$\boldsymbol{\Phi}(t-0)\boldsymbol{\Phi}(0-(-\tau))=\boldsymbol{\Phi}[t-(-\tau)]=\boldsymbol{\Phi}(t+\tau)$$

这意指状态向量从 $-\tau$ 转移到 0，又从 0 转移到 t 的组合。

3. 倍时性

$$[\boldsymbol{\Phi}(t)]^k=\boldsymbol{\Phi}(kt) \quad 或 \quad (e^{At})^k=e^{Akt}$$

状态转移矩阵的 k 次方，等于其时间扩大 k 倍。

4. 可逆性

$$[\boldsymbol{\Phi}(t)]^{-1}=\boldsymbol{\Phi}(-t) \quad 或 \quad (e^{At})^{-1}=e^{-At}$$

表示状态转移矩阵是非奇异性的矩阵，且其逆意味着时间的逆转。也就是说，在已知 $x(t)$ 的情况下可求出小于时刻 t 的 $x(t_0)$，$t_0<0$。

5. 可导与交换性

$$\dot{\boldsymbol{\Phi}}(t)=A\boldsymbol{\Phi}(t)=\boldsymbol{\Phi}(t)\boldsymbol{A} \quad 或 \quad \frac{de^{At}}{dt}=Ae^{At}=e^{At}A$$

状态转移矩阵与系统矩阵具有交换律。

注：当 $t=0$ 时，结合性质 1，有

$\dot{\boldsymbol{\Phi}}(t)=\dot{\boldsymbol{\Phi}}(0)=\boldsymbol{A}\boldsymbol{\Phi}(0)=\boldsymbol{A}$，可用来判断某一矩阵是否是状态转移矩阵。

6. 当且仅当 $\boldsymbol{AB}=\boldsymbol{BA}$，有

$$e^{At}e^{Bt}=e^{(A+B)t}$$

$AB\neq BA$，有

$$e^{At}e^{Bt}\neq e^{(A+B)t}$$

表明只有矩阵 $\boldsymbol{A}$、$\boldsymbol{B}$ 可交换时，它们各自的矩阵指数函数之积才会与其和的矩阵指数相等。

7. 传递性

$$\boldsymbol{\Phi}(t_2-t_1)\boldsymbol{\Phi}(t_1-t_0)=\boldsymbol{\Phi}(t_2-t_0) \quad 或 \quad \mathrm{e}^{A(t_2-t_1)}\mathrm{e}^{A(t_1-t_0)}=\mathrm{e}^{A(t_2-t_0)}$$

状态转移具有传递性，$t_0\sim t_2$ 的状态转移，可分段为由 $t_0\sim t_1$ 段的转移与 $t_1\sim t_2$ 段的转移。

二、状态转移矩阵的计算

状态转移矩阵的计算方法有多种，下面介绍几种常用的方法：

方法一 矩阵指数的计算方法

$$\boldsymbol{\Phi}(t)=\mathrm{e}^{At}=\boldsymbol{I}+\boldsymbol{A}t+\frac{1}{2!}\boldsymbol{A}^2t^2+\frac{1}{3!}\boldsymbol{A}^3t^3+\cdots=\sum_{k=0}^{\infty}\frac{1}{k!}\boldsymbol{A}^kt^k \tag{2-23}$$

见例 2-1。已知系统矩阵 $\boldsymbol{A}$，用乘法和加法可求出 e^{At}。由于是无穷级数求和，手工计算较麻烦。此种算法简单，编程容易，适合于计算机进行数值计算。

方法二 拉普拉斯变换的计算方法

$$\boldsymbol{\Phi}(t)=L^{-1}[(s\boldsymbol{I}-\boldsymbol{A})^{-1}] \tag{2-24}$$

见例 2-2。有定值解，低阶系统手工计算方便，常用。由于涉及矩阵求逆，高阶系统的矩阵求逆困难。

方法三 A 为标准型矩阵的计算方法

根据《线性代数》中矩阵理论，当矩阵 $\boldsymbol{A}$ 具有如下一些典型形式时，可直接用相应公式计算 e^{At}。

(1) 若 A 为对角线矩阵，则 e^{At} 也是对角线矩阵。

对角线矩阵，是对角线元素互不相同，其余元素为 0 的矩阵。即当 $\boldsymbol{A}$ 为

$$\boldsymbol{A}=\begin{pmatrix}\lambda_1 & & & 0\\ & \lambda_2 & & \\ & & \ddots & \\ 0 & & & \lambda_n\end{pmatrix} \tag{2-25}$$

则状态转移矩阵

$$\boldsymbol{\Phi}(t)=\mathrm{e}^{At}=\begin{pmatrix}\mathrm{e}^{\lambda_1 t} & & & 0\\ & \mathrm{e}^{\lambda_2 t} & & \\ & & \ddots & \\ 0 & & & \mathrm{e}^{\lambda_n t}\end{pmatrix} \tag{2-26}$$

例 2-5 已知系统状态方程

$$\dot{\boldsymbol{x}}=\begin{pmatrix}-1 & 0 & 0\\ 0 & -2 & 0\\ 0 & 0 & -3\end{pmatrix}\boldsymbol{x}$$

试求系统的状态转移矩阵和状态解，初始条件为 $x(0)$。

解 因为系统矩阵为对角线矩阵，由式（2-26）得系统的状态转移矩阵

$$\boldsymbol{\Phi}(t)=\begin{pmatrix}e^{-t}&0&0\\0&e^{-2t}&0\\0&0&e^{-3t}\end{pmatrix}$$

状态解

$$x(t)=\boldsymbol{\Phi}(t)x(0)=\begin{pmatrix}e^{-t}&0&0\\0&e^{-2t}&0\\0&0&e^{-3t}\end{pmatrix}x(0)$$

（2）若 $\boldsymbol{A}$ 为约当型矩阵，则 e^{At} 是一个右上三角形矩阵。

约当矩阵型，是对角线元素相同，对角线上方元素为 1，其余元素为 0 的矩阵。即当 $\boldsymbol{A}$ 为

$$\boldsymbol{A}=\begin{pmatrix}\lambda&1&&0\\&\lambda&\ddots&\\&&\ddots&1\\0&&&\lambda\end{pmatrix}_{n\times n}$$

则状态转移矩阵

$$\boldsymbol{\Phi}(t)=e^{At}=\begin{pmatrix}e^{\lambda t}&te^{\lambda t}&\frac{t^2}{2}e^{\lambda t}&\cdots&\frac{t^{n-1}}{(n-1)!}e^{\lambda t}\\&e^{\lambda t}&te^{\lambda t}&\cdots&\frac{t^{n-2}}{(n-2)!}e^{\lambda t}\\&&\ddots&\ddots&\vdots\\&&&&te^{\lambda t}\\0&&&&e^{\lambda t}\end{pmatrix}\tag{2-27}$$

方法四 线性变换的计算方法

实际工程控制中，系统矩阵 $\boldsymbol{A}$ 往往不具备有对角线或约当型的形式。根据《线性代数》的内容，可通过一种坐标变换的方法，先把任意形式的矩阵 $\boldsymbol{A}$ 变换为“对角线”或“约当型” $\tilde{\boldsymbol{A}}$ 形式；然后用“方法三”，即“标准型矩阵的计算方法”求出对应的 $\tilde{\boldsymbol{\Phi}}(t)$；最后，将 $\tilde{\boldsymbol{\Phi}}(t)$ 反变换回原坐标中去便得到原系统的 $\boldsymbol{\Phi}(t)$。这样可以大大减少计算工作量。

下面不加证明地先介绍有关线性变换的主要内容及涉及的一些相关问题。

1. 线性变换

线性变换，又称为**坐标变换**或**非奇异变换**。其基本含义，是把系统在状态空间的一个坐标系上的表征，转变为另一个坐标系上的表征。

第一章指出，同一个系统选择不同的状态变量，得到的状态空间表达式也不相同。但由于它们都是描述同一个系统的动态特性，因此，它们之间必然存在某种关系，其实这个关系就是矩阵中的线性变换关系。

（1）状态变量及状态空间表达式的线性变换

设一个 n 阶线性定常系统，选取 x_1，x_2，…，x_n 和 z_1，z_2，…，z_n 两组不同的状态变量，其状态空间表达式分别表示为

$$\begin{cases}\dot{x}=Ax+bu\\ y=cx\end{cases} \quad 和 \quad \begin{cases}\dot{z}=\tilde{A}z+\tilde{b}u\\ y=\tilde{c}z\end{cases}$$

由矩阵理论知，同一个系统的不同状态变量组之间总可以找到任意一个非奇异矩阵 $\boldsymbol{T}$，常称 $\boldsymbol{T}$ 为**变换矩阵**，将状态向量 x_i（$i=1, 2, \cdots, n$）做线性变换，得到另一状态向量 z_i（$i=1, 2, \cdots, n$），用式子表示为

$$x=Tz \quad 或 \quad z=T^{-1}x \tag{2-28}$$

并且，两个状态空间表达式中相应的矩阵之间的变换关系，有

$$\tilde{A}=T^{-1}AT;\ \tilde{b}=T^{-1}b;\ \tilde{c}=cT \tag{2-29}$$

$$或 \quad A=T\tilde{A}T^{-1};\ b=T\tilde{b};\ c=\tilde{c}T^{-1} \tag{2-30}$$

两个状态空间中相应的状态转移矩阵的关系，有

$$\tilde{\Phi}(t)=T^{-1}\Phi(t)T \ 或\ \Phi(t)=T\tilde{\Phi}(t)T^{-1} \tag{2-31}$$

证明很容易，只要把状态向量关系式（2-28）代入相应的状态空间表达式和状态转移矩阵中，就可获证。要注意的是，式中的 $\boldsymbol{T}$ 是一个**任意的非奇异矩阵**，故变换是非唯一的。

例 2-6　某系统状态空间表达式为

$$\begin{cases}\dot{x}=Ax+bu\\ y=cx\end{cases}$$

式中，$A=\begin{pmatrix}0 & -2\\ 1 & -3\end{pmatrix}$；$b=\begin{pmatrix}2\\ 0\end{pmatrix}$；$c=(0 \quad 3)$

试用线性变换，求新坐标系下的另一些状态空间表达式。

解　设新坐标系下的状态变量为 z_1、z_2

1）若取变换矩阵 $T=\begin{pmatrix}6 & 2\\ 2 & 0\end{pmatrix}$，则 $T^{-1}=\frac{1}{2}\begin{pmatrix}0 & 1\\ 1 & -3\end{pmatrix}$，变换后的状态向量为

$$z=T^{-1}x=\frac{1}{2}\begin{pmatrix}0 & 1\\ 1 & -3\end{pmatrix}x$$

即

$$z_1=\frac{1}{2}x_2;\ z_2=\frac{1}{2}x_1-\frac{3}{2}x_2$$

变换后的状态空间表达式为

$$\begin{aligned}\dot{z}&=T^{-1}ATz+T^{-1}bu\\ &=\frac{1}{2}\begin{pmatrix}0 & 1\\ 1 & -3\end{pmatrix}\begin{pmatrix}0 & -2\\ 1 & -3\end{pmatrix}\begin{pmatrix}6 & 2\\ 2 & 0\end{pmatrix}z+\frac{1}{2}\begin{pmatrix}0 & 1\\ 1 & -3\end{pmatrix}\begin{pmatrix}2\\ 0\end{pmatrix}u=\begin{pmatrix}0 & 1\\ -2 & -3\end{pmatrix}z+\begin{pmatrix}0\\ 1\end{pmatrix}u\end{aligned}$$

$$y=cTz=(0 \quad 3)\begin{pmatrix}6 & 2\\ 2 & 0\end{pmatrix}z=(6 \quad 0)z$$

2）若取变换矩阵 $T=\begin{pmatrix}2 & 1\\ 1 & 1\end{pmatrix}$，则 $T^{-1}=\begin{pmatrix}1 & -1\\ -1 & 2\end{pmatrix}$，变换后的状态向量为

$$z=T^{-1}x=\begin{pmatrix}1 & -1\\ -1 & 2\end{pmatrix}x$$

变换后的状态空间表达式为

$$\begin{cases}\dot{z}=\tilde{A}z+\tilde{b}u\\ y=\tilde{c}z\end{cases}$$

其中，$\tilde{A}=T^{-1}AT=\begin{pmatrix}-1 & 0\\ 0 & -2\end{pmatrix}$；$\tilde{b}=T^{-1}b=\begin{pmatrix}2\\ -2\end{pmatrix}$；$\tilde{c}=cT=(3\quad 3)$

还可以再取其他的变换矩阵，只要是非奇异的变换矩阵，就会得到不同的状态空间表达式。

（2）系统的特征值

设 n 阶线性定常系统，状态空间表达式为

$$\begin{cases}\dot{x}=Ax+bu\\ y=cx\end{cases}$$

定义

$$\det(\lambda I-A)=|\lambda I-A|=0 \tag{2-32}$$

为系统的**特征方程式**，其根λ_i（$i=1,2,\cdots,n$）为**系统特征值**，系统特征值也称为**系数矩阵 A** 的特征值。

由第一章，状态空间表达式对应的传递函数表达式为

$$G(s)=c\frac{\operatorname{adj}(sI-A)}{|sI-A|}b$$

实际上，式中分母项$|sI-A|=0$就是系统特征方程式，其根λ_1，λ_2，…，λ_n就是系统的特征根（值），也就是系数矩阵 A 的特征值。因此，若已知系统矩阵 A，可直接用$|sI-A|=0$便可求出系统矩阵 A 的特征值。

例 2-7 已知系统状态方程

$$\begin{pmatrix}\dot{x}_1\\ \dot{x}_2\end{pmatrix}=\begin{pmatrix}0 & 1\\ -5 & -6\end{pmatrix}\begin{pmatrix}x_1\\ x_2\end{pmatrix}+\begin{pmatrix}0\\ 1\end{pmatrix}u$$

求系统的特征值。

解 系统特征方程

$$|\lambda I-A|=\begin{vmatrix}\lambda & -1\\ 5 & \lambda+6\end{vmatrix}=\lambda^2+6\lambda+5=0$$

系统的特征值为$\lambda_1=-1$，$\lambda_2=-5$。

注意 根据矩阵理论，线性变换不会改变系统的特征值，即系统的特征值具有不变性。证明如下：

$$\begin{aligned}|\lambda T-\tilde{A}|&=|\lambda I-T^{-1}AT|=|\lambda T^{-1}T-T^{-1}AT|=|T^{-1}\lambda T-T^{-1}AT|\\&=|T^{-1}(\lambda I-A)T|=|T^{-1}||\lambda I-A||T|=|T^{-1}T||\lambda I-A|=|\lambda I-A|\end{aligned}$$

（3）特征向量

设λ_i是系统的一个特征值，若存在一个 n 维非零向量 P_i，满足

$$AP_i=\lambda_iP_i \quad 或 \quad (\lambda_iI-A)P_i=0 \tag{2-33}$$

则称 P_i 为系统对应于特征值λ_i的**特征向量**。

例 2-8　已知系统状态方程

$$\begin{pmatrix}\dot{x}_1\\ \dot{x}_2\end{pmatrix}=\begin{pmatrix}0 & 1\\ -5 & -6\end{pmatrix}\begin{pmatrix}x_1\\ x_2\end{pmatrix}+\begin{pmatrix}0\\ 1\end{pmatrix}\boldsymbol{u}$$

求对应于系统特征值的特征向量。

解　由例 2-7 可知，系统有两个特征值，分别是$\lambda_1=-1$，$\lambda_2=-5$。设对应于$\lambda_1=-1$的特征向量为$\boldsymbol{P}_1$，因为A为2×2矩阵，$\boldsymbol{P}_1$应有两个分量，设为p_{11}和p_{12}，即

$$\boldsymbol{P}_1=\begin{pmatrix}p_{11}\\ p_{12}\end{pmatrix}$$

根据式（2-33）

$$(\lambda_1\boldsymbol{I}-\boldsymbol{A})\boldsymbol{P}_1=\begin{pmatrix}-1 & -1\\ 5 & 5\end{pmatrix}\begin{pmatrix}p_{11}\\ p_{12}\end{pmatrix}=0$$

用矩阵乘法得方程组　$-p_{11}-p_{12}=0$；$5p_{11}+5p_{12}=0$。

解方程组，则对应于$\lambda_1=-1$的特征向量为

$$\boldsymbol{P}_1=\begin{pmatrix}p_{11}\\ p_{12}\end{pmatrix}=\begin{pmatrix}1\\ -1\end{pmatrix}$$

设对应于$\lambda_2=-5$的特征向量为$\boldsymbol{P}_2$，根据式（2-33）有

$$(\lambda_2\boldsymbol{I}-\boldsymbol{A})\boldsymbol{P}_2=\begin{pmatrix}-5 & -1\\ 5 & 1\end{pmatrix}\begin{pmatrix}p_{21}\\ p_{22}\end{pmatrix}=0$$

解上式，则对应于$\lambda_2=-5$的特征向量为

$$\boldsymbol{P}_2=\begin{pmatrix}p_{21}\\ p_{22}\end{pmatrix}=\begin{pmatrix}1\\ -5\end{pmatrix}$$

2. 任意矩阵 $\boldsymbol{A}$ 变换为标准型 $\tilde{\boldsymbol{A}}$

用线性变换方法，在一定条件下可以把任意形式的矩阵$\boldsymbol{A}$变换成为“对角线标准型”或“约当型标准型”的$\tilde{\boldsymbol{A}}$。关键是构建一个变换矩阵$\boldsymbol{T}$，下面介绍其变换的方法。

（1）任意矩阵$\boldsymbol{A}$化为对角线矩阵

在下列情况下，可以将任意形式矩阵$\boldsymbol{A}$化为对角线矩阵，结论如下：

1）若$n\times n$矩阵$\boldsymbol{A}$有n个各异的特征值λ_1，λ_2，…，λ_n，则可将矩阵$\boldsymbol{A}$化为对角线矩阵

$$\tilde{\boldsymbol{A}}=\boldsymbol{T}^{-1}\boldsymbol{A}\boldsymbol{T}=\begin{pmatrix}\lambda_1 & & & 0\\ & \lambda_2 & & \\ & & \ddots & \\ 0 & & & \lambda_n\end{pmatrix}$$

的变换矩阵$\boldsymbol{T}$，可由矩阵$\boldsymbol{A}$的特征向量来组成，即

$$\boldsymbol{T}=(\boldsymbol{P}_1\quad \boldsymbol{P}_2\quad \cdots\quad \boldsymbol{P}_n)\tag{2-34}$$

式中，$\boldsymbol{P}_1$，$\boldsymbol{P}_2$，…，$\boldsymbol{P}_n$为矩阵$\boldsymbol{A}$的特征向量。

例 2-9　已知系统状态方程

$$\dot{\boldsymbol{x}}=\boldsymbol{A}x+\boldsymbol{b}\boldsymbol{u}$$

式中 $$A=\begin{pmatrix}-2 & 1\\ 1 & -2\end{pmatrix},\ b=\begin{pmatrix}0\\1\end{pmatrix}$$

试求变换矩阵使 $\boldsymbol{A}$ 化为对角线矩阵，并求变换后的系统状态方程。

解 求特征值，由系统特征方程

$$|\lambda\boldsymbol{I}-\boldsymbol{A}|=\begin{vmatrix}\lambda+2 & -1\\ -1 & \lambda+2\end{vmatrix}=\lambda^2+4\lambda+3=0$$

两个相异特征值 $\lambda_1=-1,\ \lambda_2=-3$

求特征值对应的特征向量 $\boldsymbol{P}_1$ 和 $\boldsymbol{P}_2$，根据

$$(\lambda_i\boldsymbol{I}-\boldsymbol{A})P_i=0$$

对应$\lambda_1=-1$，由$(\lambda_1\boldsymbol{I}-\boldsymbol{A})\boldsymbol{P}_1=0$，有

$$(\lambda_1\boldsymbol{I}-\boldsymbol{A})\boldsymbol{P}_1=\begin{pmatrix}1 & -1\\ -1 & 1\end{pmatrix}\begin{pmatrix}p_{11}\\ p_{12}\end{pmatrix}=0$$

解方程得 $$\boldsymbol{P}_1=\begin{pmatrix}p_{11}\\ p_{12}\end{pmatrix}=\begin{pmatrix}1\\ 1\end{pmatrix}$$

对应$\lambda_2=-3$，由$(\lambda_2\boldsymbol{I}-\boldsymbol{A})\boldsymbol{P}_2=0$，有

$$(\lambda_2\boldsymbol{I}-\boldsymbol{A})\boldsymbol{P}_2=\begin{pmatrix}-1 & -1\\ -1 & -1\end{pmatrix}\begin{pmatrix}p_{21}\\ p_{22}\end{pmatrix}=0$$

解方程得 $$\boldsymbol{P}_2=\begin{pmatrix}p_{21}\\ p_{22}\end{pmatrix}=\begin{pmatrix}1\\ -1\end{pmatrix}$$

构造变换矩阵

$$\boldsymbol{T}=(\boldsymbol{P}_1\quad \boldsymbol{P}_2)=\begin{pmatrix}1 & 1\\ 1 & -1\end{pmatrix},\ \text{逆阵为}\ \boldsymbol{T}^{-1}=\begin{pmatrix}\frac{1}{2} & \frac{1}{2}\\ \frac{1}{2} & -\frac{1}{2}\end{pmatrix}$$

变换后的系统矩阵 $\tilde{\boldsymbol{A}}$

$$\tilde{\boldsymbol{A}}=\boldsymbol{T}^{-1}\boldsymbol{A}\boldsymbol{T}=\begin{pmatrix}\frac{1}{2} & \frac{1}{2}\\ \frac{1}{2} & -\frac{1}{2}\end{pmatrix}\begin{pmatrix}-2 & 1\\ 1 & -2\end{pmatrix}\begin{pmatrix}1 & 1\\ 1 & -1\end{pmatrix}=\begin{pmatrix}-1 & 0\\ 0 & -3\end{pmatrix}$$

变换后的系统状态方程，设新状态变量为 Z

$$\dot{Z}==\tilde{\boldsymbol{A}}Z+\tilde{\boldsymbol{b}}\boldsymbol{u}=(\boldsymbol{T}^{-1}\boldsymbol{A}\boldsymbol{T})Z+\boldsymbol{T}^{-1}\boldsymbol{b}\boldsymbol{u}$$

$$=\begin{pmatrix}\frac{1}{2} & \frac{1}{2}\\ \frac{1}{2} & -\frac{1}{2}\end{pmatrix}\begin{pmatrix}-2 & 1\\ 1 & -2\end{pmatrix}\begin{pmatrix}1 & 1\\ 1 & -1\end{pmatrix}Z+\begin{pmatrix}\frac{1}{2} & \frac{1}{2}\\ \frac{1}{2} & -\frac{1}{2}\end{pmatrix}\begin{pmatrix}0\\1\end{pmatrix}\boldsymbol{u}$$

$$=\begin{pmatrix}-1 & 0\\ 0 & -3\end{pmatrix}Z+\begin{pmatrix}\frac{1}{2}\\ -\frac{1}{2}\end{pmatrix}u$$

2）若 $n \times n$ 阶矩阵为“友矩阵”（又称为“能控规范”形），即

$$A=\begin{pmatrix} 0 & 1 & & 0 \\ \vdots & & \ddots & \\ 0 & & & 1 \\ -a_0 & -a_1 & \cdots & -a_{n-1} \end{pmatrix}$$

并且其特征根λ_1，λ_2，…，λ_n 两两互异，则可将矩阵 A 化为对角线矩阵

$$\widetilde{A}=T^{-1}AT=\begin{pmatrix} \lambda_1 & & & 0 \\ & \lambda_2 & & \\ & & \ddots & \\ 0 & & & \lambda_n \end{pmatrix}$$

的变换矩阵 T，为下面的范德蒙德（Vandermond）矩阵：

$$T=\begin{pmatrix} 1 & 1 & \cdots & 1 \\ \lambda_1 & \lambda_2 & \cdots & \lambda_n \\ \vdots & \vdots & & \vdots \\ \lambda_1^{n-1} & \lambda_2^{n-1} & \cdots & \lambda_n^{n-1} \end{pmatrix} \tag{2-35}$$

例 2-10　试将系统矩阵

$$\begin{pmatrix} \dot{x}_1 \\ \dot{x}_2 \end{pmatrix}=\begin{pmatrix} 0 & 1 \\ -5 & -6 \end{pmatrix}\begin{pmatrix} x_1 \\ x_2 \end{pmatrix}+\begin{pmatrix} 0 \\ 1 \end{pmatrix}\boldsymbol{u}$$

化成对角线矩阵。

解　系统特征方程

$$|\lambda I-A|=\begin{vmatrix} \lambda & -1 \\ 5 & \lambda+6 \end{vmatrix}=\lambda^2+6\lambda+5=0$$

系统的特征值：解特征方程，系统的特征值为$\lambda_1=-1$，$\lambda_2=-5$。

构造变换矩阵 T：由于矩阵 A 具有友矩阵的形式，可直接按范德蒙德（Vandermond）矩阵得到变换矩阵

$$T=(P_1 \quad P_2)=\begin{pmatrix} p_{11} & p_{21} \\ p_{12} & p_{22} \end{pmatrix}=\begin{pmatrix} 1 & 1 \\ -1 & -5 \end{pmatrix}$$

变换后的系统矩阵

$$\widetilde{A}=T^{-1}ATz=\begin{pmatrix} -1 & 0 \\ 0 & -5 \end{pmatrix}$$

对比，原状态空间下的 $A=\begin{pmatrix} 0 & 1 \\ -5 & -6 \end{pmatrix}$，在新的状态空间下已化为对角线矩阵。以 z 为状态变量的新的状态方程为

$$\dot{z}=\widetilde{A}z+\widetilde{b}\,u=T^{-1}ATz+T^{-1}bu=\begin{pmatrix} -1 & 0 \\ 0 & -5 \end{pmatrix}z+\begin{pmatrix} 0.25 \\ -0.25 \end{pmatrix}u$$

（2）任意矩阵 A 化为约当型矩阵

1）若 $n \times n$ 矩阵 A 有 n 个λ（重根），则可将矩阵 A 化为约当型矩阵

$$\tilde{\boldsymbol{A}} = \boldsymbol{T}^{-1}\boldsymbol{A}\boldsymbol{T} = \begin{pmatrix} \lambda & 1 & & 0 \\ & \lambda & \ddots & \\ & & \ddots & 1 \\ 0 & & & \lambda \end{pmatrix}$$

的变换矩阵为

$$\boldsymbol{T} = (\boldsymbol{P}_1 \quad \boldsymbol{P}_2 \quad \cdots \quad \boldsymbol{P}_n) \tag{2-36}$$

其中，$\boldsymbol{P}_1$ 为λ对应的特征向量，其余的 $\boldsymbol{P}_2$，$\boldsymbol{P}_3$，…，$\boldsymbol{P}_n$ 则称为λ的广义特征向量。

式中的矩阵分量 $\boldsymbol{P}_1$，$\boldsymbol{P}_2$，…，$\boldsymbol{P}_n$ 按下式计算：

$$\begin{cases} \lambda P_1 - \boldsymbol{A}P_1 = 0 \\ \lambda P_2 - \boldsymbol{A}P_2 = -P_1 \\ \quad\vdots \\ \lambda P_n - AP_n = -P_{n-1} \end{cases} \tag{2-37}$$

2）若 $n \times n$ 矩阵 $\boldsymbol{A}$ 有 q 个λ_1（重根），其余（$n-q$）个为各异的特征根λ_n，则把 $\boldsymbol{A}$ 变换为约当标准型

$$\tilde{\boldsymbol{A}} = \left(\begin{array}{cccc|cccc} \lambda_1 & 1 & & 0 & & & & \\ & \lambda_1 & \ddots & & & & 0 & \\ & & \ddots & 1 & & & & \\ 0 & & & \lambda_1 & & & & \\ \hline & & & & \lambda_{q+1} & & & \\ & & & & & \lambda_{q+2} & & 0 \\ & 0 & & & & & \ddots & \\ & & & & & 0 & & \lambda_n \end{array}\right)$$

的变换矩阵 $\boldsymbol{T}$ 为

$$\boldsymbol{T} = (\boldsymbol{P}_1, \boldsymbol{P}_2, \cdots, \boldsymbol{P}_q, \boldsymbol{P}_{q+1}, \cdots, \boldsymbol{P}_n) \tag{2-38}$$

其中，对应于 q 个λ_1（重根）的向量，$\boldsymbol{P}_1$，$\boldsymbol{P}_2$，…，$\boldsymbol{P}_q$ 按式（2-37）计算，即

$$\lambda_1\boldsymbol{P}_1 - \boldsymbol{A}\boldsymbol{P}_1 = 0;\ \lambda_1\boldsymbol{P}_2 - \boldsymbol{A}\boldsymbol{P}_2 = -\boldsymbol{P}_1;\ \cdots;\ \lambda_1\boldsymbol{P}_q - \boldsymbol{A}\boldsymbol{P}_q = -\boldsymbol{P}_{q-1} \tag{2-39}$$

而对应于（$n-q$）个互异根的向量 $\boldsymbol{P}_{q+1}$，$\boldsymbol{P}_{q+2}$，…，$\boldsymbol{P}_n$，按式（2-33）方法计算，即

$$\boldsymbol{A}\boldsymbol{P}_i = \lambda_i\boldsymbol{P}_i \quad 或 \quad (\lambda_i\boldsymbol{I} - \boldsymbol{A})\boldsymbol{P}_i = 0 \tag{2-40}$$

例 2-11 试将下列系统矩阵

$$\boldsymbol{A} = \begin{pmatrix} 4 & 1 & -2 \\ 1 & 0 & 2 \\ 1 & -1 & 3 \end{pmatrix}$$

化为约当标准型。

解 求特征值

$$|\lambda\boldsymbol{I} - \boldsymbol{A}| = \begin{vmatrix} \lambda-4 & -1 & 2 \\ -1 & \lambda & -2 \\ -1 & 1 & \lambda-3 \end{vmatrix} = (\lambda-1)(\lambda-3)^2 = 0$$

特征值有 3 个，其中$\lambda_1 = 1$，两个重根$\lambda_{2,3} = 3$。

对应于$\lambda_1=1$的特征向量$\boldsymbol{P}_1$为

$$\boldsymbol{P}_1=\begin{pmatrix}p_{11}\\p_{12}\\p_{13}\end{pmatrix}$$

根据式（2-40），有

$$(\lambda_1\boldsymbol{I}-\boldsymbol{A})\boldsymbol{P}_1=\begin{pmatrix}\lambda_1-4 & -1 & 2\\-1 & \lambda_1 & -2\\-1 & 1 & \lambda_1-3\end{pmatrix}\begin{pmatrix}p_{11}\\p_{12}\\p_{13}\end{pmatrix}=\begin{pmatrix}-3 & -1 & 2\\-1 & 1 & -2\\-1 & 1 & -2\end{pmatrix}\begin{pmatrix}p_{11}\\p_{12}\\p_{13}\end{pmatrix}=0$$

解上面方程，求得

$$\boldsymbol{P}_1=\begin{pmatrix}p_{11}\\p_{12}\\p_{13}\end{pmatrix}=\begin{pmatrix}0\\2\\1\end{pmatrix}$$

对应于重根$\lambda_{2,3}=3$的特征向量$\boldsymbol{P}_2$、$\boldsymbol{P}_3$为

$$\boldsymbol{P}_2=\begin{pmatrix}p_{21}\\p_{22}\\p_{23}\end{pmatrix},\ \boldsymbol{P}_3=\begin{pmatrix}p_{31}\\p_{32}\\p_{33}\end{pmatrix}$$

根据式（2-39）

$$(\lambda_2\boldsymbol{I}-\boldsymbol{A})\boldsymbol{P}_2=\begin{pmatrix}\lambda_2-4 & -1 & 2\\-1 & \lambda_2 & -2\\-1 & 1 & \lambda_2-3\end{pmatrix}\boldsymbol{P}_2=\begin{pmatrix}-1 & -1 & 2\\-1 & 3 & -2\\-1 & 1 & 0\end{pmatrix}\begin{pmatrix}p_{21}\\p_{22}\\p_{23}\end{pmatrix}=0$$

解上面方程，求得

$$\boldsymbol{P}_2=\begin{pmatrix}p_{21}\\p_{22}\\p_{23}\end{pmatrix}=\begin{pmatrix}1\\1\\1\end{pmatrix}$$

根据式（2-39）

$$(\lambda_2\boldsymbol{I}-\boldsymbol{A})\boldsymbol{P}_3=\begin{pmatrix}\lambda_2-4 & -1 & 2\\-1 & \lambda_2 & -2\\-1 & 1 & \lambda_2-3\end{pmatrix}-\boldsymbol{P}_3=-\begin{pmatrix}p_{21}\\p_{22}\\p_{23}\end{pmatrix}=\begin{pmatrix}-1\\-1\\-1\end{pmatrix}$$

解上面方程，求得

$$\boldsymbol{P}_3=\begin{pmatrix}p_{31}\\p_{32}\\p_{33}\end{pmatrix}=\begin{pmatrix}1\\0\\0\end{pmatrix}$$

于是变换矩阵为

$$\boldsymbol{T}=(\boldsymbol{P}_1\quad\boldsymbol{P}_2\quad\boldsymbol{P}_3)=\begin{pmatrix}0 & 1 & 1\\2 & 1 & 0\\1 & 1 & 0\end{pmatrix}$$

系统矩阵变换为

$$\tilde{A}=T^{-1}AT=\begin{pmatrix}1&0&0\\0&3&1\\0&0&3\end{pmatrix}$$

可见，是一个约当标准型。

3. 用线性变换求状态转移矩阵

把任意形式的矩阵 A 变换为“对角线”或“约当型”形式；然后用“方法三”的公式，即“标准型矩阵的计算方法”求出状态转移矩阵 $\tilde{\boldsymbol{\Phi}}(t)$；最后，利用式（2-31），即 $\boldsymbol{\Phi}(t)=T\tilde{\boldsymbol{\Phi}}(t)T^{-1}$，将其反变换回原坐标中去便得到 $\boldsymbol{\Phi}(t)$。

例 2-12 已知系统矩阵

$$A=\begin{pmatrix}0&1\\-2&-3\end{pmatrix}$$

试用线性变换求状态转移矩阵。

解 求矩阵 A 的特征值

$$|sI-A|=\begin{vmatrix}s&-1\\2&s+3\end{vmatrix}=0;\ s^2+3s+2=0$$

两个特征值为$\lambda_1=-2$，$\lambda_2=-1$。

由于矩阵 A 具有友矩阵的形式，可直接按范德蒙德（Vandermond）矩阵得到变换矩阵

$$T=\begin{pmatrix}1&1\\\lambda_1&\lambda_2\end{pmatrix}=\begin{pmatrix}1&1\\-2&-1\end{pmatrix};\ \text{逆阵为}\ T^{-1}=\begin{pmatrix}-1&-1\\2&1\end{pmatrix}$$

在新状态空间里

$$\tilde{A}=T^{-1}AT=\begin{pmatrix}-1&-1\\2&1\end{pmatrix}\begin{pmatrix}0&1\\-2&-3\end{pmatrix}\begin{pmatrix}1&1\\-2&-1\end{pmatrix}=\begin{pmatrix}-2&0\\0&-1\end{pmatrix}$$

可见，在新的状态空间下的系统矩阵是一个对角线矩阵。

根据方法三，新状态空间下的状态转移矩阵为

$$\tilde{\boldsymbol{\Phi}}(t)=\begin{pmatrix}e^{\lambda_1 t}&0\\0&e^{\lambda_2 t}\end{pmatrix}=\begin{pmatrix}e^{-2t}&0\\0&e^{-t}\end{pmatrix}$$

则原状态空间下的状态转移矩阵，即矩阵 A 的状态转移矩阵，由式（2-31）得

$$\boldsymbol{\Phi}(t)=T\tilde{\boldsymbol{\Phi}}T^{-1}=\begin{pmatrix}1&1\\-2&-1\end{pmatrix}\begin{pmatrix}e^{-2t}&0\\0&e^{-t}\end{pmatrix}\begin{pmatrix}-1&-1\\2&1\end{pmatrix}=\begin{pmatrix}2e^{-t}-e^{-2t}&e^{-t}-e^{-2t}\\-2e^{-t}+2e^{-2t}&-e^{-t}+e^{-2t}\end{pmatrix}$$

方法五 实数化的计算方法

本方法是针对具有复数特征值的，也称为模式矩阵的计算方法。当系统矩阵 A 的特征值有共轭复数

$$\lambda_{1,2}=a\pm jb \tag{2-41}$$

时，虽然可认为有两个相异的特征值，按“方法四”的计算方法化为对角线标准型，但是在具体计算特征向量、变换矩阵等过程中碰到复数的运算，麻烦而且复杂。因此，常采用实数化的方法。值得指出的是，使用这种方法不但避免了麻烦而且复杂的相关计算，而且可以证明所得的状态转移矩阵和用“方法四”计算出的完全相同。

实数化的计算方法是，设系统矩阵 A 的特征值有共轭复数$\lambda_{1,2}=a\pm jb$。

（1）先求出$\lambda_{1,2}=a\pm \mathrm{j}b$相对应的矩阵$\boldsymbol{A}$的特征向量$\boldsymbol{P}$

$$\boldsymbol{P}_{1,2}=\alpha\pm \mathrm{j}\beta \tag{2-42}$$

（2）由特征向量$\boldsymbol{P}$的实部和虚部组成变换矩阵$\boldsymbol{T}$

$$\boldsymbol{T}=(P_1\quad P_2)=(\alpha\quad \beta) \tag{2-43}$$

（3）变换矩阵$\boldsymbol{T}$将使系统矩阵$\boldsymbol{A}$化为“模式矩阵”$\boldsymbol{M}$

$$\boldsymbol{M}=\boldsymbol{T}^{-1}\boldsymbol{A}\boldsymbol{T}=\begin{pmatrix} a & b \\ -b & a \end{pmatrix} \tag{2-44}$$

注意：“模式矩阵”$\boldsymbol{M}$是由特征值的实部和虚部组成的。

（4）“模式矩阵”$\boldsymbol{M}$对应的状态转移矩阵为

$$\tilde{\boldsymbol{\Phi}}(s)=\mathrm{e}^{Mt}=\begin{pmatrix} \mathrm{e}^{at}\cos bt & \mathrm{e}^{at}\sin bt \\ -\mathrm{e}^{at}\sin bt & \mathrm{e}^{at}\cos bt \end{pmatrix}=\begin{pmatrix} \mathrm{con}bt & \sin bt \\ -\sin bt & \mathrm{con}bt \end{pmatrix}\mathrm{e}^{at} \tag{2-45}$$

（5）反变换求出原系统矩阵$\boldsymbol{A}$的状态转移矩阵

$$\boldsymbol{\Phi}(s)=\boldsymbol{T}\tilde{\boldsymbol{\Phi}}(t)\boldsymbol{T}^{-1} \tag{2-46}$$

下面通过例子说明具体的计算方法和过程。

例 2-13 已知系统矩阵

$$\boldsymbol{A}=\begin{pmatrix} -2 & 1 \\ -17 & -4 \end{pmatrix}$$

试求系统状态转移矩阵。

解 （1）求特征方程

$$|\lambda\boldsymbol{I}-\boldsymbol{A}|=\begin{pmatrix} s+2 & -1 \\ 17 & s+4 \end{pmatrix}=s^2+6s+25=0$$

（2）特征值

$$\lambda_1=-3+\mathrm{j}4,\ \lambda_2=-3-\mathrm{j}4$$

（3）特征向量

由式$(\lambda\boldsymbol{I}-\boldsymbol{A})\boldsymbol{P}=0$求得一对特征向量

$$\boldsymbol{P}_{1,2}=\begin{pmatrix} 1 \\ -1\pm \mathrm{j}4 \end{pmatrix}=\begin{pmatrix} 1 \\ -1 \end{pmatrix}\pm \mathrm{j}\begin{pmatrix} 0 \\ 4 \end{pmatrix}=\alpha\pm \mathrm{j}\beta$$

（4）变换矩阵

由特征向量的实部和虚部构成变换矩阵$\boldsymbol{T}$，根据式（2-43）有

$$\boldsymbol{T}=(\alpha\quad \beta)=\begin{pmatrix} 1 & 0 \\ -1 & 4 \end{pmatrix}\quad 及\ \boldsymbol{T}^{-1}=\begin{pmatrix} 1 & 0 \\ -1 & 4 \end{pmatrix}^{-1}=\begin{pmatrix} 1 & 0 \\ \frac{1}{4} & \frac{1}{4} \end{pmatrix}$$

（5）求模式矩阵$\boldsymbol{M}$，由式（2-44）

$$\boldsymbol{M}=\boldsymbol{T}^{-1}\boldsymbol{A}\boldsymbol{T}=\begin{pmatrix} 1 & 0 \\ \frac{1}{4} & \frac{1}{4} \end{pmatrix}\begin{pmatrix} -2 & 1 \\ -17 & -4 \end{pmatrix}\begin{pmatrix} 1 & 0 \\ -1 & 4 \end{pmatrix}=\begin{pmatrix} -3 & 4 \\ -4 & -3 \end{pmatrix}$$

（6）$\boldsymbol{M}$对应的状态转移矩阵$\tilde{\boldsymbol{\Phi}}(t)$，由式（2-45）

$$\tilde{\boldsymbol{\Phi}}(t)=\mathrm{e}^{Mt}=\begin{pmatrix} \mathrm{con}bt & \sin bt \\ -\sin bt & \mathrm{con}bt \end{pmatrix}\mathrm{e}^{at}=\begin{pmatrix} \mathrm{con}4t & \sin 4t \\ -\sin 4t & \mathrm{con}4t \end{pmatrix}\mathrm{e}^{-3t}$$

（7）原系统矩阵 $\boldsymbol{A}$ 的状态转移矩阵，由式（2-46）

$$\boldsymbol{\Phi}(t)=\boldsymbol{T}\tilde{\boldsymbol{\Phi}}(t)\boldsymbol{T}^{-1}=\begin{pmatrix}1&0\\-1&4\end{pmatrix}\begin{pmatrix}\mathrm{con}4t&\sin 4t\\-\sin 4t&\mathrm{con}4t\end{pmatrix}\begin{pmatrix}1&0\\\frac{1}{4}&\frac{1}{4}\end{pmatrix}\mathrm{e}^{-3t}$$

$$=\begin{pmatrix}\mathrm{con}4t+\frac{1}{4}\sin 4t&\frac{1}{4}\sin 4t\\-\frac{17}{4}\sin 4t&\mathrm{con}4t-\frac{1}{4}\sin 4t\end{pmatrix}\mathrm{e}^{-3t}$$

若系统矩阵 $\boldsymbol{A}$，不但含有一对复数特征值 $\lambda=a\pm \mathrm{j}b$，而且还含有实数特征值 λ_i（$i=1,2,\cdots,n-2$），则可以求出与 $\lambda=a\pm\mathrm{j}b$ 相对应的特征向量 $\boldsymbol{P}_{1,2}=\alpha\pm\mathrm{j}\beta$ 以及与实数特征值 λ_i（$i=1,2,\cdots,n-2$）相对应的特征向量 $\boldsymbol{P}_1,\boldsymbol{P}_2,\cdots,\boldsymbol{P}_{n-2}$；如果以

$$\boldsymbol{T}=(\boldsymbol{P}_1\quad \boldsymbol{P}_2\quad\cdots\quad \boldsymbol{P}_{n-2}\quad \alpha\quad \beta)$$

作为变换矩阵，将可以使系统矩阵 $\boldsymbol{A}$ 化为如下对角线——模式矩阵

$$\boldsymbol{M}=\left(\begin{array}{cccc|cc}\lambda_1&0&\cdots&0&0&0\\0&\lambda_2&\cdots&0&0&0\\\vdots&\vdots&&\vdots&\vdots&\vdots\\0&0&\cdots&\lambda_{n-2}&0&0\\\hline 0&0&\cdots&0&a&b\\0&0&\cdots&0&-b&a\end{array}\right)$$

方法六 应用“凯莱－哈密顿”定理的计算方法

$$\boldsymbol{\Phi}(t)=\mathrm{e}^{\boldsymbol{A}t}=\alpha_0(t)\boldsymbol{I}+\alpha_1(t)\boldsymbol{A}+\cdots+\alpha_{n-1}(t)\boldsymbol{A}^{n-1}\tag{2-47}$$

其中，系数 α_i（$i=0,1,\cdots,n-1$）是时间 t 的函数，这些系数由系统特征方程

$$f(s)=|s\boldsymbol{I}-\boldsymbol{A}|=s^n+a_{n-1}s^{n-1}+\cdots+a_1s+a_0=0$$

的根 $\lambda_1,\lambda_2,\cdots,\lambda_n$（又称矩阵 $\boldsymbol{A}$ 的特征值）的性质进行计算。

（1）当矩阵 $\boldsymbol{A}$ 的特征值 $\lambda_1,\lambda_2,\cdots,\lambda_n$ 互异时

$$\begin{pmatrix}a_0(t)\\a_1(t)\\\vdots\\a_{n-1}(t)\end{pmatrix}=\begin{pmatrix}1&\lambda_1&\lambda_1^2&\cdots&\lambda_1^{n-1}\\1&\lambda_2&\lambda_2^2&\cdots&\lambda_2^{n-1}\\\vdots&\vdots&\vdots&&\vdots\\1&\lambda_n&\lambda_n^2&\cdots&\lambda_n^{n-1}\end{pmatrix}^{-1}\begin{pmatrix}\mathrm{e}^{\lambda_1t}\\\mathrm{e}^{\lambda_2t}\\\vdots\\\mathrm{e}^{\lambda_nt}\end{pmatrix}\tag{2-48}$$

（2）当矩阵 $\boldsymbol{A}$ 有 n 个相同的特征值 λ_1 时

$$\begin{pmatrix}a_0(t)\\a_1(t)\\\vdots\\a_{n-3}(t)\\a_{n-2}(t)\\a_{n-1}(t)\end{pmatrix}=\begin{pmatrix}0&0&0&0&\cdots&0&1\\0&0&0&0&\cdots&1&(n-1)\lambda_1\\\vdots&\vdots&\vdots&1&&\vdots&\vdots\\0&0&1&3\lambda_1&\cdots&\lambda_1^{n-4}&\frac{(n-1)(n-2)}{2!}\lambda_1^{n-3}\\0&1&2\lambda_1&3\lambda_1^2&\cdots&\lambda_1^{n-3}&(n-1)\lambda_1^{n-2}\\1&\lambda_1&\lambda_1^2&\lambda_1^3&\cdots&\lambda_1^{n-2}&\lambda_1^{n-1}\end{pmatrix}^{-1}\begin{pmatrix}\frac{1}{(n-1)!}t^{n-1}\mathrm{e}^{\lambda_1t}\\\frac{1}{(n-2)!}t^{n-2}\mathrm{e}^{\lambda_1t}\\\vdots\\\frac{1}{2!}t^2\mathrm{e}^{\lambda_1t}\\\frac{1}{1!}t\mathrm{e}^{\lambda_1t}\\\mathrm{e}^{\lambda_1t}\end{pmatrix}\tag{2-49}$$

（3）若矩阵 $\boldsymbol{A}$ 的特征值有相异根又有重根时，待定系数分别用上面两种情况求出相应的系数值。

注：凯莱－哈密顿定理是 $n\times n$ 矩阵 $\boldsymbol{A}$ 满足其自身的特征方程。

定理解释：$n\times n$ 矩阵 $\boldsymbol{A}$ 的特征方程

$$f(s)=|s\boldsymbol{I}-\boldsymbol{A}|=s^n+a_{n-1}s^{n-1}+\cdots+a_1s+a_0=0$$

式中，a_{n-1}，…，a_1，a_0 为系统参数。

根据“凯莱－哈密顿”定理，特征方程又可表示为

$$f(\boldsymbol{A})=|s\boldsymbol{I}-\boldsymbol{A}|=\boldsymbol{A}^n+a_{n-1}\boldsymbol{A}^{n-1}+\cdots+a_1\boldsymbol{A}+a_0\boldsymbol{I}=0$$

上式改写为

$$\boldsymbol{A}^n=-a_{n-1}\boldsymbol{A}^{n-1}-\cdots-a_1\boldsymbol{A}-a_0\boldsymbol{I} \tag{2-50}$$

由式（2-50）可看出，$\boldsymbol{A}^n$ 可表示为 $\boldsymbol{A}^{n-1}$，…，$\boldsymbol{A}$，$\boldsymbol{I}$ 的线性组合。

式（2-50）两边同乘 $\boldsymbol{A}$，有

$$\begin{aligned}\boldsymbol{A}^{n+1}&=\boldsymbol{A}\times\boldsymbol{A}^n=\boldsymbol{A}(-a_{n-1}\boldsymbol{A}^{n-1}-\cdots-a_1\boldsymbol{A}-a_0\boldsymbol{I})\\&=-a_{n-1}\boldsymbol{A}^n-\cdots-a_1\boldsymbol{A}^2-a_0\boldsymbol{A}\end{aligned} \tag{2-51}$$

即 $\boldsymbol{A}^{n+1}$ 可表示为 $\boldsymbol{A}^n$，…，$\boldsymbol{A}$，$\boldsymbol{I}$ 的线性组合。

类推可知，$\boldsymbol{A}^{n+1}$，$\boldsymbol{A}^{n+2}$，…都可用 $\boldsymbol{A}^{n-1}$，$\boldsymbol{A}^{n-2}$，…，$\boldsymbol{A}$，$\boldsymbol{I}$ 进行线性表示。利用这些结果，即可将 $\mathrm{e}^{\boldsymbol{A}t}$ 的无穷多项表达式表示为 $\boldsymbol{A}^{n-1}$，…，$\boldsymbol{A}$，$\boldsymbol{I}$ 的有限项表达式。

例 2-14　线性定常系统的齐次状态方程为

$$\begin{pmatrix}\dot{x}_1\\\dot{x}_2\end{pmatrix}=\begin{pmatrix}0&1\\-2&-3\end{pmatrix}\begin{pmatrix}x_1\\x_2\end{pmatrix}$$

用凯莱－哈定理计算其状态转移矩阵。

解　求矩阵 $\boldsymbol{A}$ 的特征方程

$$f(s)=|s\boldsymbol{I}-\boldsymbol{A}|=\begin{vmatrix}s&-1\\2&s+3\end{vmatrix}=(s+1)(s+2)=0$$

特征根 $\lambda_1=-1$，$\lambda_2=-2$，两两相异。由式（2-48）有

$$\begin{aligned}\begin{pmatrix}a_0(t)\\a_1(t)\end{pmatrix}&=\begin{pmatrix}1&\lambda_1\\1&\lambda_2\end{pmatrix}^{-1}\begin{pmatrix}\mathrm{e}^{\lambda_1 t}\\\mathrm{e}^{\lambda_2 t}\end{pmatrix}=\begin{pmatrix}1&-1\\1&-2\end{pmatrix}^{-1}\begin{pmatrix}\mathrm{e}^{-t}\\\mathrm{e}^{-2t}\end{pmatrix}\\&=\begin{pmatrix}2&-1\\1&-1\end{pmatrix}\begin{pmatrix}\mathrm{e}^{-t}\\\mathrm{e}^{-2t}\end{pmatrix}=\begin{pmatrix}2\mathrm{e}^{-t}-\mathrm{e}^{-2t}\\\mathrm{e}^{-t}-\mathrm{e}^{-2t}\end{pmatrix}\end{aligned}$$

即

$$a_0(t)=2\mathrm{e}^{-t}-\mathrm{e}^{-2t}\quad a_1(t)=\mathrm{e}^{-t}-\mathrm{e}^{-2t}$$

于是状态转移矩阵为

$$\begin{aligned}\boldsymbol{\Phi}(t)=\mathrm{e}^{\boldsymbol{A}t}&=a_0(t)\boldsymbol{I}+a_1(t)\boldsymbol{A}=(2\mathrm{e}^{-t}-\mathrm{e}^{-2t})\begin{pmatrix}1&0\\0&1\end{pmatrix}+(\mathrm{e}^{-t}-\mathrm{e}^{-2t})\begin{pmatrix}0&1\\-2&-3\end{pmatrix}\\&=\begin{pmatrix}2\mathrm{e}^{-t}-\mathrm{e}^{-2t}&0\\0&2\mathrm{e}^{-t}-\mathrm{e}^{-2t}\end{pmatrix}+\begin{pmatrix}0&\mathrm{e}^{-t}-\mathrm{e}^{-2t}\\-2\mathrm{e}^{-t}+2\mathrm{e}^{-2t}&-3\mathrm{e}^{-t}+3\mathrm{e}^{-2t}\end{pmatrix}\\&=\begin{pmatrix}2\mathrm{e}^{-t}-\mathrm{e}^{-2t}&\mathrm{e}^{-t}-\mathrm{e}^{-2t}\\-2\mathrm{e}^{-t}+2\mathrm{e}^{-2t}&-\mathrm{e}^{-t}+2\mathrm{e}^{-2t}\end{pmatrix}\end{aligned}$$

第三节　线性定常离散系统状态空间响应分析

对线性定常离散系统，状态空间描述的一般形式为

$$\begin{cases} x(k+1)=Gx(k)+Hu(k) & \text{状态方程} \\ y(k)=Cx(k) & \text{输出方程} \end{cases} \tag{2-52}$$

对离散系统的状态空间响应分析，从数学上看，和对连续系统的状态空间响应分析一样，归结为对式（2-52）的求解，而且主要的计算工作，也是对状态方程的求解。

一、状态方程的求解

求解状态方程，一方面是为了得到系统的状态响应，另一方面是通过状态解求出系统的输出响应。求解离散系统状态方程常有两种方法：递推法和 Z 变换法，分述如下。

1. 递推方法

结论　式（2-52）中的状态方程，当初始时刻 $k=0$，初始值为 $x(0)$ 时，唯一的状态解为

$$x(k)=G^k x(0)+G^{k-1}Hu(0)+G^{k-2}Hu(1)+\cdots+GHu(k-2)+Hu(k-1) \tag{2-53}$$

或

$$x(k)=G^k x(0)+\sum_{j=0}^{k-1}G^{k-j-1}Hu(j) \tag{2-54}$$

式中，$k=0$，1，2，…为采样时刻。

证明　在给定了初始状态 $x(0)$ 和输入信号 $u(0)$，$u(1)$，…，分别取采样时间 $k=0$，1，2，……，代入状态方程，有

$$k=0 \quad x(1)=Gx(0)+Hu(0) \tag{2-55}$$

$$k=1 \quad x(2)=Gx(1)+Hu(1) \tag{2-56}$$

$$k=2 \quad x(3)=Gx(2)+Hu(2) \tag{2-57}$$

$$\vdots \qquad\qquad \vdots$$

当采样时间为 $k-1$ 时，有

$$\begin{aligned} x(k) &= Gx(k-1)+Hu(k-1) \\ &= G^k x(0)+G^{k-1}Hu(0)+G^{k-2}Hu(1)+\cdots+GHu(k-2)+Hu(k-1) \end{aligned} \tag{2-58}$$

将式（2-55）代入式（2-56），再把式（2-56）代入式（2-57），这样逐次代入直至式（2-58），经整理便得到式（2-53）。

证毕。

递推法，适宜在计算机上求解，但由于后一步的计算要依赖前一步的计算结果，因此，计算过程中产生的误差会造成累积误差。

当初始时刻 $k=h$，初始值为 $x(h)$ 时，式（2-52）中状态方程的唯一解为

$$x(k)=G^{k-h}x(h)+\sum_{j=h}^{k-1}G^{k-j-1}Hu(j) \tag{2-59}$$

不失一般性，下面的分析讨论，均认为初始时刻 $k=0$，初始值为 $x(0)$。

例 2-15　已知定常离散系统的状态方程为

$$x(k+1)=Gx(k)+Hu(k)$$

式中　$G=\begin{pmatrix} 0 & 1 \\ -0.16 & -1 \end{pmatrix}$，　$H=\begin{pmatrix} 1 \\ 1 \end{pmatrix}$；初始状态　$x(0)=\begin{pmatrix} 1 \\ -1 \end{pmatrix}$。

求单位阶跃输入下状态方程的解。

解 由于输入为单位阶跃函数，所以，$k=0, 1, 2, \cdots$时，$u(k)=1$。

当采样时刻：

$$k=0\text{ 时}\quad x(1)=Gx(0)+Hu(0)=\begin{pmatrix}0 & 1\\ -0.16 & -1\end{pmatrix}\begin{pmatrix}1\\ -1\end{pmatrix}+\begin{pmatrix}1\\ 1\end{pmatrix}=\begin{pmatrix}0\\ 1.84\end{pmatrix}$$

$$k=1\text{ 时}\quad x(2)=Gx(1)+Hu(1)=\begin{pmatrix}0 & 1\\ -0.16 & -1\end{pmatrix}\begin{pmatrix}0\\ 1.84\end{pmatrix}+\begin{pmatrix}1\\ 1\end{pmatrix}=\begin{pmatrix}2.84\\ -0.84\end{pmatrix}$$

$$k=2\text{ 时}\quad x(3)=Gx(2)+Hu(2)=\begin{pmatrix}0 & 1\\ -0.16 & -1\end{pmatrix}\begin{pmatrix}2.84\\ -0.84\end{pmatrix}+\begin{pmatrix}1\\ 1\end{pmatrix}=\begin{pmatrix}0.16\\ 1.386\end{pmatrix}$$

$$\vdots \qquad\qquad \vdots$$

于是，状态的序列解

$$x(k)=\begin{pmatrix}x_1(k)\\ x_2(k)\end{pmatrix}=\begin{pmatrix}1 & 0 & 2.84 & 0.16 & \cdots\\ -1 & 1.84 & -0.84 & 1.386 & \cdots\end{pmatrix}$$

2. *Z* 变换方法

结论 当初始时刻 $k=0$，初始值为 $x(0)$ 时，式（2-52）中状态方程的唯一解为

$$x(k)=Z^{-1}[(z\boldsymbol{I}-\boldsymbol{G})^{-1}z]x(0)+Z^{-1}[(z\boldsymbol{I}-\boldsymbol{G})^{-1}Hu(z)] \tag{2-60}$$

证明 当初始时刻 $k=0$，初始值为 $x(0)$ 时，对式（2-52）中的状态方程进行 Z 变换，得

$$zx(z)-zx(0)=Gx(z)+Hu(z)$$

移项

$$zx(z)-Gx(z)=zx(0)+Hu(z)$$

整理并等式两边乘逆阵 $(z\boldsymbol{I}-\boldsymbol{G})^{-1}$

$$x(z)=(z\boldsymbol{I}-\boldsymbol{G})^{-1}zx(0)+(z\boldsymbol{I}-\boldsymbol{G})^{-1}Hu(z)$$

两边取 Z 反变换，式（2-60）获证。

例 2-16 线性定常离散系统状态方程

$$x(k+1)=\begin{pmatrix}0 & 1\\ -0.2 & -0.9\end{pmatrix}x(k)+\begin{pmatrix}1\\ 1\end{pmatrix}u(k);x(0)=\begin{pmatrix}1\\ -1\end{pmatrix}$$

求单位阶跃输入下的状态解。

解

$$(z\boldsymbol{I}-\boldsymbol{G})=\begin{pmatrix}z & -1\\ 0.2 & z+0.9\end{pmatrix}$$

$$(z\boldsymbol{I}-\boldsymbol{G})^{-1}=\begin{pmatrix}z & -1\\ 0.2 & z+0.9\end{pmatrix}^{-1}=\begin{pmatrix}\dfrac{z+0.9}{(z+0.4)(z+0.5)} & \dfrac{1}{(z+0.4)(z+0.5)}\\ \dfrac{-0.2}{(z+0.4)(z+0.5)} & \dfrac{z}{(z+0.4)(z+0.5)}\end{pmatrix}$$

对于单位阶跃输入，有

$$u(k)=\frac{z}{z-1}$$

由式（2-60）

$$\begin{aligned}x(z)&=(z\boldsymbol{I}-\boldsymbol{G})^{-1}zx(0)+(z\boldsymbol{I}-\boldsymbol{G})^{-1}Hu(z)\\ &=(z\boldsymbol{I}-\boldsymbol{G})^{-1}[Zx(0)+Hu(z)]\end{aligned}$$

$$=\begin{pmatrix}\dfrac{z+0.9}{(z+0.4)(z+0.5)} & \dfrac{1}{(z+0.4)(z+0.5)}\\ \dfrac{-0.2}{(z+0.4)(z+0.5)} & \dfrac{z}{(z+0.4)(z+0.5)}\end{pmatrix}\begin{pmatrix}\dfrac{z^2}{z-1}\\ \dfrac{-z^2+2z}{z-1}\end{pmatrix}$$

$$=\begin{pmatrix}\dfrac{z^3-0.1z^2+2z}{(z+0.4)(z+0.5)(z-1)}\\ \dfrac{-z^3+1.8z^2}{(z+0.4)(z+0.5)(z-1)}\end{pmatrix}$$

$$=\begin{pmatrix}\dfrac{-\frac{110}{7}z}{z+0.4}+\dfrac{\frac{46}{3}z}{z+0.5}+\dfrac{\frac{29}{21}z}{z-1}\\ \dfrac{\frac{44}{7}z}{z+0.4}+\dfrac{-\frac{23}{3}z}{z+0.5}+\dfrac{\frac{8}{21}z}{z-1}\end{pmatrix}$$

取 Z 反变换

$$x(k)=\begin{pmatrix}-\dfrac{110}{7}(-0.4)^k+\dfrac{46}{3}(-0.5)^k+\dfrac{29}{21}\\ \dfrac{44}{7}(-0.4)^k-\dfrac{23}{3}(-0.5)^k+\dfrac{8}{21}\end{pmatrix}$$

对于线性定常离散系统的状态解式（2-54）和式（2-60），做几点说明。

1）和线性定常连续系统的状态解相似，都由两部分组成：一部分是由系统的初始状态引起的零输入响应，又称为系统的自由运动；另一部分是系统输入信号作用引起的零状态响应，又称为系统的强迫运动。

2）由系统输入信号作用引起的响应中，第 k 个时刻的状态只与此采样时刻以前，即 $k-1$及之前的输入采样值有关，而与第 k 个时刻的输入采样值无关，说明控制有滞后。

3）对于一个系统，由于其解具有唯一性，比对式（2-53）和式（2-60），应有$G(k)=Z^{-1}[(z\boldsymbol{I}-\boldsymbol{G})^{-1}z]$，仿照定常连续系统，定义其为**状态转移矩阵**，并用符号 $\boldsymbol{\Phi}(k)$ 表示为

$$\boldsymbol{\Phi}(k)=\boldsymbol{G}(k)=Z^{-1}[(z\boldsymbol{I}-\boldsymbol{G})^{-1}z] \tag{2-61}$$

4）用状态转移矩阵 $\boldsymbol{\Phi}(k)$ 表示离散系统的状态解时，式（2-54）和式（2-59）统一为

$$x(k)=\boldsymbol{\Phi}(k)x(0)+\sum_{i=0}^{k-1}\boldsymbol{\Phi}(k-i-1)Hu(i) \tag{2-62}$$

二、状态转移矩阵的基本性质及计算

1. 基本性质

状态转移矩阵与线性定常系统状态转移矩阵有相似的性质，主要有

（1）满足自身的矩阵差分方程及初始条件

$$\boldsymbol{\Phi}(k+1)=\boldsymbol{G}\boldsymbol{\Phi}(k)\quad \boldsymbol{\Phi}(0)=I$$

（2）传递性 $\boldsymbol{\Phi}(k_2-k_0)=\boldsymbol{\Phi}(k_2-k_1)\boldsymbol{\Phi}(k_1-k_0)$

（3）可逆性 $\boldsymbol{\Phi}^{-1}(k)=\boldsymbol{\Phi}(-k)$

2. 计算方法

线性定常离散系统状态转移矩阵的计算方法与线性定常连续系统的状态转移矩阵的计算

方法极为相似，下面介绍最主要的三种计算方法。

（1）直接方法

直接根据状态转移矩阵的定义计算

$$\boldsymbol{\Phi}(k)=\boldsymbol{G}^k \tag{2-63}$$

（2）Z 变换方法

$$\boldsymbol{\Phi}(k)=Z^{-1}[(z\boldsymbol{I}-\boldsymbol{G})^{-1}z] \tag{2-64}$$

（3）线性变换方法

用线性变换把系统矩阵 $\boldsymbol{G}$ 化为标准型。

1）当离散系统的特征值均为相异单根

若离散系统特征方程

$$|\lambda\boldsymbol{I}-\boldsymbol{G}|=0$$

的值λ_1，λ_2，…，λ_n两两相异，经线性变换可使系统矩阵 $\boldsymbol{G}$ 变换为对角线标准型矩阵 $\boldsymbol{\Lambda}$，即

$$\boldsymbol{\Lambda}=\boldsymbol{T}^{-1}\boldsymbol{G}\boldsymbol{T} \tag{2-65}$$

则离散系统状态转移矩阵为

$$\boldsymbol{\Phi}(k)=\boldsymbol{G}^k=\boldsymbol{T}\boldsymbol{\Lambda}^k\boldsymbol{T}^{-1}=\boldsymbol{T}\begin{pmatrix}\lambda_1^k & & & 0\\ & \lambda_2^k & & \\ & & \ddots & \\ 0 & & & \lambda_n^k\end{pmatrix}\boldsymbol{T}^{-1}$$

式中，$\boldsymbol{\Lambda}$ 为对角线标准型矩阵；$\boldsymbol{T}$ 为变换矩阵；$\boldsymbol{G}$ 为对角线标准型矩阵 $\boldsymbol{\Lambda}$ 的变换矩阵。

2）当离散系统的特征值有重根

若离散系统特征方程的根λ为重根，经线性变换可使系统矩阵 $\boldsymbol{G}$ 变换为约当标准型矩阵 $\boldsymbol{J}$，即

$$\boldsymbol{J}=\boldsymbol{T}^{-1}\boldsymbol{G}\boldsymbol{T}$$

则离散系统状态转移矩阵为

$$\boldsymbol{\Phi}(k)=\boldsymbol{G}^k=T J^k\boldsymbol{T}^{-1}$$

式中，$\boldsymbol{J}$ 为约当标准型矩阵；$\boldsymbol{T}$ 为变换矩阵；$\boldsymbol{G}$ 为约当标准型矩阵 $\boldsymbol{J}$ 的变换矩阵。

例 2-17　线性定常离散系统状态方程

$$x(k+1)=\begin{pmatrix}0 & 1\\ -0.2 & \lambda+0.9\end{pmatrix}x(k)+\begin{pmatrix}1\\1\end{pmatrix}u(k);x(0)=\begin{pmatrix}1\\-1\end{pmatrix}$$

求状态转移矩阵（利用线性变换方法）。

解　求特征值

$$|\lambda\boldsymbol{I}-\boldsymbol{G}|=\begin{vmatrix}\lambda & -1\\ 0.2 & \lambda+0.9\end{vmatrix}=0$$

两个互异特征值$\lambda_1=-0.4$；$\lambda_2=-0.5$。

由于系统矩阵 $\boldsymbol{G}$ 具有友矩阵，即能控标准型，可应用式（2-35）“范德蒙德”变换矩阵 $\boldsymbol{T}$，即取变换矩阵

$$\boldsymbol{T}=\begin{pmatrix}1 & 1\\ \lambda_1 & \lambda_2\end{pmatrix}=\begin{pmatrix}1 & 1\\ -0.4 & -0.5\end{pmatrix}$$

其逆阵

$$T^{-1}=\begin{pmatrix}1 & 1\\ \lambda_1 & \lambda_2\end{pmatrix}^{-1}=\begin{pmatrix}5 & 10\\ -4 & -10\end{pmatrix}$$

得到新的系统矩阵为

$$\tilde{G}=T^{-1}GT=\begin{pmatrix}5 & 10\\ -4 & -10\end{pmatrix}\begin{pmatrix}0 & 1\\ -0.2 & -0.9\end{pmatrix}\begin{pmatrix}1 & 1\\ -0.4 & -0.5\end{pmatrix}=\begin{pmatrix}-0.4 & 0\\ 0 & -0.5\end{pmatrix}$$

于是，新坐标系下的系统状态转移矩阵

$$\tilde{\Phi}(k)=\tilde{G}^k=\begin{pmatrix}-0.4 & 0\\ 0 & -0.5\end{pmatrix}^k=\begin{pmatrix}(0.4)^k & 0\\ 0 & (-0.5)^k\end{pmatrix}$$

则原坐标系下的系统状态转移矩阵

$$\begin{aligned}\Phi(k)=T\tilde{\Phi}(k)T^{-1}&=\begin{pmatrix}1 & 1\\ -0.4 & -0.5\end{pmatrix}\begin{pmatrix}(-0.4)^k & 0\\ 0 & (-0.5)^k\end{pmatrix}\begin{pmatrix}5 & 10\\ -4 & -10\end{pmatrix}\\ &=\begin{pmatrix}5(-0.4)^k-4(-0.5)^k & 10(-0.4)^k-10(-0.5)^k\\ -2(-0.4)^k+2(-0.5)^k & -4(-0.4)^k+5(-0.5)^k\end{pmatrix}\end{aligned}$$

三、系统输出响应

状态方程的解代入式（2-52）中的输出方程，即

$$y(k)=Cx(k)$$

由于输出向量 C 是已知的，所以，极容易求出系统的输出响应。

例 2-18 线性定常离散系统状态空间描述

$$x(k+1)=Gx(k)+Hu(k)$$
$$y(k)=Cx(k)$$

$$G=\begin{pmatrix}0.99 & 0.086\\ -0.172 & 0.733\end{pmatrix};\quad H=\begin{pmatrix}0.0045\\ 0.086\end{pmatrix};\quad C=(1\quad 0);\quad x(0)=0$$

求单位阶跃输入下的输出响应。

解 先求状态解。

用递推方法求解状态方程

$$k=0,\begin{pmatrix}x_1(1)\\ x_2(1)\end{pmatrix}=\begin{pmatrix}0.99 & 0.086\\ -0.172 & 0.733\end{pmatrix}\begin{pmatrix}x_1(0)\\ x_2(0)\end{pmatrix}+\begin{pmatrix}0.0045\\ 0.086\end{pmatrix}u(0)=\begin{pmatrix}0.0045\\ 0.086\end{pmatrix}$$

$$k=1,\begin{pmatrix}x_1(2)\\ x_2(2)\end{pmatrix}=\begin{pmatrix}0.99 & 0.086\\ -0.172 & 0.733\end{pmatrix}\begin{pmatrix}x_1(1)\\ x_2(1)\end{pmatrix}+\begin{pmatrix}0.0045\\ 0.086\end{pmatrix}u(0)=\begin{pmatrix}0.016\\ 0.148\end{pmatrix}$$

$$k=2,\begin{pmatrix}x_1(3)\\ x_2(3)\end{pmatrix}=\begin{pmatrix}0.99 & 0.086\\ -0.172 & 0.733\end{pmatrix}\begin{pmatrix}x_1(2)\\ x_2(2)\end{pmatrix}+\begin{pmatrix}0.0045\\ 0.086\end{pmatrix}u(0)=\begin{pmatrix}0.033\\ 0.192\end{pmatrix}$$

$$\vdots \qquad\qquad\qquad \vdots$$

状态解代入输出方程

$$y(k)=(1\quad 0)x(k)=x_1(k)$$

系统在各采样时刻的输出

$$y(0)=0;\quad y(1)=0.0045;\quad y(2)=0.016;\quad y(3)=0.033,\cdots$$

例 2-19　线性定常离散系统状态空间描述

$$x(k+1)=\begin{pmatrix}0 & 1\\ -0.2 & -0.9\end{pmatrix}x(k)+\begin{pmatrix}1\\1\end{pmatrix}u(k);\ x(0)=\begin{pmatrix}1\\-1\end{pmatrix}$$

$$y(k)=(1\quad 0)x(k)$$

求系统单位阶跃输入下的输出响应。

解　先求系统的状态响应。

用状态转移矩阵求解

$$x(k)=\boldsymbol{\Phi}(k)x(0)+\sum_{i=0}^{k-1}\boldsymbol{\Phi}(k-i-1)Hu(k)$$

由例 2-17 所求出的状态转移矩阵 $\boldsymbol{\Phi}(k)$ 代入

$$x(k)=\begin{pmatrix}5(-0.4)^k-4(-0.5)^k & 10(-0.4)^k-10(-0.5)^k\\ -2(-0.4)^k+2(-0.5)^k & -4(-0.4)^k+5(-0.5)^k\end{pmatrix}\begin{pmatrix}1\\-1\end{pmatrix}$$

$$+\sum_{i=0}^{k-1}\begin{pmatrix}5(-0.4)^{k-i-1}-4(-0.5)^{k-i-1} & 10(-0.4)^k-10(-0.5)^{k-i-1}\\ -2(-0.4)^{k-i-1}+2(-0.5)^{k-i-1} & -4(-0.4)^{k-i-1}+5(-0.5)^{k-i-1}\end{pmatrix}\begin{pmatrix}1\\1\end{pmatrix}$$

$$=\begin{pmatrix}-5(-0.4)^k+6(-0.5)^k\\ 2(-0.4)^k-3(-0.5)^k\end{pmatrix}+\sum_{i=0}^{k-1}\begin{pmatrix}15(-0.4)^{k-i-1}-14(-0.5)^{k-i-1}\\ -6(-0.4)^{k-i-1}+7(-0.5)^{k-i-1}\end{pmatrix}$$

将状态解代入输出方程

$$y(k)=Cx(k)=-5(-0.4)^k+6(-0.5)^k+\sum_{i=0}^{k-1}15(-0.4)^{k-i-1}-14(-0.5)^{k-i-1}$$

令式中 $k=0,1,2,\cdots$，$i=0,1,2,\cdots,k-1$，便可得到各采样时刻的输出系列 $y(0)$，$y(1)$，$y(2)$，…。

习　　题

2-1　系统的状态空间响应分析主要指什么？

2-2　线性定常系统的运动由哪几部分组成？各有什么特点？

2-3　状态转移矩阵的物理含义是什么？主要性质是什么？有多少种计算方法？

2-4　已知系统矩阵，求其特征值及特征向量

(1) $\boldsymbol{A}=\begin{pmatrix}-2 & 1\\ 1 & -2\end{pmatrix}$　(2) $\boldsymbol{A}=\begin{pmatrix}0 & 1 & -1\\ -6 & -11 & 6\\ 6 & -11 & 5\end{pmatrix}$

2-5　已知系统矩阵，至少用两种方法求其状态转移矩阵。

(1) $\boldsymbol{A}=\begin{pmatrix}0 & 1\\ -2 & -3\end{pmatrix}$　(2) $\boldsymbol{A}=\begin{pmatrix}4 & 0 & 0\\ 0 & 3 & 1\\ 0 & 1 & 3\end{pmatrix}$

2-6　判断下列矩阵是否是状态转移矩阵，若不是，说明理由。若是，求其对应的系统矩阵。

(1) $\boldsymbol{\Phi}(t)=\begin{pmatrix}2e^{-t}-e^{-2t} & e^{-t}-3e^{-2t}\\ 2e^{-t}+2e^{-2t} & e^{-t}+e^{-2t}\end{pmatrix}$

(2) $\boldsymbol{\Phi}(t)=\begin{pmatrix}2e^{-t}-e^{-2t} & 2e^{-t}-2e^{-2t}\\ -e^{-t}+e^{-2t} & -e^{-t}+2e^{-2t}\end{pmatrix}$

2-7 求下列系统状态方程的解

(1) $\dot{\boldsymbol{x}}=\begin{pmatrix}1 & 0\\1 & 1\end{pmatrix}\boldsymbol{x}+\begin{pmatrix}1\\1\end{pmatrix}\boldsymbol{u}$，初始条件为 $x_1(0)=1$，$x_2(0)=0$

(2) $\dot{\boldsymbol{x}}=\begin{pmatrix}1 & 0 & 0\\0 & 1 & 0\\0 & 1 & 2\end{pmatrix}$，初始条件为 $x_1(0)=1$，$x_2(0)=0$，$x_3(0)=1$

2-8 已知系统状态方程

$$\dot{\boldsymbol{x}}=\begin{pmatrix}0 & -3\\1 & -4\end{pmatrix}\boldsymbol{x}+\begin{pmatrix}0\\1\end{pmatrix}\boldsymbol{u},\qquad \boldsymbol{x}(0)=\begin{pmatrix}0\\0\end{pmatrix}$$

至少用两种方法求单位阶跃输入时状态方程的解。

2-9 已知系统状态空间方程

$$\dot{\boldsymbol{x}}=\begin{pmatrix}0 & 1\\-5 & -6\end{pmatrix}\boldsymbol{x}+\begin{pmatrix}2\\0\end{pmatrix}u,\qquad \boldsymbol{y}=(1\quad 2)\boldsymbol{x},\qquad \boldsymbol{x}(0)=(0\quad 1)^{\mathrm{T}}$$

求 $\boldsymbol{u}(t)=\mathrm{e}^{-t}$输入时系统的输出。

2-10 已知离散系统状态方程 $\boldsymbol{x}(k+1)=\boldsymbol{G}\boldsymbol{x}$

$$\boldsymbol{G}=\begin{pmatrix}0 & 1\\-0.18 & -1\end{pmatrix},\qquad \boldsymbol{x}(0)=\begin{pmatrix}1\\-1\end{pmatrix}$$

求状态方程的解。

2-11 已知差分方程 $\boldsymbol{y}(k+2)+3\boldsymbol{y}(k+1)+2\boldsymbol{y}(k)=2\boldsymbol{u}(k+1)+3\boldsymbol{u}(k)$，并且 $\boldsymbol{y}(0)=0$，$\boldsymbol{y}(1)=1$，求 $\boldsymbol{u}(k)=\begin{pmatrix}u(0)\\u(1)\end{pmatrix}=\begin{pmatrix}1\\1\end{pmatrix}$时的系统响应。

提示：对应离散状态空间式的相关矩阵。

$$\boldsymbol{G}=\begin{pmatrix}0 & 1\\-2 & -3\end{pmatrix}\qquad \boldsymbol{H}=\begin{pmatrix}0\\1\end{pmatrix}\qquad \boldsymbol{C}=(3\quad 2)$$

第三章 线性系统的能控性与能观测性

系统的能控性与能观测性，属于系统的定性分析问题。能控性，是研究和讨论系统中的状态变量是否能被控制，以便能对系统实施最优控制策略；能观测性，是要回答系统中的状态变量能否从输出量中观测出来，以便能对系统实施状态反馈。因此，在现代控制理论中，它们是两个重要的概念，也是设计最优控制系统和最优估计的理论基础。这两个重要的概念是由卡尔曼（Kalman）在20世纪60年代初提出的。

本章主要介绍线性系统能控性与能观测性的定义，判别系统能控性与能观测性的准则及两者之间的对偶关系；然后介绍和讨论把一般的“能控”、“能观”的状态空间描述变换成“能控标准型”和“能观测标准型”的方法；最后，介绍和分析把不完全能控和不完全能观系统的状态空间表达式进行结构性分解以及系统传递函数最小实现的问题。

第一节 能控性与能观测性的基本概念

一、能控性的基本概念

系统能控性关心的核心问题是，系统的状态变量能否被控制。

图3-1为电阻-电容组成的桥式电路，如果选取电容两端的电压u_C为状态变量，即$x=u_C$。由“电路”课程可知，当$R_1R_4=R_2R_3$时，电桥平衡，电容C两端电位相等，$u_C=0$。而且，无论输入电压$u(t)$如何改变，电容C两端电位始终不变，即始终$u_C=0$。从控制的观点看，就是状态变量x不受输入量$u(t)$的控制，或者说，该电路的状态x是不能控的。

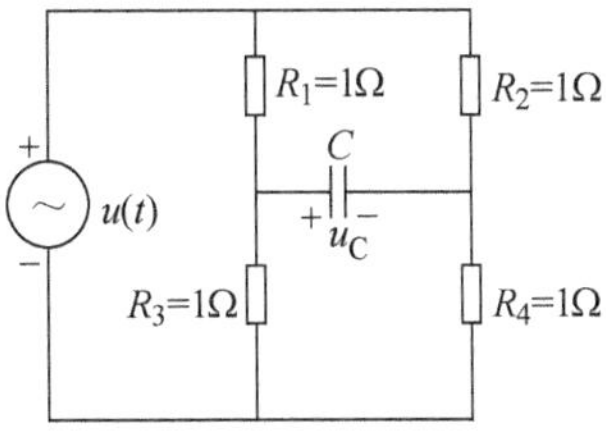

图3-1 *RC*电桥电路

当$R_1R_4\neq R_2R_3$，电桥不平衡时，电容C两端的电位不相等，$u_C\neq0$，而且，电容电压u_C始终跟着输入电压$u(t)$的变化而变化。从控制的观点看，就是状态变量x受输入量$u(t)$的控制，或者说该电路的状态x是能控的。

系统状态不完全能控的模拟结构图，如图3-2所示。图中，系统有两个状态变量x_1，x_2，其中，x_1受控于系统的输入量u，换句话说，输入量u的变化会引起x_1的变化；x_2与系统的输入量无关，或者说x_2不受系统的输入量的控制，因此，该系统状态是不完全能控的。状态不完全能控的系统通常简称为状态不能控系统。

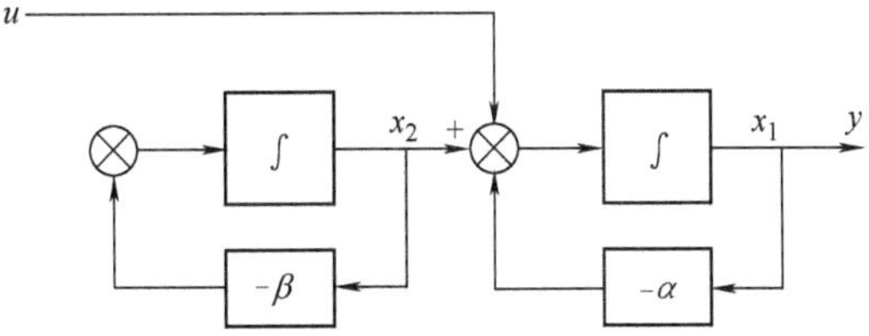

图3-2 不完全能控系统的模拟结构图

图3-3是能控系统的模拟结构图，从图

中可看出，系统的两个状态变量 x_1、x_2 都受控于系统的输入量 u，因此，该系统的状态都是能控的。

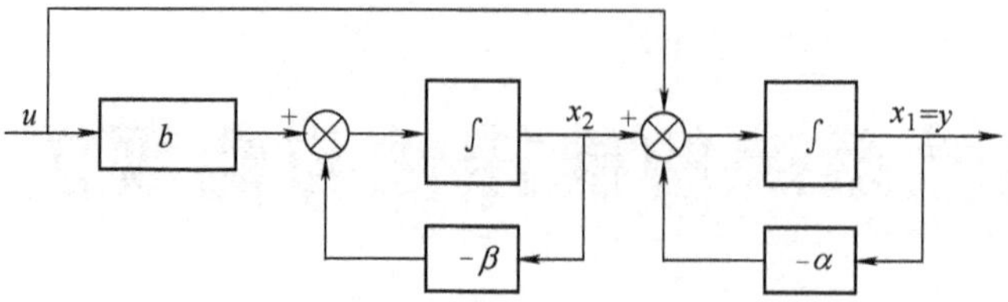

图3-3 能控系统的模拟结构图

从上面的例子可看出，系统的状态是否能控，不但与系统的结构和参数有关，而且还与输入量的作用点也有关。

二、能观测性的基本概念

系统能观测性关心的核心问题是，状态变量 x 能否从输出量 y 中检测出来。

图3-4的 RL 电路中，若选取两个电感上的电流 i_1 和 i_2 分别作为状态变量 x_1、x_2，$u(t)$ 为输入量，$y(t)$ 为输出量。

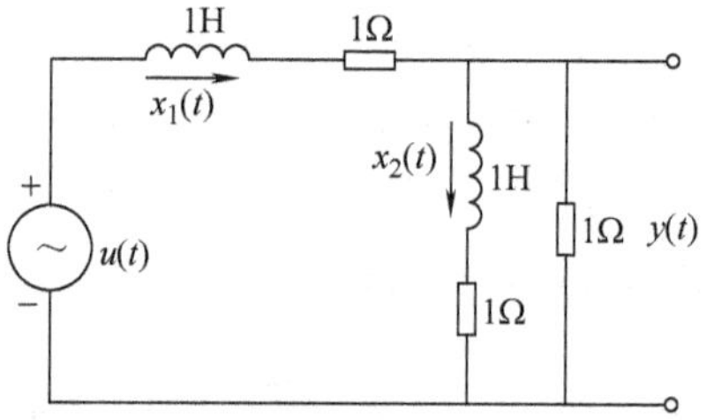

图3-4 RL 电路

根据“电路”知识，用第一章介绍的方法可求出系统的状态空间描述方程为

$$\dot{x}=\begin{pmatrix}-2 & 1\\ 1 & -2\end{pmatrix}x+\begin{pmatrix}1\\0\end{pmatrix}u;\ y=(1\quad -1)x$$

用第二章介绍的方法可求出系统状态转移矩阵

$$e^{At}=\frac{1}{2}\begin{pmatrix}e^{-t}+e^{-3t} & e^{-t}-e^{-3t}\\ e^{-t}-e^{-3t} & e^{-t}+e^{-3t}\end{pmatrix}$$

状态方程的解为

$$x=e^{At}x(0)+\int_0^t e^{A(t-\tau)}bu(t-\tau)d\tau$$

于是，系统输出

$$y=cx=ce^{At}x(0)+c\int_0^t e^{A(t-\tau)}bu(t-\tau)d\tau$$

设电路的初始状态为 $x(0)$。为了便于讨论，令输入 u 为零，只考虑初始状态下系统的输出量可得

$$y=ce^{At}x(0)=[x_1(0)-x_2(0)]e^{-3t}$$

输出 y 表明，它只是与状态间的误差值有关，也就是说，并不能从系统的输出值中确定出各个状态值，因此，电路是不能观测的。

图3-5为一种不完全能观测系统的模拟结构图。从图中看出，系统的输出值完全与第3个状态变量无关，换句话说，不能从系统的输出值中检测出第3个状态变量。

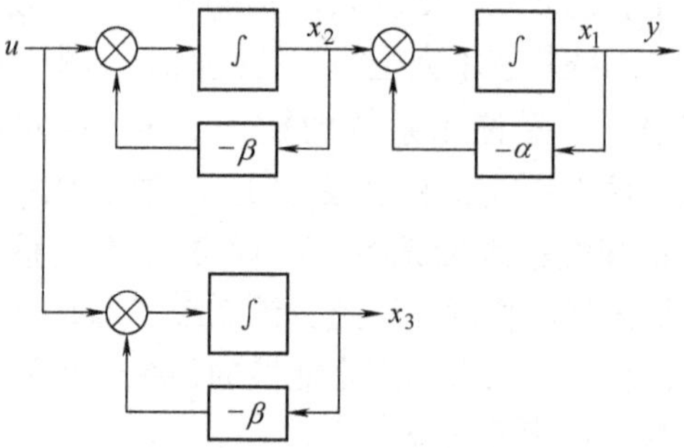

图3-5 一种不完全能观测系统的模拟结构图

第二节　线性定常系统的能控性及其判据

一、状态能控性定义

线性定常系统的状态方程为

$$\dot{x}=Ax+bu$$

如果存在一个分段连续的输入 $u(t)$，能在有限时间 $[t_0,\ t_f]$ 内，使系统由某一初始状态 $x(t_0)$转移到指定的任一终端状态 $x(t_f)$，则称此状态是能控的。如果系统的所有状态都是能控的，则称系统是状态完全能控的，或简称系统是能控的。若其中有一个状态不可控，就称系统是状态不完全能控的，或简称系统是不能控的。

两点说明：

1）对于初始状态，定义中指的是状态空间中的任意坐标点。若初始状态特指是坐标原点，控制的目标是状态空间中的任一终端状态，常称系统是**状态能达**的。要注意的是，对于连续定常系统，系统的能控性和能达性是等价的，就是说，能控的系统一定是能达的，能达的系统一定是能控的，因为，连续系统的状态转移矩阵是非奇异的。

2）为了计算和讨论的方便，常假定初始时刻 $t_0=0$，初始状态的坐标点在状态空间中的 $x(0)$，而终端状态指定为坐标的原点 $x(t_f)=0$。如果控制的终端目标不在坐标原点，完全可以通过坐标平移，使其在新的坐标系下处在坐标原点上，这不会影响结果的正确性。

二、状态能控性判据

线性定常系统**状态**能控性判据，有三种形式：一种是按标准型状态方程的方法去判定；一种是通过线性变换的方法去判定；第三种是根据“能控性矩阵的秩”方法去判定。分述如下：

方法一　具有标准型状态方程的判据

若系统矩阵具有标准型的状态方程，则判定系统状态是否能控的方法比较简单。

判据一　若系统矩阵 $\boldsymbol{A}$ 为对角线型 $\boldsymbol{\Lambda}$ 且特征值互不相同

$$\boldsymbol{\Lambda}=\begin{pmatrix}\lambda_1 & & & 0\\ & \lambda_2 & & \\ & & \ddots & \\ 0 & & & \lambda_n\end{pmatrix}_{n\times n}\qquad \boldsymbol{B}=\begin{pmatrix}B_1\\ B_2\\ \vdots\\ B_l\end{pmatrix}_{n\times r}$$

则系统状态能控的充分必要条件是，对于单输入－单输出系统，输入矩阵 $\boldsymbol{b}$ 没有零元素；对于多输入系统，输入矩阵 $\boldsymbol{B}$ 无全零行。

判据的严格证明从略。只通过如下例加于解释和说明。

若系统状态方程为

$$\dot{x}=\begin{pmatrix}\lambda_1 & 0\\ 0 & \lambda_2\end{pmatrix}x+\begin{pmatrix}b_1\\ b_2\end{pmatrix}u$$

写成微分方程组

$$\dot{x}_1=\lambda_1x_1+b_1u$$

$$\dot{x}_2=\lambda_2x_2+b_2u$$

若 b_1、b_2 均不为0，从微分方程组可看出，$\dot{x}_1$、$\dot{x}_2$ 与输入 u 都有关，即 x_1、x_2 都能受到输

入 u 的控制，该系统是能控的。

若系统状态方程为

$$\dot{x}=\begin{pmatrix}\lambda_1 & 0\\ 0 & \lambda_2\end{pmatrix}x+\begin{pmatrix}0\\ b_2\end{pmatrix}u$$

写成微分方程组

$$\dot{x}_1=\lambda_1 x_1$$
$$\dot{x}_2=\lambda_2 x_2+b_2 u$$

若 $b_1=0$，$b_2\neq 0$，从微分方程组可看出，$\dot{x}_1$ 与输入 u 无关，即 x_1 不能受输入 u 的控制，该系统是不完全能控的，或系统是不能控的。

例 3-1 有如下两个线性定常系统，判断其能控性。

系统 1

$$\dot{x}=\begin{pmatrix}-7 & & 0\\ & -5 & \\ 0 & & -1\end{pmatrix}x+\begin{pmatrix}2\\ 0\\ 9\end{pmatrix}u$$

系统 2

$$\dot{x}=\begin{pmatrix}-7 & & 0\\ & -5 & \\ 0 & & -1\end{pmatrix}x+\begin{pmatrix}0 & 1\\ 4 & 0\\ 7 & 5\end{pmatrix}u$$

解 根据判据一，系统 1 不能控；系统 2 能控。系统 1 的模拟状态结构图如图 3-6 所示。

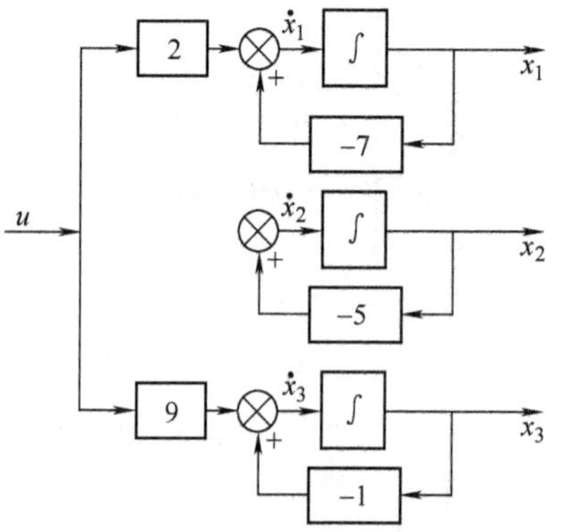

图 3-6 例 3-1 系统 1 的模拟状态结构图

判据二 若系统矩阵 $\boldsymbol{A}$ 为约当型 $\boldsymbol{J}$ 且一个特征值只对应一个约当块

$$\dot{\boldsymbol{x}}=\left(\begin{array}{cc|cc}\lambda_1 & 1 & & \\ 0 & \lambda_1 & \multicolumn{2}{c}{0} \\ \hline & & \lambda_2 & 1\\ \multicolumn{2}{c|}{0} & 0 & \lambda_2\end{array}\right)\begin{pmatrix}x_1\\ x_2\\ \hline x_3\\ x_4\end{pmatrix}+\begin{pmatrix}b_{11} & b_{12}\\ b_{21} & b_{22}\\ \hline b_{31} & b_{32}\\ b_{41} & b_{42}\end{pmatrix}\boldsymbol{u}$$

则系统状态能控的充分必要条件是：

1）输入矩阵 $\boldsymbol{B}$ 中对应于互异的特征值的各行，没有一行的元素全为零。

2）输入矩阵 $\boldsymbol{B}$ 中与每个约当块最后一行相对应的各行，没有一行的元素全为零。通过例子予以说明。

若系统状态方程为

$$\dot{\boldsymbol{x}}=\left(\begin{array}{cc|c}\lambda_1 & 1 & 0\\ & \lambda_1 & 0\\ \hline 0 & 0 & \lambda_2\end{array}\right)x+\begin{pmatrix}0\\ b_2\\ \hline b_3\end{pmatrix}\boldsymbol{u}$$

系统状态是能控的。因为对应的 3 个一阶微分方程中，都含有输入量 u。

若系统状态方程为

$$\dot{\boldsymbol{x}}=\left(\begin{array}{cc|c}\lambda_1 & 1 & 0\\ & \lambda_1 & 0\\ \hline 0 & 0 & \lambda_2\end{array}\right)x+\begin{pmatrix}b_{11} & b_{12}\\ 0 & 0\\ \hline b_{31} & 0\end{pmatrix}\boldsymbol{u}$$

输入矩阵 $\boldsymbol{B}$ 中出现全零行，系统状态是不能控的。实际上，对应的 3 个一阶微分方程中，有不含输入量 u 的。

判据三 若系统的状态方程是能控标准型，即

$$\begin{pmatrix} \dot{x}_1 \\ \dot{x}_2 \\ \vdots \\ \dot{x}_n \end{pmatrix} = \begin{pmatrix} 0 & 1 & 0 & 0 & \cdots & 0 \\ 0 & 0 & 1 & 0 & \cdots & 0 \\ \vdots & \vdots & \vdots & \vdots & & \vdots \\ 0 & 0 & 0 & 0 & \cdots & 1 \\ -a_0 & -a_1 & -a_2 & -a_3 & \cdots & -a_{n-1} \end{pmatrix} \begin{pmatrix} x_1 \\ x_2 \\ \vdots \\ x_n \end{pmatrix} + \begin{pmatrix} 0 \\ 0 \\ \vdots \\ 0 \\ 1 \end{pmatrix} \boldsymbol{u}$$

则系统一定是状态能控的。

方法二 通过线性变换方法的判据

第二章指出，线性变换不会改变系统特征值，实际上也不会改变系统能控性的条件。因此，对于一般的系统，设状态方程为

$$\dot{\boldsymbol{x}} = \boldsymbol{A}\boldsymbol{x} + \boldsymbol{B}\boldsymbol{u} \tag{3-1}$$

若系统矩阵 $\boldsymbol{A}$ 的特征值互异，则一定可以选取变换矩阵 $\boldsymbol{T}$，并令 $\boldsymbol{x} = \boldsymbol{T}\boldsymbol{z}$，可使式（3-1）的系统矩阵 $\boldsymbol{A}$ 变换为对角线 $\boldsymbol{\Lambda}$ 型，变换后的状态方程为

$$\dot{\boldsymbol{z}} = \boldsymbol{\Lambda}\boldsymbol{z} + \boldsymbol{T}^{-1}\boldsymbol{B}\boldsymbol{u} \tag{3-2}$$

判据四 若系统矩阵 $\boldsymbol{A}$ 的特征值互异，通过线性变换变成式（3-2）的形式，则系统状态能控的充分必要条件是，控制矩阵 $\boldsymbol{T}^{-1}\boldsymbol{B}$ 的各行没有 0 元素。对于多输入系统，控制矩阵 $\boldsymbol{T}^{-1}\boldsymbol{B}$ 的各行元素没有全为 0 的。

若系统矩阵 $\boldsymbol{A}$ 的特征值有相异也有相同的，则一定可以选取一变换矩阵 $\boldsymbol{T}$，并令 $\boldsymbol{x} = \boldsymbol{T}\boldsymbol{z}$，可使式（3-1）系统矩阵 $\boldsymbol{A}$ 变换成约当 J 型，变换后的状态方程为

$$\dot{\boldsymbol{z}} = \boldsymbol{J}\boldsymbol{z} + \boldsymbol{T}^{-1}\boldsymbol{B}\boldsymbol{u} \tag{3-3}$$

判据五 若系统矩阵 $\boldsymbol{A}$ 的特征值有相异也有相同时，先通过线性变换变成式（3-3）的形式，则系统状态能控的充分必要条件是

1）控制矩阵 $\boldsymbol{T}^{-1}\boldsymbol{B}$ 中对应于互异特征值的部分，它的各行元素，没有全为 0 的。

2）控制矩阵 $\boldsymbol{T}^{-1}\boldsymbol{B}$ 中对应于相同特征值的部分，它与每个约当块最后一行相对应的一行的元素，没有全为 0 的。

例 3-2 有如下两个线性定常系统，判断其能控性。

系统 1

$$\dot{x} = \begin{pmatrix} -4 & 1 & 0 \\ 0 & -4 & 0 \\ 0 & 0 & -2 \end{pmatrix} x + \begin{pmatrix} 0 \\ 4 \\ 3 \end{pmatrix} \boldsymbol{u}$$

系统 2

$$\dot{x} = \begin{pmatrix} -4 & 1 & 0 \\ 0 & -4 & 0 \\ 0 & 0 & -2 \end{pmatrix} x + \begin{pmatrix} 4 & 2 \\ 0 & 0 \\ 3 & 0 \end{pmatrix} \boldsymbol{u}$$

解 根据判据五，系统 1 能控；系统 2 不能控。

方法三 “能控性矩阵秩”判据

能控性矩阵秩判据，是直接通过系统矩阵 $\boldsymbol{A}$ 和输入矩阵 $\boldsymbol{b}$ 构造一个新矩阵 $\boldsymbol{M}$，常称新矩阵 $\boldsymbol{M}$ 为能控性矩阵

$$M=(B,AB,A^2B,\cdots,A^{n-1}B) \tag{3-4}$$

判据六 设 n 阶系统状态方程

$$\dot{x}=Ax+Bu$$

式中，x 为 n 维状态向量；A 为 $n\times n$ 系统矩阵；B 为 $n\times r$ 输入矩阵；u 为 r 维输入向量。

则系统状态能控的充分必要条件是，由 A 和 B 构成的能控性矩阵式（3-4），即

$$M=(B,AB,A^2B,\cdots,A^{n-1}B)$$

为满秩，即 $\mathrm{rank}M=n$。否则，$\mathrm{rank}M<n$ 时，系统状态不能控，简称系统不能控。

证明 由第二章式（2-14），状态方程的解为

$$x(t)=\mathrm{e}^{At}x(0)+\int_0^t \mathrm{e}^{A(t-\tau)}Bu(\tau)\mathrm{d}\tau \tag{3-5}$$

不失一般性，假定系统由初始状态 $x(0)$ 能被控制到坐标原点，即 $x(t_\mathrm{f})=0$。式（3-5）可写成

$$0=\mathrm{e}^{At_\mathrm{f}}x(0)+\int_0^{t_\mathrm{f}} \mathrm{e}^{A(t_\mathrm{f}-\tau)}Bu(\tau)\mathrm{d}\tau$$

或

$$x(0)=-\int_0^{t_\mathrm{f}} \mathrm{e}^{-A\tau}Bu(\tau)\mathrm{d}\tau \tag{3-6}$$

根据凯莱-哈密顿定理有

$$\mathrm{e}^{A\tau}=\sum_{m=0}^{n-1}\alpha_m(\tau)A^m \tag{3-7}$$

把式（3-7）代入式（3-6）

$$x(0)=-\sum_{m=0}^{n-1}A^mB\int_0^{t_\mathrm{f}}\alpha_m(-\tau)u(\tau)\mathrm{d}\tau \tag{3-8}$$

由于 t_f 是一个确定的时间，所以式（3-8）中的积分是个定积分，对于不同的 α_m 总有一积分值，设积分值为

$$\int_0^{t_\mathrm{f}}\alpha_m(-\tau)u(\tau)\mathrm{d}\tau=u_m \qquad m=0,1,2,\cdots,n-1 \tag{3-9}$$

因 $u(\tau)$ 为向量，故 u_m 也为向量

$$u_m=\begin{pmatrix}u_{m1}\\u_{m2}\\ \vdots\\u_{mp}\end{pmatrix} \tag{3-10}$$

于是，式（3-8）可写成为

$$x(0)=-\sum_{m=0}^{n-1}A^mBu_m$$

用矩阵形式表示：

$$x(0)=-(B\quad AB\quad A^2B\quad\cdots\quad A^{n-1}B)\begin{pmatrix}u_0\\u_1\\ \vdots\\u_{n-1}\end{pmatrix}=-Mu \tag{3-11}$$

式（3-11）中，$x(0)$ 是 n 维向量，方程组中应有 n 个方程，因此，应有 n 个待求的未知量 u。若矩阵 M 中有 n 个线性无关的列向量，即矩阵 M 的秩为满秩时，则式（3-11）一

定有解，一定能找到 u_0，u_1，…，u_{n-1}，使系统在有限时间间隔（$t_f \sim 0$）内，从初始状态 $\boldsymbol{x}(0)$转移到 $\boldsymbol{x}(t_f)=0$。所以，系统完全能控的条件是能控性矩阵

$$\boldsymbol{M}=(\boldsymbol{B}\quad \boldsymbol{AB}\quad \boldsymbol{A}^2\boldsymbol{B}\quad \cdots\quad \boldsymbol{A}^{n-1}\boldsymbol{B})$$

的秩为 n，即 $\mathrm{rank}\boldsymbol{M}=n$。

证毕。

例 3-3　判别如下系统的能控性：

$$\begin{pmatrix}\dot{x}_1\\ \dot{x}_2\\ \dot{x}_3\end{pmatrix}=\begin{pmatrix}-1 & -2 & -2\\ 0 & -1 & 1\\ 1 & 0 & -1\end{pmatrix}\begin{pmatrix}x_1\\ x_2\\ x_3\end{pmatrix}+\begin{pmatrix}2\\ 0\\ 1\end{pmatrix}\boldsymbol{u}$$

解　构造能控性矩阵：

$$\boldsymbol{b}=\begin{pmatrix}2\\ 0\\ 1\end{pmatrix},\ \boldsymbol{Ab}=\begin{pmatrix}-1 & -2 & -2\\ 0 & -1 & 1\\ 1 & 0 & -1\end{pmatrix}\begin{pmatrix}2\\ 0\\ 1\end{pmatrix}=\begin{pmatrix}-4\\ 1\\ 1\end{pmatrix}$$

$$\boldsymbol{A}^2\boldsymbol{b}=\begin{pmatrix}-1 & -2 & -2\\ 0 & -1 & 1\\ 1 & 0 & -1\end{pmatrix}\begin{pmatrix}-4\\ 1\\ 1\end{pmatrix}=\begin{pmatrix}0\\ 0\\ -5\end{pmatrix}$$

能控性矩阵的秩：

$$\mathrm{rank}\boldsymbol{M}=\mathrm{rank}\begin{pmatrix}2 & -4 & 0\\ 0 & 1 & 0\\ 1 & 1 & -5\end{pmatrix}=3$$

因为 $n=3$，能控性矩阵的秩也等于 3，满秩，故系统的状态完全可控。

例 3-4　设系统状态方程为

$$\dot{\boldsymbol{x}}=\begin{pmatrix}0 & 1\\ -1 & a\end{pmatrix}x+\begin{pmatrix}1\\ b\end{pmatrix}\boldsymbol{u}$$

若要求系统状态可控，试求 a、b 的值。

解　构造能控性矩阵

$$\boldsymbol{M}=(\boldsymbol{b}\quad \vdots\quad \boldsymbol{Ab})=\begin{pmatrix}1 & \boldsymbol{b}\\ \boldsymbol{b} & \boldsymbol{ab}-1\end{pmatrix}$$

令

$$|\boldsymbol{M}|=\boldsymbol{ab}-1-\boldsymbol{b}^2\neq 0$$

即可满足可控性条件，于是有

$$\boldsymbol{a}\neq \boldsymbol{b}+\frac{1}{\boldsymbol{b}}$$

通过上面的介绍和讨论，有如下结论：

1）系统的能控性，是由状态方程中的系统矩阵 $\boldsymbol{A}$ 和输入矩阵 $\boldsymbol{B}$ 决定的。由于系统矩阵 $\boldsymbol{A}$ 是由系统的结构和参数决定的，而输入矩阵 $\boldsymbol{B}$ 是与控制信号的作用点有关，所以，换句话说，系统的能控性，完全由系统的结构、参数以及控制信号作用点来决定。

2）在系统矩阵 $\boldsymbol{A}$ 为对角线标准型时，若输入矩阵 $\boldsymbol{B}$ 出现全0行，则与之对应的是不含输入量 u 的齐次微分方程，这就意味着该状态变量不可能在有限时间内衰减到零状态，系统是不能控的。

3）在系统矩阵 $\boldsymbol{A}$ 为约当标准型时，由于前一个状态总是受下一个状态的控制，所以，只有当输入矩阵 $\boldsymbol{B}$ 中相应于约当块的最后一行的元素出现全0时，则与之对应的是不含输入 u 的一齐次微分程，也就意味着该状态不受输入 u 的控制，因此，系统是不能控的。

三、输出能控性及其判据

系统输出能控性所关心的问题是，系统的输入量对系统输出量的控制能力如何。对于线性定常系统

$$\dot{x} = \boldsymbol{A}\boldsymbol{x} + \boldsymbol{B}\boldsymbol{u}$$
$$y = \boldsymbol{C}\boldsymbol{x}$$

式中，$\boldsymbol{x}$ 为 n 维状态向量；$\boldsymbol{A}$ 为 $n\times n$ 系统矩阵；$\boldsymbol{B}$ 为 $n\times r$ 输入矩阵；$\boldsymbol{u}$ 为 r 维输入向量；$\boldsymbol{y}$ 为 m 维输出向量；$\boldsymbol{C}$ 为 $m\times n$ 维输出矩阵。

如果存在控制作用 $u(t)$，能在有限时 $[t_0, t_f]$ 内，使给定的任一系统初始输出 $y(t_0)$ 转移到指定的任一终端输出 $y(t_f)$，则称系统输出是完全能控的。简称系统输出能控。

可以证明，当下面输出能控性矩阵

$$\boldsymbol{Q} = (\boldsymbol{CB} \quad \boldsymbol{CAB} \quad \boldsymbol{CA}^2\boldsymbol{B} \quad \cdots \quad \boldsymbol{CA}^{n-1}\boldsymbol{B}) \tag{3-12}$$

的秩等于 m，即 $\mathrm{rank}\boldsymbol{Q} = m$ 时，系统输出是完全能控的。

例 3-5 已知系统

$$\dot{\boldsymbol{x}} = \begin{pmatrix} -2 & 2 \\ 0 & 3 \end{pmatrix}\boldsymbol{x} + \begin{pmatrix} 1 \\ 0 \end{pmatrix}\boldsymbol{u}$$
$$\boldsymbol{y} = (1 \quad -0)\boldsymbol{x}$$

分析系统的状态能控性和输出能控性。

解 系统的状态能控性矩阵

$$\boldsymbol{M} = (\boldsymbol{b} \quad \boldsymbol{Ab}) = \begin{pmatrix} 1 & -2 \\ 0 & 0 \end{pmatrix}$$

因为 $n=2$，$\mathrm{rank}\boldsymbol{M} = 1 < 2$，所以，系统的状态不完全能控。

系统的输出能控性矩阵

$$\boldsymbol{Q} = (\boldsymbol{cb} \quad \boldsymbol{cAb}) = (1 \quad -2)$$

因为 $m=1$，$\mathrm{rank}\boldsymbol{Q} = 1$，所以，系统的输出完全能控。

第三节　线性定常系统的能观测性及其判据

控制系统大多采用反馈控制方式，在现代控制理论中，其反馈信息是由系统的状态变量组合而成。但并非所有的系统的状态变量在物理上都能测取到，于是提出能否通过对输出的测量获得全部状态变量的信息，这便是系统的能观测问题。

能观测性是研究状态和输出量的关系，即通过对输出量在有限时间内的测量，能否把系统的状态识别出来。实质上，可归结为对初始状态的识别问题。

一、能观测性的定义

设线性定常系统的状态空间描述为

$$\begin{aligned} \dot{\boldsymbol{x}} &= \boldsymbol{A}\boldsymbol{x} + \boldsymbol{B}\boldsymbol{u} \qquad \boldsymbol{x} \in R^n,\ \boldsymbol{u} \in R^r \\ \boldsymbol{y} &= \boldsymbol{C}\boldsymbol{x} \qquad\qquad\quad \boldsymbol{y} \in R^m \end{aligned}$$

如果对任意给定的输入 $\boldsymbol{u}(t)$ 存在一有限观测时间 $t_f > t_0$，使得根据 $[t_0,\ t_f]$ 期间的输出 $\boldsymbol{y}(t)$，能惟一地确定系统在初始时刻 t_0 的初始状态 $\boldsymbol{x}(t_0)$，则称初始状态 $\boldsymbol{x}(t_0)$ 是能观测的。因而状态 $\boldsymbol{x}(t)$ 也就是能观测的，若系统的每一状态都是能观测的，则称系统是状态完全能观测的，或简称系统是能观测的。

现对上述定义作如下几点说明：

1）在定义中之所以把能观测性规定为对初始状态的观测，是因为一旦确定了初始状态，便可根据给定控制输入，利用状态转移方程

$$\boldsymbol{x}(t) = \boldsymbol{\phi}(t - t_0)\boldsymbol{x}(t_0) + \int_{t_0}^{t} \boldsymbol{\phi}(t - \tau)\boldsymbol{B}\boldsymbol{u}(\tau)\mathrm{d}\tau$$

求出各个瞬时的状态。

2）能观测性表示的是 $\boldsymbol{y}(t)$ 反映状态向量 $\boldsymbol{x}(t)$ 的能力，与控制作用没有直接的关系，所以在分析能观测问题时，不妨令 $\boldsymbol{u} \equiv 0$，这样只需从齐次状态方程和输出方程出发进行分析，也可用符号 $\Sigma(\boldsymbol{A},\ \boldsymbol{C})$ 表示。

3）从输出方程可以看出，如果输出 $\boldsymbol{y}$ 的维数等于状态 $\boldsymbol{x}$ 的维数，即 $m = n$，并且 $\boldsymbol{C}$ 阵是非奇异的，则求解状态是十分简单的，只需将输出方程

$$\boldsymbol{y}(t) = \boldsymbol{C}\boldsymbol{x}(t)$$

两边左乘以 $\boldsymbol{C}^{-1}$，即得任意时刻 t 的状态

$$\boldsymbol{x}(t) = \boldsymbol{C}^{-1}\boldsymbol{y}(t)$$

显然，这是不需要观测时间的。可是在一般情况下，输出量的维数总是小于状态变量的个数，即 $m < n$，为了能惟一地求出 n 个状态变量，不得不在不同的时刻测量几组输出数据 $\boldsymbol{y}(t_0)$，$\boldsymbol{y}(t_1)$，…，$\boldsymbol{y}(t_f)$，使之能构成 n 个方程式。倘若 t_0，t_1，…，t_f 相隔太近，则 $\boldsymbol{y}(t_0)$，$\boldsymbol{y}(t_1)$，…，$\boldsymbol{y}(t_f)$ 的数值可能相差无几，上述 n 个方程即使在结构上是独立的，其独立性也会被破坏。因此，在能观测性定义中，需要观测时间 $t_f \geqslant t_0$。

二、能观测性判据

能观测判据也有两种方法：一种是对系统进行坐标变换，将系统的状态空间描述变换为约当标准型，然后根据标准型下的 $\boldsymbol{C}$ 阵，判别其能观测性；另一种方法是直接根据 $\boldsymbol{A}$ 阵和 $\boldsymbol{C}$ 阵进行判据。

1. 约当标准型判据

现分两种情况叙述如下：

（1）$\boldsymbol{A}$ 为对角线矩阵

状态方程

$$\dot{\boldsymbol{x}} = \begin{pmatrix} \lambda_1 & & & \\ & \lambda_2 & & \\ & & \ddots & \\ & & & \lambda_n \end{pmatrix} \boldsymbol{x}$$

$$y = Cx$$

系统完全能观测的充分必要条件是 $\boldsymbol{C}$ 阵不包含元素全为零的列。

（2）$\boldsymbol{A}$ 为约当标准型矩阵

状态方程为

$$\dot{x} = Jx \qquad x \in R^n$$
$$y = Cx \qquad y \in R^m$$

$\boldsymbol{A}$ 的特征根 $\lambda_1(\sigma_1$ 重$)$，$\lambda_2(\sigma_2$ 重$)$，…，$\lambda_l(\sigma_l$ 重$)$

且 $$\sigma_1 + \sigma_2 + \cdots + \sigma_l = n$$

$$\underset{(n\times n)}{J} = \begin{pmatrix} J_1 & & & \\ & J_2 & & \\ & & \ddots & \\ & & & J_l \end{pmatrix}, \quad \underset{(m\times n)}{C} = (C_1 \quad C_2 \quad \cdots \quad C_l)$$

上式中

$$J_i = \begin{pmatrix} \lambda_i & 1 & & \\ & \lambda_i & \ddots & \\ & & \ddots & 1 \\ & & & \lambda_i \end{pmatrix}, \quad \underset{(m\times \sigma_i)}{C_i} = (C_{i1} \quad C_{i2} \quad \cdots \quad C_{i\sigma_i})$$

$$(i = 1, 2, \cdots, l)$$

系统完全能观测的充分必要条件是 $\boldsymbol{C}_{i1}(i=1, 2, \cdots, l)$ 不包含元素全为零的列。即在 $\boldsymbol{C}$ 阵中，对应于每个约当块的第1列的元素不全为零。

对一般形式的系统，与能控性一样，可先变换成约当标准型，再作判别。

这里要指出的是，与能控性判别的情况一样，当相重特征根不对应单一约当块时，对多输出系统，若与相重特征根的每个约当块相对应的 $\boldsymbol{C}$ 阵中那些首列均为列线性无关时，该特征根所对应的状态为能观测的。

2. 秩判据

线性定常系统

$$\begin{cases} \dot{x} = Ax & x(t_0) = x_0 \\ y = Cx \end{cases} \tag{3-13}$$

其能观测的充分必要条件是由 $\boldsymbol{A}$、$\boldsymbol{C}$ 构成的能观测性判别矩阵

$$N = \begin{pmatrix} C \\ CA \\ \vdots \\ CA^{n-1} \end{pmatrix}$$

满秩，即 $$\mathrm{rank}N = n$$

证明 由式（3-13）解得

$$x(t) = \phi(t - t_0)x_0$$

从式(3-8)，有

$$\boldsymbol{\phi}(t-t_0)=\sum_{j=0}^{n-1}\beta_j(t-t_0)\boldsymbol{A}^j$$

其中

$$\beta_j(t-t_0)=\sum_{R=0}^{\infty}\alpha_{jk}\frac{1}{k!}(t-t_0)^k$$

于是

$$\boldsymbol{y}(t)=\boldsymbol{Cx}(t)=\sum_{j=0}^{n-1}\beta_j(t-t_0)\boldsymbol{CA}^j\boldsymbol{x}_0$$

$$=(\beta_0 I\quad \beta_0 I\quad \cdots\quad \beta_{n-1}I)\begin{pmatrix}\boldsymbol{C}\\ \boldsymbol{CA}\\ \vdots\\ \boldsymbol{CA}^{n-1}\end{pmatrix}\boldsymbol{x}_0 \tag{3-14}$$

因此，根据在时间区间 $t_0\leqslant t\leqslant t_f$ 测量到的 $\boldsymbol{y}(t)$，要能从式(3-14)唯一地确定 $\boldsymbol{x}_0$，即完全能观测的充分必要条件是 $nm\times n$ 矩阵

$$\boldsymbol{N}=\begin{pmatrix}\boldsymbol{C}\\ \boldsymbol{CA}\\ \vdots\\ \boldsymbol{CA}^{n-1}\end{pmatrix}$$

的秩为 n。判据得证。

能观测性判别矩阵 $\boldsymbol{N}$ 或称为$(\boldsymbol{A},\ \boldsymbol{C})$对，当 $\boldsymbol{N}$ 满秩时，则称$(\boldsymbol{A},\ \boldsymbol{C})$为能观测性矩阵对，也可写成

$$\boldsymbol{N}^{\mathrm{T}}=(\boldsymbol{C}^{\mathrm{T}}\quad \boldsymbol{A}^{\mathrm{T}}\boldsymbol{C}^{\mathrm{T}}\quad \cdots\quad (\boldsymbol{A}^{\mathrm{T}})^{n-1}\boldsymbol{C}^{\mathrm{T}})$$

例 3-6　判别下列系统的能观测性

(1)

$$\dot{\boldsymbol{x}}=\begin{pmatrix}-7&0&0\\0&-2&0\\0&0&1\end{pmatrix}\boldsymbol{x}$$

$$\boldsymbol{y}=\begin{pmatrix}4&0&7\\0&3&1\end{pmatrix}\boldsymbol{x}$$

(2)

$$\dot{\boldsymbol{x}}=\left(\begin{array}{cc|cc|c}-2&1&&&\\0&-2&&&\\\hline&&3&1&\\&&0&3&\\\hline&&&&-4\end{array}\right)\boldsymbol{x}$$

$$\boldsymbol{y}=\left(\begin{array}{cc|cc|c}0&1&2&0&0\\0&0&1&0&3\\0&0&3&0&0\end{array}\right)\boldsymbol{x}$$

解 (1)系统为能观测;(2)系统为不能观测。

例 3-7 给定系统的动态方程为

$$\dot{\boldsymbol{x}}=\begin{pmatrix}4 & 1\\ 0 & -5\end{pmatrix}\boldsymbol{x}$$

$$y=(0 \quad -6)\boldsymbol{x}$$

试判别它的能观测性。

解 系统的能观测性判别矩阵为

$$\boldsymbol{N}=\begin{pmatrix}\boldsymbol{c}\\ \boldsymbol{cA}\end{pmatrix}=\begin{pmatrix}0 & -6\\ 0 & 30\end{pmatrix}$$

显然,$\text{rank}\boldsymbol{N}=1<n=2$,故系统不能观测。

例 3-8 试以三阶能观测标准型的系统为例,说明它必定是能观测的。

解 三阶能观测标准型

$$\dot{\boldsymbol{x}}=\begin{pmatrix}0 & 0 & -a_0\\ 1 & 0 & -a_1\\ 0 & 1 & -a_2\end{pmatrix}\boldsymbol{x}$$

由

$$y=(0 \quad 0 \quad 1)\boldsymbol{x}$$

$$\boldsymbol{cA}=(0 \quad 1 \quad -a_2)$$

$$\boldsymbol{cA}^2=(1 \quad -a_2 \quad -a_1+a_2^2)$$

得

$$\boldsymbol{N}=\begin{pmatrix}\boldsymbol{c}\\ \boldsymbol{cA}\\ \boldsymbol{cA}^2\end{pmatrix}=\begin{pmatrix}0 & 0 & 1\\ 0 & 1 & -a_2\\ 1 & -a_2 & -a_1+a_2^2\end{pmatrix}$$

显然,三角形矩阵 $\boldsymbol{N}$,不管 a_1、a_2 为何值,其秩均为 3,故系统总是能观测的。

第四节 离散系统的能控性与能观测性

一、离散系统的能控性

1. 离散系统的能控性定义

对于 n 阶线性定常离散系统

$$\boldsymbol{x}(k+1)=\boldsymbol{Gx}(k)+\boldsymbol{Hu}(k) \qquad \boldsymbol{u}\in R^r \tag{3-15}$$

若存在一控制作用序列 $\boldsymbol{u}(0)$, $\boldsymbol{u}(1)$, …, $\boldsymbol{u}(l)$ $(l\leqslant n)$ 能将某个任意初始状态 $\boldsymbol{x}(0)=\boldsymbol{x}_0$ 在第 l 步上到达零状态,即 $\boldsymbol{x}(l)=0$,则称此状态是能控的。若系统所有状态都是能控的,则称此系统是状态完全能控的,或简称系统是能控的。

2. 离散系统的能控性判据

线性定常离散系统(3-15)为完全能控的充分必要条件是其能控性判别矩阵

$$\boldsymbol{M}=(\boldsymbol{H} \quad \boldsymbol{GH} \quad \boldsymbol{G}^2\boldsymbol{H} \quad \cdots \quad \boldsymbol{G}^{n-1}\boldsymbol{H}) \tag{3-16}$$

满秩,即

$$\text{rank}\boldsymbol{M}=n$$

证明 离散系统状态方程求解公式为

$$x(k)=G^kx(0)+\sum_{j=0}^{k-1}G^{k-j-1}Hu(j) \tag{3-17}$$

设在第 l 步上能使初始状态 $x(0)$ 转移到零，于是式(3-17)便可写成

$$0=G^lx(0)+\sum_{j=0}^{l-1}G^{l-j-1}Hu(j)$$

即
$$G^lx(0)=-\sum_{j=0}^{l-1}G^{l-j-1}Hu(j)=-[Hu(l-1)+GHu(l-2)+\cdots+G^{l-1}Hu(0)]$$

写成矩阵形式

$$(H\quad GH\quad\cdots\quad G^{l-1}H)\begin{pmatrix}u(l-1)\\u(l-2)\\\vdots\\u(0)\end{pmatrix}=-G^lx(0) \tag{3-18}$$

这是一个非齐次线性方程，由线性方程解的存在性定理知，欲从式(3-18)中解出控制矢量序列 $u(0),u(1),\cdots,u(l)$ 的充分必要条件是该方程的矩阵 $(H\quad GH\quad\cdots\quad G^{l-1}H)$ 的秩等于 n，即

$$\text{rank}M=\text{rank}(H\quad GH\quad\cdots\quad G^{l-1}H)=n \tag{3-19}$$

上面推导表明，欲使系统的任意初始状态 $x(0)$ 在第 l 步上转移到零状态，其状态方程的 G、H 阵满足式(3-19)的条件。

对于单输入系统，H 是 $n\times1$ 矩阵，故使式(3-19)成立的 l 值必须大于或等于 n。但是可以证明，对于单输入离散系统，若不能使初始状态在第 n 步上转移到零，则在第 n 步以后的各步上也不能转移到零。于是，式(3-19)中的 l 应等于 n。

对于输入多系统，其能控判别矩阵 M 是一个 $n\times rl$ 矩阵，使此 $n\times rl$ 维矩阵的秩等于 n，其 l 值将取决于 H 阵的秩：若 $\text{rank}H=1$，则多输入系统和单输入系统一样，$l=n$；若 $\text{rank}H>1$，使满足式(3-19)的 l 值可以小于 n。考虑到上述两种情况，统一规定 $l=n$。

例 3-9 已知离散系统状态方程为

$$x(k+1)=\begin{pmatrix}1&0&0\\0&2&-2\\-1&1&0\end{pmatrix}x(k)+\begin{pmatrix}1\\2\\1\end{pmatrix}u(k)$$

试判别其能控性。

解 按式(3-16)构造能控性判别矩阵

$$M=(h\quad Gh\quad G^2h)=\begin{pmatrix}1&1&1\\2&2&2\\1&1&1\end{pmatrix}$$

显然，$\text{rank}M=1<n=3$，所有系统是不能控的。

例 3-10 已知离散系统的 (G,H) 阵为

$$G=\begin{pmatrix}1&2&-1\\0&1&0\\1&0&3\end{pmatrix},\quad H=\begin{pmatrix}1&0\\0&1\\0&0\end{pmatrix}$$

试判别其能控性。

解 首先计算

$$GH=\begin{pmatrix}1&2&-1\\0&1&0\\1&0&3\end{pmatrix}\begin{pmatrix}1&0\\0&1\\0&0\end{pmatrix}=\begin{pmatrix}1&2\\0&1\\1&0\end{pmatrix}$$

$$G^2H=G\cdot GH=\begin{pmatrix}1&2&-1\\0&1&0\\1&0&3\end{pmatrix}\begin{pmatrix}1&2\\0&1\\1&0\end{pmatrix}=\begin{pmatrix}0&4\\0&1\\4&2\end{pmatrix}$$

于是

$$M=(H\quad GH\quad G^2H)=\begin{pmatrix}1&0&1&2&0&4\\0&1&0&1&0&1\\0&0&1&0&4&2\end{pmatrix}$$

$\mathrm{rank}\boldsymbol{M}=3$ 满秩，故系统是能控的。

在多输入系统中，能控性判别矩阵 $\boldsymbol{M}$ 是一个 $n\times nr$ 矩阵，有时并不需要对整个 $\boldsymbol{M}$ 阵检验其秩，可以对 $(\boldsymbol{G}\quad \boldsymbol{GH})$，$(\boldsymbol{G}\quad \boldsymbol{GH}\quad \boldsymbol{G}^2\boldsymbol{H})$，…，按顺序逐步检查其秩，一旦其秩达到 n，即可停止，且步数可以作为能控性的一种指标。对于本例，只取前两步就够了。

二、离散系统的能观测性

1. 离散系统的能观测性定义

对于线性定常离散系统

$$\begin{cases}\boldsymbol{x}(k+1)=\boldsymbol{G}\boldsymbol{x}(k)\\ \boldsymbol{y}(k)=\boldsymbol{C}\boldsymbol{x}(k)\qquad \boldsymbol{y}\in R^m\end{cases}\tag{3-20}$$

若能够根据在有限个采样瞬间上量测到的 $\boldsymbol{y}(k)$，即 $\boldsymbol{y}(0)$，$\boldsymbol{y}(1)$，…，$\boldsymbol{y}(l)$，可以唯一确定出系统的任意初始状态 $\boldsymbol{x}(0)$，则称系统是状态能观测的。

2. 离散系统的能观测性判别

线性定常离散系统式(3-20)完全能观测的充分必要条件是能观测判别矩阵

$$\boldsymbol{N}=\begin{pmatrix}\boldsymbol{C}\\ \boldsymbol{CG}\\ \boldsymbol{CG}^2\\ \vdots\\ \boldsymbol{CG}^{n-1}\end{pmatrix}\tag{3-21}$$

的秩为 n，即

$$\mathrm{rank}\boldsymbol{N}=n$$

证明 根据状态方程的求解公式，从 $0\sim n-1$ 各采样瞬时的观测值为

$$\begin{aligned}\boldsymbol{y}(0)&=\boldsymbol{Cx}(0)\\ \boldsymbol{y}(1)&=\boldsymbol{Cx}(1)=\boldsymbol{CGx}(0)\\ \boldsymbol{y}(2)&=\boldsymbol{Cx}(2)=\boldsymbol{CG}^2\boldsymbol{x}(0)\\ &\vdots\\ \boldsymbol{y}(n-1)&=\boldsymbol{Cx}(n-1)=\boldsymbol{CG}^{n-1}\boldsymbol{x}(0)\end{aligned}$$

写成矩阵形式

$$\begin{pmatrix} C \\ CG \\ CG^2 \\ \vdots \\ CG^{n-1} \end{pmatrix} x(0) = \begin{pmatrix} y(0) \\ y(1) \\ y(2) \\ \vdots \\ y(n-1) \end{pmatrix}$$

或写成

$$Nx(0) = y$$

这是一个含有 n 个未知数的 mn 个方程的线性方程组，$x(0)$ 有唯一解的充分必要条件是其系数矩阵的秩等于 n，于是定理得证。

比较连续系统的能控性与能观测性判别可知，只要把连续系统中的 A、B 分别换成 G、H 即为离散系统的判别准则。但需要指出的是，连续系统的能控性与能达性是完全一致的，而离散系统则只在 G 为非奇异时，其能控性才与能达性一致。一般情况下把连续系统的能控性结论推广到离散时间系统时得到的是能达性结论。

例 3-11　设离散系统的（G，C）阵为

$$G = \begin{pmatrix} 2 & 0 & 3 \\ -1 & -2 & 0 \\ 0 & 1 & 2 \end{pmatrix}, \quad C = \begin{pmatrix} 1 & 0 & 0 \\ 0 & 1 & 0 \end{pmatrix}$$

试判别其能观测性。

解　由式（3-21）得

$$\mathrm{rank}N = \mathrm{rank}\begin{pmatrix} 1 & 0 & 0 \\ 0 & 1 & 0 \\ 2 & 0 & 3 \\ -1 & -2 & 0 \\ 4 & 3 & 12 \\ 0 & 4 & -3 \end{pmatrix} = 3$$

故系统完全能观测。

三、采样周期对离散化系统能控性和能观测性的影响

一个线性连续系统在其离散化后的能控性和能观测性是否发生改变，这是在设计计算机控制系统时所需考虑的一个基本问题。下面将通过一个具体例子的分析，引出离散系统能控性和能观测性的一些结论。

设连续系统的状态空间描述为

$$\begin{pmatrix} \dot{x}_1 \\ \dot{x}_2 \end{pmatrix} = \begin{pmatrix} 0 & 1 \\ -\omega^2 & 0 \end{pmatrix} \begin{pmatrix} x_1 \\ x_2 \end{pmatrix} + \begin{pmatrix} 0 \\ 1 \end{pmatrix} u$$

$$y = (1 \quad 0)x$$

其能控判别矩阵 M 和能观测判别矩阵 N 分别为

$$M = \begin{pmatrix} 0 & 1 \\ 1 & 0 \end{pmatrix}, \quad N = \begin{pmatrix} 1 & 0 \\ 0 & 1 \end{pmatrix}$$

显然，该连续系统是能控且能观测的。

取采样周期为 T，将系统离散，计算

$$G = e^{AT} = L^{-1}((sI-A)^{-1}) = L^{-1}\begin{pmatrix} \dfrac{s}{s^2+\omega^2} & \dfrac{1}{s^2+\omega^2} \\ \dfrac{-\omega^2}{s^2+\omega^2} & \dfrac{s}{s^2+\omega^2} \end{pmatrix}$$

$$= \begin{pmatrix} \cos\omega T & \dfrac{\sin\omega T}{\omega} \\ -\omega\sin\omega T & \cos\omega T \end{pmatrix}$$

$$h = \int_0^T e^{At}B\mathrm{d}t = \int_0^T \begin{pmatrix} \cos\omega T & \dfrac{\sin\omega T}{\omega} \\ -\omega\sin\omega T & \cos\omega T \end{pmatrix}\begin{pmatrix} 0 \\ 1 \end{pmatrix}\mathrm{d}t$$

$$= \begin{pmatrix} \dfrac{1-\cos\omega T}{\omega^2} \\ \dfrac{\sin\omega T}{\omega} \end{pmatrix}$$

于是，离散系统的能控性判别矩阵

$$M = (h \quad Gh) = \begin{pmatrix} \dfrac{1-\cos\omega T}{\omega^2} & \dfrac{\cos\omega T - \cos^2\omega T + \sin^2\omega T}{\omega^2} \\ \dfrac{\sin\omega T}{\omega} & \dfrac{2\sin\omega T\cos\omega T - \sin\omega T}{\omega} \end{pmatrix}$$

而能观测性判别矩阵

$$N = \begin{pmatrix} c \\ cG \end{pmatrix} = \begin{pmatrix} 1 & 0 \\ \cos\omega T & \dfrac{\sin\omega T}{\omega} \end{pmatrix}$$

$$\det M = \frac{2}{\omega^3}\sin\omega T\ (\cos\omega T - 1)$$

$$\det N = \left(\frac{\sin\omega T}{\omega}\right)$$

当 $T = \dfrac{k\pi}{\omega}$ $(k=1, 2, \cdots)$，则有

$$\det M = 0, \qquad \det N = 0$$

可见，欲使离散系统是能控及能观测的，其采样周期应满足

$$T \neq \frac{k\pi}{\omega} \qquad (k=1, 2, \cdots)$$

由此可知，将原来是完全能控能观测的连续系统离散化后，如采样周期选择不当，也可能使离散化的系统变成不能控和不能观测的。

在上面分析的基础上，可得出如下结论：

1）如果连续系统 $\Sigma(A, B, C)$ 是不能控（不能观测）的，则其离散后的系统 $\Sigma_T(G, H, C)$ 也必是不能控（不能观测）的。

2）如果连续系统 $\Sigma(A, B, C)$ 是能控（能观测）的，则其离散后的系统 $\Sigma_T(G, H, C)$

不一定能控（能观测）的。

3）离散后的系统$\Sigma_T(\boldsymbol{G},\boldsymbol{H},\boldsymbol{C})$是否保持能控（能观测）性，将取决于采样周期。保持能控（能观测）性的一个充分条件是一切满足$R_e(\lambda_i-\lambda_j)=0$的特征值，均使

$$T\neq\frac{2k\pi}{I_m(\lambda_i-\lambda_j)}\qquad(k=\pm1,\ \pm2,\ \cdots)$$

成立。其中λ_i和λ_j表示$\boldsymbol{A}$的全部特征值中两个实部相等的特征值。例如若$\boldsymbol{A}$有$(-1\pm j)$，$(-1\pm j_2)$，这样4个实部相等的特征值，则T的选择应满足

$$T\neq\frac{2k\pi}{1-(-1)},\quad T\neq\frac{2k\pi}{1-(-2)}$$

$$\left(T\neq\frac{2k\pi}{1-2}\text{无意义}\right)$$

即
$$T\neq k\pi,\quad T\neq\frac{2}{3}k\pi\qquad(k=1,2,\cdots)$$

这里需要说明，当λ_i和λ_j是实根，不论它们相等与否，T的选择不受此限制（当然要满足香农定理），只有当特征值中有共轭复根时，T的选择才受上式限制。

例3-12　试分析下列系统离散前后的能控能观测性。

$$\dot{\boldsymbol{x}}=\begin{pmatrix}0&1\\-1&0\end{pmatrix}\boldsymbol{x}+\begin{pmatrix}1\\0\end{pmatrix}\boldsymbol{u}$$

$$y=(0\quad1)\boldsymbol{x}$$

解　利用判据可知，原系统是能控能观测的。

特征根
$$\lambda_1=j\qquad\lambda_2=-j$$

当
$$T\neq\frac{2k\pi}{I_m(\lambda_i-\lambda_j)}=\frac{2k\pi}{2}=k\pi\qquad k=1,2,\cdots$$

时，其离散化系统

$$\boldsymbol{x}(k+1)=\begin{pmatrix}\cos T&\sin T\\-\sin T&\cos T\end{pmatrix}\boldsymbol{x}(k)+\begin{pmatrix}\sin T\\\cos T-1\end{pmatrix}\boldsymbol{u}(k)$$

$$y(k)=(0\quad1)\boldsymbol{x}(k)$$

必保持其能控、能观测性。可以用离散系统的能控判别矩阵$\boldsymbol{M}$和能观测判别矩阵$\boldsymbol{N}$来验证之。

第五节　能控性与能观测性的对偶关系

线性系统的能控性与能观测性之间存在着一种内在联系，它就是系统的**对偶关系**。这一联系由Kalman（卡尔曼）提出并得到了论证。

一、对偶系统定义

给定两个线性定常连续系统

$$\text{系统1}\ \begin{cases}\dot{\boldsymbol{x}}_1=\boldsymbol{A}_1\boldsymbol{x}_1+\boldsymbol{B}_1\boldsymbol{u}_1\\\boldsymbol{y}_1=\boldsymbol{C}_1\boldsymbol{x}_1\end{cases}\quad\text{系统2}\ \begin{cases}\dot{\boldsymbol{x}}_2=\boldsymbol{A}_2\boldsymbol{x}_2+\boldsymbol{B}_2\boldsymbol{u}_2\\\boldsymbol{y}_2=\boldsymbol{C}_2\boldsymbol{x}_2\end{cases}$$

若满足下列关系

$$A_2 = A_1^{\mathrm{T}};\quad B_2 = C_1^{\mathrm{T}};\quad C_2 = B_1^{\mathrm{T}} \tag{3-22}$$

则称这两个系统为**互为对偶系统**。

对偶系统的结构示意图如图 3-7 所示。

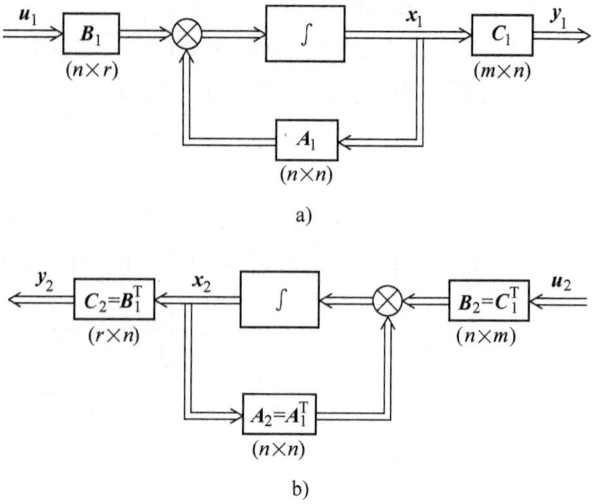

图 3-7　对偶系统的结构图

a）系统 1　b）系统 2

由图 3-7 可见，互为对偶的两个系统，输入端与输出端的位置互换，信号传递方向相反，信号引出点和综合点互换，对应矩阵互为转置。

二、对偶系统原理

互为对偶的两个系统，它们的能控性和能观测性也是对偶的，即系统 1 的能控性等价于系统 2 的能观测性，系统 1 的能观测性等价于系统 2 的能控性。

证明　设系统 2 为 n 维线性定常连续系统，若能控性判别矩阵

$$M_2 = (b \quad Ab \quad \cdots \quad A^{n-1}b) \tag{3-23}$$

的秩

$$\mathrm{rank}M_2 = \mathrm{rank}(b \quad Ab \quad \cdots \quad A^{n-1}b) = n$$

即满秩，则系统 2 为状态能控系统。

若系统 1 与系统 2 是对偶系统，将式（3-22）代入式（3-23），有

$$M_2 = (c_1^{\mathrm{T}} \quad A_1^{\mathrm{T}}c_1^{\mathrm{T}} \quad \cdots \quad (A_1^{\mathrm{T}})^{n-1}c_1^{\mathrm{T}}) = N_1^{\mathrm{T}} \tag{3-24}$$

式（3-24）说明，系统 2 的能控性判别矩阵就是系统 1 的能观测判别矩阵。因此，系统 1 是能观测的，即系统 2 的能控性等价于系统 1 的能观测性。

同理可证，系统 2 的能观测性等价于系统 1 的能控性。

三、对偶系统的基本特性

（1）对偶的两个系统，传递函数（矩阵）互为转置

$$G_1(s) = C[sI - A]^{-1}B$$

$$G_2(s) = B^{\mathrm{T}}[sI - A^{\mathrm{T}}]^{-1}C^{\mathrm{T}} = [C(sI - A)^{-1}B]^{\mathrm{T}} = G_1^{\mathrm{T}}(s) \tag{3-25}$$

（2）互为对偶系统的特征方程和特征值相同

$$\det[sI - A] = \det[sI - A^{\mathrm{T}}] \tag{3-26}$$

有了对偶原理，研究一个系统的能控性问题可以通过它的对偶系统的能观测性问题去研究；而系统的能观测性问题可以通过它的对偶系统的能控性问题去研究。这在控制理论的研究上有一定的意义。

例 3-13　线性定常系统

$$\begin{cases} \dot{x} = Ax + bu \\ y = cx \end{cases}$$

式中
$$A=\begin{pmatrix}0&0&1\\1&0&0\\0&1&0\end{pmatrix},\quad b=\begin{pmatrix}1\\0\\0\end{pmatrix},\quad c=(0\quad 0\quad 1)$$
判别系统的能观测性。

解　(1) 对偶系统的分析方法

原系统的对偶系统为
$$\begin{cases}\dot{x}_2=A^{\mathrm{T}}x_2+c^{\mathrm{T}}u_2=\begin{pmatrix}0&1&0\\0&0&1\\1&0&0\end{pmatrix}x_2+\begin{pmatrix}0\\0\\1\end{pmatrix}u_2\\ y_2=b^{\mathrm{T}}x_2=(1\quad 0\quad 0)x_2\end{cases}$$
判定对偶系统的能控性。原系统为三维，能控性判别矩阵及其秩为
$$M=(b\quad Ab\quad A^2b)=\begin{pmatrix}0&1&0\\0&0&1\\1&0&0\end{pmatrix};\quad \mathrm{rank}M=\mathrm{rank}\begin{pmatrix}0&1&0\\0&0&1\\1&0&0\end{pmatrix}=3$$
对偶系统能控。根据对偶原理，原系统能观测。

(2) 原系统的能观测性分析方法

原系统的能观测性判别矩阵为
$$\mathrm{rank}N=\mathrm{rank}\begin{pmatrix}c\\cA\\cA^2\end{pmatrix}=\mathrm{rank}\begin{pmatrix}0&0&1\\0&1&0\\1&0&0\end{pmatrix}=3$$
原系统能观测。

第六节　能控标准型和能观测标准型

第一章指出，同一物理系统由于状态变量的选择不同，其状态空间表达式也不同。由于在采用状态空间法分析与综合系统时，若将状态空间表达式变换为某种特定的“**标准型**”或称为“**规范型**”，往往可简化系统的分析与综合。例如，采用“能控标准型”，可方便对系统实施状态反馈；采用“能观测标准型”，能方便进行系统状态观测器的设计以及系统参数的辨识。所以有必要介绍和讨论有关系统能控标准型和能观测标准型的问题。

把**非标准型**的状态空间描述转变为**标准型**的前题是，只有状态完全能控（或完全能观测）的系统才能转化为能控标准型（或能观测标准型）。主要的方法是，系统的非奇异线性变换；理论的依据是，非奇异线性变换，系统的特征值、传递函数（矩阵）、能控性、能观测性等重要性质均保持不变。

单输入－单输出线性定常系统的能控标准型和能观测标准型，具有唯一型式。多输入－多输出系统的能控标准型和能观测标准型，型式不唯一。本节只讨论单输入－单输出线性定常系统标准型的相关内容，有关多输入－多输出系统的相关内容，请参阅有关文献。

一、能控标准型

1. 能控标准型的表达式

本章第二节已提及过“能控标准型”。单输入－单输出线性定常系统，状态空间表达

式为

$$\begin{cases}\dot{\boldsymbol{x}}_c = \boldsymbol{A}_c\boldsymbol{x}_c + \boldsymbol{b}_c u \\ y_c = \boldsymbol{c}_c\boldsymbol{x}_c\end{cases} \tag{3-27}$$

若状态方程的系统矩阵 $\boldsymbol{A}_c$ 和输入矩阵 $\boldsymbol{b}_c$ 具有如下型式：

$$\boldsymbol{A}_c = \begin{pmatrix} 0 & 1 & \cdots & 0 \\ \vdots & \vdots & \ddots & \vdots \\ 0 & 0 & \cdots & 1 \\ -a_n & -a_{n-1} & \cdots & -a_1 \end{pmatrix}, \quad \boldsymbol{b}_c = \begin{pmatrix} 0 \\ \vdots \\ 0 \\ 1 \end{pmatrix} \tag{3-28}$$

则称式（3-27）为系统的能控标准型，且该系统一定具有完全能控性。

可见，能控标准型只针对状态方程的参数矩阵 $\boldsymbol{A}$ 和输入矩阵 $\boldsymbol{b}$ 有要求，而对输出矩阵 $\boldsymbol{C}$ 无要求，为任意的 $1\times n$ 矩阵。

2. 转化为能控标准型方法

设 n 阶线性定常系统，状态空间表达式

$$\begin{cases}\dot{\boldsymbol{x}} = \boldsymbol{A}\boldsymbol{x} + \boldsymbol{b}u \\ y = \boldsymbol{c}\boldsymbol{x}\end{cases} \tag{3-29}$$

若系统能控性矩阵

$$\boldsymbol{M} = (\boldsymbol{b} \quad \boldsymbol{A}\boldsymbol{b} \quad \cdots \quad \boldsymbol{A}^{n-1}\boldsymbol{b})$$

的秩为满秩，即

$$\mathrm{rank}\boldsymbol{M} = \mathrm{rank}(\boldsymbol{b} \quad \boldsymbol{A}\boldsymbol{b} \quad \cdots \quad \boldsymbol{A}^{n-1}\boldsymbol{b}) = n$$

则一定存在非奇异线性变换，$\boldsymbol{x} = \boldsymbol{T}_c\boldsymbol{x}_c$ 或 $\boldsymbol{x}_c = \boldsymbol{T}_c^{-1}\boldsymbol{x}$，$\boldsymbol{T}_c$ 为变换矩阵，能将式（3-29）**系统变换成**能控标准型式（3-27），即

$$\begin{cases}\dot{\boldsymbol{x}}_c = \boldsymbol{A}_c\boldsymbol{x}_c + \boldsymbol{b}_c u \\ y_c = \boldsymbol{c}_c\boldsymbol{x}_c\end{cases}$$

式中

$$\boldsymbol{A}_c = \boldsymbol{T}_c^{-1}\boldsymbol{A}\boldsymbol{T}_c; \quad \boldsymbol{b}_c = \boldsymbol{T}_c^{-1}\boldsymbol{b}; \quad \boldsymbol{c}_c = \boldsymbol{c}\boldsymbol{T}_c \tag{3-30}$$

如何寻找**变换矩阵** $\boldsymbol{T}_c$？常常采用先构建其逆矩阵 $\boldsymbol{T}_c^{-1}$，然后对其求逆的方法得到 $\boldsymbol{T}_c$。$\boldsymbol{T}_c^{-1}$ 的构建为

$$\boldsymbol{T}_c^{-1} = \begin{pmatrix} \boldsymbol{t}_c \\ \boldsymbol{t}_c\boldsymbol{A} \\ \vdots \\ \boldsymbol{t}_c\boldsymbol{A}^{n-1} \end{pmatrix} \tag{3-31}$$

式（3-31）中的行向量 $\boldsymbol{t}_c$，为系统能控性判别矩阵的逆矩阵 $\boldsymbol{M}^{-1}$ 的最后一行，即

$$\boldsymbol{t}_c = (0 \quad \cdots \quad 0 \quad 1)(\boldsymbol{b} \quad \boldsymbol{A}\boldsymbol{b} \quad \cdots \quad \boldsymbol{A}^{n-1}\boldsymbol{b})^{-1} = (0 \quad \cdots \quad 0 \quad 1)\boldsymbol{M}^{-1} \tag{3-32}$$

证明略。

因此，通过线性非奇异变换把一般能控型转变为标准型时，可先根据式（3-31）确定出变换矩阵的逆矩阵，再对其求逆得到。

例 3-14　把下面系统的状态空间方程，转换为能控标准型。

$$\begin{cases}\dot{\boldsymbol{x}}=\boldsymbol{A}\boldsymbol{x}+\boldsymbol{b}u\\ y=\boldsymbol{c}\boldsymbol{x}\end{cases}$$

式中

$$\boldsymbol{A}=\begin{pmatrix}0&2&-2\\1&1&-2\\2&-2&1\end{pmatrix},\quad \boldsymbol{b}=\begin{pmatrix}2\\1\\1\end{pmatrix},\quad \boldsymbol{c}=\begin{pmatrix}1\\1\\1\end{pmatrix}^{\mathrm{T}}$$

解　(1) 判别系统能控性

$$\boldsymbol{M}=(\boldsymbol{b}\quad \boldsymbol{A}\boldsymbol{b}\quad \boldsymbol{A}^2\boldsymbol{b})=\begin{pmatrix}2&0&-4\\1&1&-5\\1&3&1\end{pmatrix}$$

$$\mathrm{rank}\boldsymbol{M}=\mathrm{rank}\begin{pmatrix}2&0&-4\\1&1&-5\\1&3&1\end{pmatrix}=3$$

系统为三维，具有能控性，能转换为能控标准型。

(2) 求变换矩阵

$$\boldsymbol{t}_c=(0\quad 0\quad 1)\boldsymbol{M}^{-1}=(0\quad 0\quad 1)\begin{pmatrix}2&0&-4\\1&1&-5\\1&3&1\end{pmatrix}^{-1}=\left(\frac{1}{12}\quad -\frac{1}{4}\quad \frac{1}{12}\right)$$

$$\boldsymbol{T}_c^{-1}=\begin{pmatrix}\boldsymbol{t}_c\\ \boldsymbol{t}_c\boldsymbol{A}\\ \boldsymbol{t}_c\boldsymbol{A}^2\end{pmatrix}=\begin{pmatrix}\frac{1}{12}&-\frac{1}{4}&\frac{1}{12}\\ -\frac{1}{12}&-\frac{1}{4}&\frac{5}{12}\\ \frac{7}{12}&-\frac{15}{12}&\frac{13}{12}\end{pmatrix};\quad \boldsymbol{T}_c=\begin{pmatrix}-6&-4&2\\-8&-1&1\\-6&1&1\end{pmatrix}$$

(3) 求能控标准型的相关矩阵

$$\boldsymbol{A}_c=\boldsymbol{T}_c^{-1}\boldsymbol{A}\boldsymbol{T}_c=\begin{pmatrix}0&1&0\\0&0&1\\-2&1&2\end{pmatrix};\quad \boldsymbol{b}_c=\boldsymbol{T}_c^{-1}\boldsymbol{b}=\begin{pmatrix}0\\0\\1\end{pmatrix};\quad \boldsymbol{c}_c=\boldsymbol{c}\boldsymbol{T}_c=(-20\quad -4\quad 4)$$

(4) 系统的能控标准型

$$\begin{cases}\dot{\boldsymbol{x}}_c=\begin{pmatrix}0&1&0\\0&0&1\\-2&1&2\end{pmatrix}\boldsymbol{x}_c+\begin{pmatrix}0\\0\\1\end{pmatrix}\boldsymbol{u}\\ y=(-20\quad -4\quad 4)\boldsymbol{x}_c\end{cases}$$

二、能观测标准型

1. 能观测标准型的表达式

单输入-单输出系统，状态空间表达式为

$$\begin{cases}\dot{\boldsymbol{x}}_o=\boldsymbol{A}_o\boldsymbol{x}_o+\boldsymbol{b}_o u\\ y_o=\boldsymbol{c}_o\boldsymbol{x}_o\end{cases} \tag{3-33}$$

若系统矩阵 $\boldsymbol{A}_o$ 和输出矩阵 $\boldsymbol{c}_o$ 具有如下型式：

$$\boldsymbol{A}_o=\begin{pmatrix}0 & \cdots & 0 & -a_n\\ 1 & \cdots & 0 & -a_{n-1}\\ \vdots & \ddots & \vdots & \vdots\\ 0 & \cdots & 1 & -a_1\end{pmatrix},\quad \boldsymbol{c}_o=(0\quad\cdots\quad 0\quad 1)$$

则称式（3-33）为系统的能观测标准型，且该系统具有完全能观测性。

可见，能观测标准型只对状态方程的参数矩阵 $\boldsymbol{A}$ 和输出矩阵 $\boldsymbol{c}$ 有要求，而对输入矩阵 $\boldsymbol{b}$ 无要求。

2. 转化为能观测标准型方法

设 n 阶线性定常系统状态空间表达式

$$\begin{cases}\dot{\boldsymbol{x}}=\boldsymbol{A}\boldsymbol{x}+\boldsymbol{b}u\\ y=\boldsymbol{c}\boldsymbol{x}\end{cases} \tag{3-34}$$

若系统能观测矩阵

$$\boldsymbol{N}=\begin{pmatrix}\boldsymbol{c}\\ \boldsymbol{c}\boldsymbol{A}\\ \vdots\\ \boldsymbol{c}\boldsymbol{A}^{n-1}\end{pmatrix}$$

满秩，即

$$\mathrm{rank}\boldsymbol{N}=\mathrm{rank}\begin{pmatrix}\boldsymbol{c}\\ \boldsymbol{c}\boldsymbol{A}\\ \vdots\\ \boldsymbol{c}\boldsymbol{A}^{n-1}\end{pmatrix}=n$$

则一定存在非奇异线性变换，$\boldsymbol{x}=\boldsymbol{T}_o\boldsymbol{x}_o$，$\boldsymbol{T}_o$ 为**变换矩阵**，能将式（3-34）具有能观测性系统，变换成能观测标准型

$$\begin{cases}\dot{\boldsymbol{x}}_o=\boldsymbol{A}_o\boldsymbol{x}_o+\boldsymbol{b}_o u\\ y_o=\boldsymbol{c}_o\boldsymbol{x}_o\end{cases}$$

式中

$$\boldsymbol{A}_o=\boldsymbol{T}_o^{-1}\boldsymbol{A}\boldsymbol{T}_o;\quad \boldsymbol{b}_o=\boldsymbol{T}_o^{-1}\boldsymbol{b};\quad \boldsymbol{c}_o=\boldsymbol{c}\boldsymbol{T}_o \tag{3-35}$$

变换矩阵 $\boldsymbol{T}_o$ 的构建为

$$\boldsymbol{T}_o=(\boldsymbol{t}_o\quad \boldsymbol{A}\boldsymbol{t}_o\quad\cdots\quad \boldsymbol{A}^{n-1}\boldsymbol{t}_o) \tag{3-36}$$

式（3-36）中的列向量 $\boldsymbol{t}_o$，为系统能观测判别矩阵 $\boldsymbol{N}$ 的逆矩阵 $\boldsymbol{N}^{-1}$ 的最后一列，即

$$\boldsymbol{t}_o=\begin{pmatrix}\boldsymbol{c}\\ \boldsymbol{c}\boldsymbol{A}\\ \vdots\\ \boldsymbol{c}\boldsymbol{A}^{n-1}\end{pmatrix}^{-1}\begin{pmatrix}0\\0\\ \vdots\\1\end{pmatrix}=(\boldsymbol{N})^{-1}\begin{pmatrix}0\\0\\ \vdots\\1\end{pmatrix} \tag{3-37}$$

因此，在通过非奇异线性变换把状态完全能观测系统，转变为能观测标准型时，应先根据式（3-36）确定出变换矩阵 $\boldsymbol{T}_o$。

例 3-15　系统状态空间方程

$$\begin{cases}\dot{\boldsymbol{x}}=\boldsymbol{A}\boldsymbol{x}+\boldsymbol{b}u\\ y=\boldsymbol{c}\boldsymbol{x}\end{cases}$$

其中

$$\boldsymbol{A}=\begin{pmatrix}1&2&0\\3&-1&1\\0&2&0\end{pmatrix};\quad \boldsymbol{b}=\begin{pmatrix}2\\1\\1\end{pmatrix};\quad \boldsymbol{c}=\begin{pmatrix}0\\0\\1\end{pmatrix}^{\mathrm{T}}$$

判别系统能观测性；若能观测，转换为能观测标准型。

解　（1）判别系统能观测性

$$\boldsymbol{N}=\begin{pmatrix}\boldsymbol{c}\\\boldsymbol{c}\boldsymbol{A}\\\boldsymbol{c}\boldsymbol{A}^2\end{pmatrix}=\begin{pmatrix}0&0&1\\0&2&0\\6&-2&2\end{pmatrix}$$

$$\mathrm{rank}\boldsymbol{N}=\mathrm{rank}\begin{pmatrix}\boldsymbol{c}\\\boldsymbol{c}\boldsymbol{A}\\\boldsymbol{c}\boldsymbol{A}^2\end{pmatrix}=\mathrm{rank}\begin{pmatrix}0&0&1\\0&2&0\\6&-2&2\end{pmatrix}=3$$

$n=3$，系统具有能观测性，能转换为能观测标准型。

（2）计算变换矩阵

$$\boldsymbol{t}_o=\begin{pmatrix}\boldsymbol{c}\\\boldsymbol{c}\boldsymbol{A}\\\boldsymbol{c}\boldsymbol{A}^2\end{pmatrix}^{-1}\begin{pmatrix}0\\0\\1\end{pmatrix}=\begin{pmatrix}0&0&1\\0&2&0\\6&-2&2\end{pmatrix}^{-1}\begin{pmatrix}0\\0\\1\end{pmatrix}=\begin{pmatrix}-\frac{1}{3}&\frac{1}{6}&\frac{1}{6}\\0&\frac{1}{2}&0\\1&0&0\end{pmatrix}\begin{pmatrix}0\\0\\1\end{pmatrix}=\begin{pmatrix}\frac{1}{6}\\0\\0\end{pmatrix}$$

$$\boldsymbol{T}_o=(\boldsymbol{t}_o\quad \boldsymbol{A}\boldsymbol{t}_o\quad \boldsymbol{A}^2\boldsymbol{t}_o)=\frac{1}{6}\begin{pmatrix}1&1&7\\0&3&0\\0&0&6\end{pmatrix};\quad \boldsymbol{T}_o^{-1}=\begin{pmatrix}6&-2&-7\\0&2&0\\0&0&1\end{pmatrix}$$

（3）能观测标准型的相关矩阵

$$\boldsymbol{A}_o=\boldsymbol{T}_o^{-1}\boldsymbol{A}\boldsymbol{T}_o=\begin{pmatrix}0&0&-2\\1&0&9\\0&1&0\end{pmatrix};\quad \boldsymbol{b}_o=\boldsymbol{T}_o^{-1}\boldsymbol{b}=\begin{pmatrix}3\\2\\1\end{pmatrix};\quad \boldsymbol{c}_o=\boldsymbol{c}\boldsymbol{T}_o=(0\quad 0\quad 1)$$

（4）系统的能观测标准型

$$\begin{cases}\boldsymbol{x}_o=\begin{pmatrix}0&0&-2\\1&0&9\\0&1&0\end{pmatrix}\boldsymbol{x}_o+\begin{pmatrix}3\\2\\1\end{pmatrix}u\\ y=(0\quad 0\quad 1)\boldsymbol{x}_o\end{cases}$$

第七节 系统的结构分解

系统的结构分解是状态空间分析中的一个重要内容。结构分解就是针对不完全能控和（或）不完全能观测的系统，把能控和（或）能观测的状态作为子系统分解出来。

结构分解的基本方法，也是通过引入合适的非奇异线性变换。

一、按能控性分解

状态不完全能控的线性定常系统，其状态空间表达式

$$\begin{aligned}\dot{\boldsymbol{x}} &= \boldsymbol{A}\boldsymbol{x}+\boldsymbol{b}u \\ \boldsymbol{y} &= \boldsymbol{c}\boldsymbol{x}\end{aligned} \tag{3-38}$$

式中，x 为 n 维向量；A 为 $n\times n$ 维向量；b 为 $n\times r$ 维向量；u 为 r 维向量；y 为 m 维向量；c 为 $m\times n$ 维向量。

若其能控性判别矩阵

$$\boldsymbol{M}=(\boldsymbol{b}\quad \boldsymbol{A}\boldsymbol{b}\quad \cdots\quad \boldsymbol{A}^{n-1}\boldsymbol{b}) \tag{3-39}$$

的秩 $\mathrm{rank}\boldsymbol{M}=n_1<n$，则存在非奇异**变换矩阵** $\boldsymbol{P}_c$，$\boldsymbol{x}=\boldsymbol{P}_c\tilde{\boldsymbol{x}}$，对式（3-38）系统进行非奇异变换，将式（3-38）进行**能控性结构分解**

$$\begin{cases}\dot{\tilde{\boldsymbol{x}}}=\tilde{\boldsymbol{A}}\tilde{\boldsymbol{x}}+\tilde{\boldsymbol{b}}\boldsymbol{u} \\ \boldsymbol{y}=\tilde{\boldsymbol{c}}\tilde{\boldsymbol{x}}\end{cases} \tag{3-40}$$

式中

（1）$\tilde{\boldsymbol{x}}=\begin{pmatrix}\tilde{\boldsymbol{x}}_c \\ \cdots \\ \tilde{\boldsymbol{x}}_{\bar{c}}\end{pmatrix}$，其中，$\tilde{\boldsymbol{x}}_c$ 为 n_1 维状态能控向量；$\tilde{\boldsymbol{x}}_{\bar{c}}$ 为（$n-n_1$）维状态不能控向量。

（2）$\tilde{\boldsymbol{A}}=\boldsymbol{P}_c^{-1}\boldsymbol{A}\boldsymbol{P}_c=\left(\begin{array}{c:c}\tilde{\boldsymbol{A}}_{11} & \tilde{\boldsymbol{A}}_{12} \\ \hdashline 0 & \tilde{\boldsymbol{A}}_{22}\end{array}\right)$，$\tilde{\boldsymbol{b}}=\boldsymbol{P}_c^{-1}\boldsymbol{b}=\begin{pmatrix}\tilde{\boldsymbol{b}}_1 \\ \cdots \\ 0\end{pmatrix}$，$\tilde{\boldsymbol{c}}=\boldsymbol{c}\boldsymbol{P}_c=(\tilde{\boldsymbol{c}}_1 \,\vdots\, \tilde{\boldsymbol{c}}_2)$，其中，$\tilde{\boldsymbol{A}}_{11}$，$\tilde{\boldsymbol{A}}_{12}$，$\tilde{\boldsymbol{A}}_{22}$分别为 $n_1\times n_1$，$n_1\times(n-n_1)$，$(n-n_1)\times(n-n_1)$维子矩阵；$\tilde{\boldsymbol{b}}$ 为 $n_1\times r$ 维子矩阵；$\tilde{\boldsymbol{c}}_1$，$\tilde{\boldsymbol{c}}_2$ 分别为 $m\times n_1$，$m\times(n-n_1)$维子矩阵。

变换矩阵 $\boldsymbol{P}_c$ 的构成如下：

$$\boldsymbol{P}_c=(\boldsymbol{p}_1\quad \boldsymbol{p}_2\quad \cdots\quad \boldsymbol{p}_{n_1} \,\vdots\, \boldsymbol{p}_{n_1+1}\quad \boldsymbol{p}_{n+2}\quad \cdots\quad \boldsymbol{p}_n) \tag{3-41}$$

式中，$\boldsymbol{P}_c$ 的 n 维列向量中，$p_1\sim p_{n_1}$ 常由式（3-38）能控性判别矩阵 $\boldsymbol{M}$ 中选取 n_1 个线性无关的列构成，另外的 $p_{n+1}\sim p_n$ 个（$n-n_1$）列向量，在确保 $\boldsymbol{P}_c$ 为非奇异矩阵的条件下任意

选取。

可以看出，系统状态空间式（3-38）变换为式（3-40）后，就被分解成能控和不能控两部分了，其中能控的 n_1 维子系统状态空间表达式为

$$\begin{cases}\dot{\tilde{\boldsymbol{x}}}_c = \tilde{\boldsymbol{A}}_{11}\tilde{\boldsymbol{x}}_c + \tilde{\boldsymbol{A}}_{12}\tilde{\boldsymbol{x}}_{\bar{c}} + \tilde{\boldsymbol{b}}_1\boldsymbol{u} \\ \boldsymbol{y}_1 = \tilde{\boldsymbol{c}}_1\tilde{\boldsymbol{x}}_c\end{cases} \tag{3-42}$$

而不能控的（$n-n_1$）维子系统状态空间表达式为

$$\begin{cases}\dot{\tilde{\boldsymbol{x}}}_{\bar{c}} = \tilde{\boldsymbol{A}}_{22}\tilde{\boldsymbol{x}}_{\bar{c}} \\ \boldsymbol{y}_2 = \tilde{\boldsymbol{c}}_2\tilde{\boldsymbol{x}}_{\bar{c}}\end{cases} \tag{3-43}$$

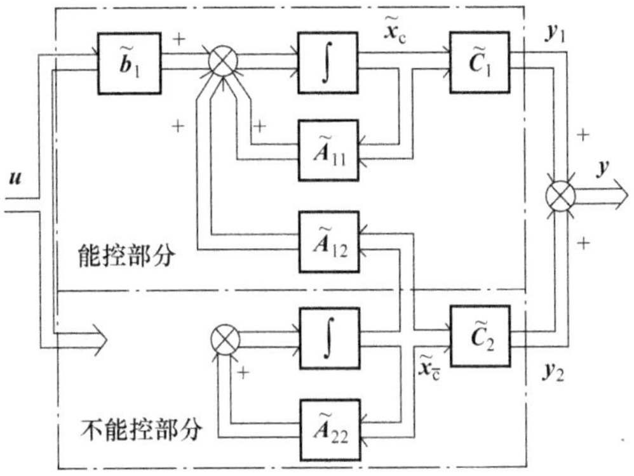

图 3-8 能控性结构分解

能控性结构分解示意图，如图 3-8 所示。

例 3-16 系统方程如下：

$$\dot{\boldsymbol{x}} = \begin{pmatrix}1 & 2 & -1\\0 & 1 & 0\\1 & -4 & 3\end{pmatrix}\boldsymbol{x} + \begin{pmatrix}0\\0\\1\end{pmatrix}\boldsymbol{u},\quad \boldsymbol{y} = (1 \quad -1 \quad 1)\boldsymbol{x}$$

要求进行能控性结构分解。

解 （1）判别系统的能控性

$$\mathrm{rank}\boldsymbol{M} = \mathrm{rank}(\boldsymbol{b} \quad \boldsymbol{Ab} \quad \boldsymbol{A}^2\boldsymbol{b}) = \mathrm{rank}\begin{pmatrix}0 & -1 & -4\\0 & 0 & 0\\1 & 3 & 8\end{pmatrix} = 2 < 3 = n$$

系统为三维。由于秩为 2，系统不（完全）能控。

（2）构造非奇异变换矩阵 $\boldsymbol{P}_c$

从能控性判别矩阵 $\boldsymbol{M}$ 选择

$$\boldsymbol{p}_1 = \begin{pmatrix}0\\0\\1\end{pmatrix},\quad \boldsymbol{p}_2 = \begin{pmatrix}-1\\0\\3\end{pmatrix}$$

再补充一个列向量，且与其线性无关

$$\boldsymbol{p}_3 = \begin{pmatrix}0\\1\\0\end{pmatrix}$$

于是非奇异变换矩阵 $\boldsymbol{P}_c$ 为

$$\boldsymbol{P}_c = \begin{pmatrix}0 & -1 & 0\\0 & 0 & 1\\1 & 3 & 0\end{pmatrix},\quad \boldsymbol{P}_c^{-1} = \begin{pmatrix}3 & 0 & 1\\-1 & 0 & 0\\0 & 1 & 0\end{pmatrix}$$

（3）对原系统线性变换

$$\begin{pmatrix} \dot{\tilde{x}}_c \\ \dot{\tilde{x}}_{\bar{c}} \end{pmatrix} = P_c^{-1}AP_c\begin{pmatrix} \tilde{x}_c \\ \tilde{x}_{\bar{c}} \end{pmatrix} + P_c^{-1}u$$

$$= \begin{pmatrix} 3 & 0 & 1 \\ -1 & 0 & 0 \\ 0 & 1 & 0 \end{pmatrix}\begin{pmatrix} 1 & 2 & -1 \\ 0 & 1 & 0 \\ 1 & -4 & 3 \end{pmatrix}\begin{pmatrix} 0 & -1 & 0 \\ 0 & 0 & 1 \\ 1 & 3 & 0 \end{pmatrix}\begin{pmatrix} \tilde{x}_c \\ \tilde{x}_{\bar{c}} \end{pmatrix} + \begin{pmatrix} 3 & 0 & 1 \\ -1 & 0 & 0 \\ 0 & 1 & 0 \end{pmatrix}\begin{pmatrix} 0 \\ 0 \\ 1 \end{pmatrix}u$$

$$= \left(\begin{array}{cc:c} 0 & -4 & 2 \\ 1 & 4 & -2 \\ \hdashline 0 & 0 & 1 \end{array}\right)\begin{pmatrix} \tilde{x}_c \\ \tilde{x}_{\bar{c}} \end{pmatrix} + \left(\begin{array}{c} 1 \\ 0 \\ \hdashline 0 \end{array}\right)u$$

$$y = cP_c\tilde{x} = \left(\begin{array}{cc:c} 1 & 2 & -1 \end{array}\right)\begin{pmatrix} \tilde{x}_c \\ \tilde{x}_{\bar{c}} \end{pmatrix}$$

于是，能控的二维子系统状态空间表达式为

$$\begin{cases} \dot{\tilde{x}}_c = \begin{pmatrix} 0 & -4 \\ 1 & 4 \end{pmatrix}\tilde{x}_c + \begin{pmatrix} 2 \\ -2 \end{pmatrix}\tilde{x}_{\bar{c}} + \begin{pmatrix} 1 \\ 0 \end{pmatrix}u \\ y_1 = (1 \quad 2)\,\tilde{x}_c \end{cases}$$

不能控的 n_1 维子系统状态空间表达式为

$$\begin{cases} \dot{\tilde{x}}_{\bar{c}} = -\tilde{x}_{\bar{c}} \\ y_2 = -\tilde{x}_{\bar{c}} \end{cases}$$

二、按能观测性分解

设线性定常系统方程

$$\begin{cases} \dot{x} = Ax + bu \\ y = cx \end{cases} \tag{3-44}$$

式中，x 为 n 维向量；A 为 $n\times n$ 维向量；b 为 $n\times r$ 维向量；u 为 r 维向量；y 为 m 维向量；c 为 $m\times n$ 维向量。

若其能观测判别矩阵

$$N = \begin{pmatrix} c \\ cA \\ \vdots \\ cA^{n-1} \end{pmatrix}$$

的秩 $\mathrm{rank}N = n_1 < n$，则存在非奇异**变换矩阵** P_0，对式（3-44）系统进行线性非奇异变换 $x = P_0\tilde{x}$，将式（3-44）系统做**能观测性结构分解**

$$\begin{cases}\dot{\tilde{\boldsymbol{x}}}=\tilde{\boldsymbol{A}}\tilde{\boldsymbol{x}}+\tilde{\boldsymbol{b}}\boldsymbol{u}\\ \boldsymbol{y}=\tilde{\boldsymbol{c}}\tilde{\boldsymbol{x}}\end{cases}\tag{3-45}$$

式中

（1）$\tilde{\boldsymbol{x}}=\begin{pmatrix}\tilde{x}_0\\ \cdots\\ \tilde{x}_{\bar{0}}\end{pmatrix}$，其中，$\tilde{x}_0$ 为 n_1 维状态能观测向量；$\tilde{\boldsymbol{x}}_{\bar{0}}$ 为（$n-n_1$）维状态不能观测向量。

$$（2）\ \tilde{\boldsymbol{A}}=\boldsymbol{P}_0^{-1}\boldsymbol{A}\boldsymbol{P}_0=\left(\begin{array}{c:c}\tilde{\boldsymbol{A}}_{11} & 0\\ \hdashline \tilde{\boldsymbol{A}}_{21} & \tilde{\boldsymbol{A}}_{22}\end{array}\right);\ \tilde{\boldsymbol{b}}=\boldsymbol{P}_0^{-1}\boldsymbol{b}=\begin{pmatrix}\tilde{\boldsymbol{b}}_1\\ \cdots\\ \tilde{\boldsymbol{b}}_2\end{pmatrix};\ \tilde{\boldsymbol{c}}=\boldsymbol{c}\boldsymbol{P}_0=\left(\begin{array}{c:c}\tilde{\boldsymbol{c}}_1 & 0\end{array}\right)\tag{3-46}$$

其中，$\tilde{\boldsymbol{A}}_{11}$，$\tilde{\boldsymbol{A}}_{12}$，$\tilde{\boldsymbol{A}}_{22}$分别为 $n_1\times n_1$，$(n-n_1)\times n_1$，$(n-n_1)\times(n-n_1)$维子矩阵；$\tilde{\boldsymbol{b}}_1$，$\tilde{\boldsymbol{b}}_2$ 分别为 $n_1\times r$，$(n-n_1)\times r$ 维子矩阵；$\tilde{\boldsymbol{c}}_1$ 为 $m\times n_1$ 维子矩阵。

非奇异变换**矩阵** $\boldsymbol{P}_0$，通常是先求其逆矩阵 $\boldsymbol{P}_0^{-1}$ 后，再求逆获得。而 $\boldsymbol{P}_0$ 的逆矩阵 $\boldsymbol{P}_0^{-1}$ 构造是，在能观性判别矩阵 $\boldsymbol{N}$ 中选取 n_1 个线性无关行，记为 $\boldsymbol{t}_1$、$\boldsymbol{t}_2\cdots\boldsymbol{t}_{n_1}$；另外的（$n-n_1$）个行向量，在确保 $\boldsymbol{P}_0^{-1}$ 为非奇异矩阵的条件下，完全可任意选取，即

$$\boldsymbol{P}_0^{-1}=\begin{pmatrix}\boldsymbol{t}_1\\ \vdots\\ \boldsymbol{t}_{n_1}\\ \cdots\\ \boldsymbol{t}_{n_1+1}\\ \vdots\\ \boldsymbol{t}_n\end{pmatrix}\tag{3-47}$$

可以看出，系统状态空间式（3-44）变换为式（3-45）后，就被分解成能观测和不能观测两部分了。其中能观测的 n_1 维子系统状态空间表达式为

$$\begin{cases}\dot{\tilde{\boldsymbol{x}}}_0=\tilde{\boldsymbol{A}}_{11}\tilde{\boldsymbol{x}}_0+\tilde{\boldsymbol{b}}_1\boldsymbol{u}\\ \boldsymbol{y}_1=\tilde{\boldsymbol{c}}_1\tilde{\boldsymbol{x}}_0\end{cases}$$

而不能观测（$n-n_1$）维子系统状态空间表达式为

$$\begin{cases}\dot{\tilde{\boldsymbol{x}}}_{\bar{0}}=\tilde{\boldsymbol{A}}_{22}\tilde{\boldsymbol{x}}_{\bar{0}}+\tilde{\boldsymbol{A}}_{21}\tilde{\boldsymbol{x}}_0+\tilde{\boldsymbol{b}}_2\boldsymbol{u}\\ \boldsymbol{y}_2=0\end{cases}$$

能观测性结构分解示意图，如图 3-9 所示。

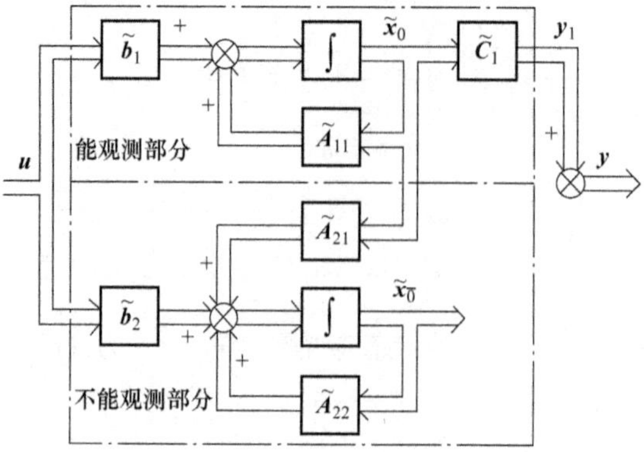

图 3-9 能观测性分解

例 3-17 已知系统方程

$$\begin{cases}\dot{\boldsymbol{x}}=\begin{pmatrix}0 & 1 & 0\\ 0 & 0 & 1\\ -2 & -4 & -3\end{pmatrix}\boldsymbol{x}+\begin{pmatrix}0\\0\\1\end{pmatrix}\boldsymbol{u}\\ \boldsymbol{y}=(1 \quad 1 \quad 0)\boldsymbol{x}\end{cases}$$

能观测性判别，若不能观测，要求按能观测性进行结构分解。

解 （1）判别能观性

$$\mathrm{rank}\boldsymbol{N}=\mathrm{rank}\begin{pmatrix}\boldsymbol{c}\\ \boldsymbol{cA}\\ \boldsymbol{cA}^2\end{pmatrix}=\mathrm{rank}\begin{pmatrix}1 & 1 & 0\\ 0 & 1 & 1\\ -2 & -4 & -2\end{pmatrix}=2<3=n$$

系统为三维。由于秩为 2，说明系统中线性独立的行向量只有 2 行，系统不（完全）能观测。

（2）构造非奇异变换矩阵 $\boldsymbol{P}_0$

先构建其逆矩阵。从能观测性判别矩阵 $\boldsymbol{N}$ 中任选两个行向量，例如

$$\begin{pmatrix}1 & 1 & 0\\ 0 & 1 & 1\end{pmatrix}$$

再补充一个与之线性无关的行向量，非奇异变换矩阵 $\boldsymbol{P}_0$ 的逆矩阵 $\boldsymbol{P}_0^{-1}$ 及 $\boldsymbol{P}_0$ 为

$$\boldsymbol{P}_0^{-1}=\begin{pmatrix}1 & 1 & 0\\ 0 & 1 & 1\\ 0 & 0 & 1\end{pmatrix},\quad \boldsymbol{P}_0=\begin{pmatrix}1 & -1 & 0\\ 0 & 1 & -1\\ 0 & 0 & 1\end{pmatrix}$$

（3）相关矩阵代入 $\tilde{\boldsymbol{A}}=\boldsymbol{P}_0^{-1}\boldsymbol{A}\boldsymbol{P}_0$，$\tilde{\boldsymbol{b}}=\boldsymbol{P}_0^{-1}\boldsymbol{b}$，$\tilde{\boldsymbol{c}}=\boldsymbol{c}\boldsymbol{P}_0$。于是，能观测性结构分解为

$$\begin{cases}\begin{pmatrix}\dot{\tilde{\boldsymbol{x}}}_0\\ \dot{\tilde{\boldsymbol{x}}}_{\bar{0}}\end{pmatrix}=\left(\begin{array}{cc:c}0 & 1 & 0\\ -2 & -2 & 0\\ \hdashline -2 & -2 & 1\end{array}\right)\begin{pmatrix}\tilde{\boldsymbol{x}}_0\\ \tilde{\boldsymbol{x}}_{\bar{0}}\end{pmatrix}+\left(\begin{array}{c}0\\ 1\\ \hdashline 1\end{array}\right)\boldsymbol{u}\\ \boldsymbol{y}=(1 \quad 0 \;\vdots\; 0)\tilde{\boldsymbol{x}}\end{cases}$$

三、按能控性和能观测性分解

设 n 维线性定常系统

$$\begin{cases}\dot{\boldsymbol{x}} = \boldsymbol{Ax} + \boldsymbol{bu} \\ \boldsymbol{y} = \boldsymbol{cx}\end{cases}$$

是状态不完全能控和不完全能观测的。对于这种系统可采用如下逐步分解的方法进行。系统结构分解图如图 3-10 所示。

1）先将系统按能控性进行分解。

2）将能控的子系统按能观测性进行分解。

3）将不能控的子系统按能观测性进行分解。

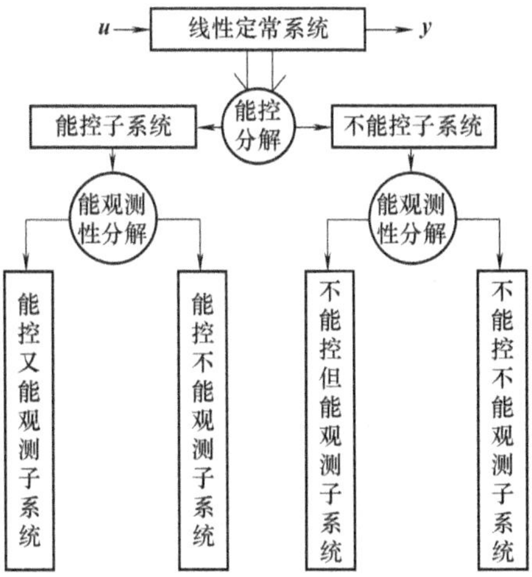

图 3-10　系统结构分解图

例 3-18　已知系统方程

$$\begin{cases}\dot{\boldsymbol{x}} = \begin{pmatrix}0 & 0 & -1\\ 1 & 0 & -3\\ 0 & 1 & -3\end{pmatrix}\boldsymbol{x} + \begin{pmatrix}1\\1\\0\end{pmatrix}\boldsymbol{u} \\ \boldsymbol{y} = (0 \quad 1 \quad -2)\boldsymbol{x}\end{cases}$$

进行系统结构分解。

解　（1）能控、能观测性判别

$$\mathrm{rank}\boldsymbol{M} = \mathrm{rank}(\boldsymbol{b} \quad \boldsymbol{Ab} \quad \boldsymbol{A}^2\boldsymbol{B}) = \mathrm{rank}\begin{pmatrix}1 & 0 & -1\\ 1 & 1 & -3\\ 0 & 1 & -2\end{pmatrix} = 2 < 3 = n$$

$$\mathrm{rank}\boldsymbol{N} = \mathrm{rank}\begin{pmatrix}\boldsymbol{c}\\ \boldsymbol{cA}\\ \boldsymbol{cA}^2\end{pmatrix} = \mathrm{rank}\begin{pmatrix}0 & -1 & -2\\ 1 & -2 & 3\\ -2 & 3 & -4\end{pmatrix} = 2 < 3 = n$$

系统为三维。由于秩均为 2，说明系统不（完全）能控不（完全）能观测。

（2）按能控性结构分解

按上面方法构造非奇异变换矩阵 $\boldsymbol{P}_c$，选取

$$\boldsymbol{P}_c = \begin{pmatrix}1 & 0 & 0\\ 1 & 1 & 0\\ 0 & 1 & 1\end{pmatrix}$$

对原系统线性变换

$$\begin{pmatrix}\dot{\tilde{\boldsymbol{x}}}_c\\ \dot{\tilde{\boldsymbol{x}}}_{\bar{c}}\end{pmatrix} = \boldsymbol{P}_c^{-1}\boldsymbol{AP}_c\begin{pmatrix}\tilde{\boldsymbol{x}}_c\\ \tilde{\boldsymbol{x}}_{\bar{c}}\end{pmatrix} + \boldsymbol{P}_c^{-1}\boldsymbol{u}$$

$$= \begin{pmatrix}1 & 0 & 0\\ 1 & 1 & 0\\ 0 & 1 & 1\end{pmatrix}^{-1}\begin{pmatrix}0 & 0 & -1\\ 1 & 0 & -3\\ 0 & 1 & -3\end{pmatrix}\begin{pmatrix}1 & 0 & 0\\ 1 & 1 & 0\\ 0 & 1 & 1\end{pmatrix}\begin{pmatrix}\tilde{\boldsymbol{x}}_c\\ \tilde{\boldsymbol{x}}_{\bar{c}}\end{pmatrix} + \begin{pmatrix}1 & 0 & 0\\ 1 & 1 & 0\\ 0 & 1 & 1\end{pmatrix}^{-1}\begin{pmatrix}1\\1\\0\end{pmatrix}\boldsymbol{u}$$

$$=\begin{pmatrix}0 & -1 & \vdots & -1\\ 1 & -2 & \vdots & -2\\ \cdots & \cdots & & \cdots\\ 0 & 0 & \vdots & -1\end{pmatrix}\begin{pmatrix}\tilde{\boldsymbol{x}}_c\\ \tilde{\boldsymbol{x}}_{\bar{c}}\end{pmatrix}+\begin{pmatrix}1\\ 0\\ \cdots\\ 0\end{pmatrix}\boldsymbol{u}$$

$$\boldsymbol{y}=\boldsymbol{c}\boldsymbol{P}_c\tilde{\boldsymbol{x}}=(1 \quad -1 \ \vdots\ -2)\begin{pmatrix}\tilde{\boldsymbol{x}}_c\\ \tilde{\boldsymbol{x}}_{\bar{c}}\end{pmatrix}$$

于是，能控的二维子系统状态空间表达式为

$$\begin{cases}\dot{\tilde{\boldsymbol{x}}}_c=\begin{pmatrix}0 & -1\\ 1 & -2\end{pmatrix}\tilde{\boldsymbol{x}}_c+\begin{pmatrix}-1\\ -2\end{pmatrix}\tilde{\boldsymbol{x}}_{\bar{c}}+\begin{pmatrix}1\\ 0\end{pmatrix}\boldsymbol{u}\\ \boldsymbol{y}_1=(1 \quad -1)\tilde{\boldsymbol{x}}_c\end{cases}$$

（3）对能控的二维子系统再做能观测结构分解

能观测判别矩阵

$$\mathrm{rank}\boldsymbol{N}_c=\mathrm{rank}\begin{pmatrix}\boldsymbol{c}_c\\ \boldsymbol{c}_c\boldsymbol{A}_c\end{pmatrix}=\mathrm{rank}\begin{pmatrix}1 & -1\\ -1 & 1\end{pmatrix}=1<2$$

表明能控的二维子系统中有一状态是能观测的，有一状态是不能观测的。

按上面方法构造非奇异变换矩阵 $\boldsymbol{P}_0$ 的逆矩阵，选取

$$\boldsymbol{P}_{c0}^{-1}=\begin{pmatrix}1 & -1\\ 0 & 1\end{pmatrix}$$

能控的子系统按能观测结构分解的状态空间表达式为

$$\begin{pmatrix}\dot{\tilde{\boldsymbol{x}}}_{c0}\\ \dot{\tilde{\boldsymbol{x}}}_{c\bar{0}}\end{pmatrix}=\begin{pmatrix}1 & -1\\ 0 & 1\end{pmatrix}\begin{pmatrix}0 & -1\\ 1 & 2\end{pmatrix}\begin{pmatrix}1 & -1\\ 0 & 1\end{pmatrix}^{-1}\begin{pmatrix}\tilde{\boldsymbol{x}}_0\\ \tilde{\boldsymbol{x}}_{\bar{0}}\end{pmatrix}+\begin{pmatrix}1 & -1\\ 0 & 1\end{pmatrix}\begin{pmatrix}-1\\ -2\end{pmatrix}\boldsymbol{x}_{c0}+\begin{pmatrix}1 & -1\\ 0 & 1\end{pmatrix}\begin{pmatrix}1\\ 0\end{pmatrix}\boldsymbol{u}$$

$$=\begin{pmatrix}-1 & 0\\ 1 & -1\end{pmatrix}\begin{pmatrix}\tilde{x}_{c0}\\ \tilde{x}_{c\bar{0}}\end{pmatrix}+\begin{pmatrix}1\\ -2\end{pmatrix}\boldsymbol{x}_{c0}+\begin{pmatrix}1\\ 0\end{pmatrix}\boldsymbol{u}$$

$$\boldsymbol{y}=\boldsymbol{c}\boldsymbol{P}_0\tilde{\boldsymbol{x}}=(1 \quad -1)\begin{pmatrix}1 & -1\\ 0 & 1\end{pmatrix}^{-1}\begin{pmatrix}\tilde{x}_{c0}\\ \tilde{x}_{c\bar{0}}\end{pmatrix}=(1 \quad 0)\begin{pmatrix}\tilde{x}_{c0}\\ \tilde{x}_{c\bar{0}}\end{pmatrix}$$

（4）不能控的子系统做能观测结构分解

由系统能控性分解可知，不能控的子系统

$$\begin{cases}\dot{\tilde{\boldsymbol{x}}}_{\bar{c}}=-\tilde{\boldsymbol{x}}_{\bar{c}}\\ \boldsymbol{y}_2=-2\tilde{\boldsymbol{x}}_{\bar{c}}\end{cases}$$

可见，不能控的子系统只有一维，输出是能观测的，无需再对其做能观测结构分解。于是不

能控的子系统做能观测结构分解状态空间表达式为

$$\begin{cases} \dot{\tilde{\boldsymbol{x}}}_{\bar{c}0} = -\tilde{\boldsymbol{x}}_{\bar{c}0} \\ \boldsymbol{y}_2 = -2\tilde{\boldsymbol{x}}_{\bar{c}0} \end{cases}$$

结合上面分析，原系统结构分解后的状态空间表达式为

$$\begin{cases} \begin{pmatrix} \dot{\tilde{x}}_{c0} \\ \dot{\tilde{x}}_{c\bar{0}} \\ \dot{\tilde{x}}_{\bar{c}0} \end{pmatrix} = \begin{pmatrix} -1 & 0 & 1 \\ 1 & -1 & -2 \\ 0 & 0 & -1 \end{pmatrix} \begin{pmatrix} \tilde{x}_{c0} \\ \tilde{x}_{c\bar{0}} \\ \tilde{x}_{\bar{c}0} \end{pmatrix} + \begin{pmatrix} 1 \\ 0 \\ 0 \end{pmatrix} \boldsymbol{u} \\ \boldsymbol{y} = y_1 + y_2 = (1 \quad 0 \quad -2) \begin{pmatrix} \tilde{x}_{c0} \\ \tilde{x}_{c\bar{0}} \\ \tilde{x}_{\bar{c}0} \end{pmatrix} \end{cases}$$

第八节　传递函数阵的实现问题

如第一章第四节中所述，所谓实现问题，就是根据给定的传递函数阵 $\boldsymbol{W}(s)$，求其相应的状态空间描述 $\Sigma(\boldsymbol{A}, \boldsymbol{B}, \boldsymbol{C})$ 的问题。也就是，对于给定的传递函数阵 $\boldsymbol{W}(s)$，寻求一个状态空间描述，使分式

$$\boldsymbol{C}(s\boldsymbol{I}-\boldsymbol{A})^{-1}\boldsymbol{B}+\boldsymbol{D}=\boldsymbol{W}(s)$$

成立，则称该状态空间描述 $\Sigma(\boldsymbol{A}, \boldsymbol{B}, \boldsymbol{C})$ 为传递函数阵 $\boldsymbol{W}(s)$ 的一个实现。显然，实现就是在状态空间法的领域内寻找一个假想结构，使之与真实系统具有相同的传递特性。因此，实现问题也可看作识别问题，即通过输入和输出端直接测得的信息来识别系统的内部结构。通过研究实现问题，有助于比较深刻地揭示系统的一些结构性质及其在不同描述下的反映，也便于采用各种类型的分析技术去研究系统的运动过程或对其进行计算机模拟。

一、实现的基本属性

1. 实现的存在性

并不是任意一个传递函数阵 $\boldsymbol{W}(s)$ 都可找到其实现。通常，它必须满足物理可实现的条件，即

1）$\boldsymbol{W}(s)$ 中的每一个元素 $w_{ij}(s)$（$i=1, 2, \cdots, m$；$j=1, 2, \cdots, r$）的分子分母多项式的系数均为实常数；

2）$w_{ij}(s)$ 应当是真有理分式，即其分子多项式的次数必须低于或等于分母多项式的次数。

2. 实现的形式

当 $\boldsymbol{W}(s)$ 为严格真有理分式矩阵，即其所有元素 $w_{ij}(s)$ 的分子多项式的次数低于分母多

项式的次数时，其实现具有（$\boldsymbol{A}$，$\boldsymbol{B}$，$\boldsymbol{C}$）的形式；而当$w_{ij}(s)$的分子多项式的次数等于分母多项式的次数时，其实现具有（$\boldsymbol{A}$，$\boldsymbol{B}$，$\boldsymbol{C}$，$\boldsymbol{D}$）的形式，并且有

$$\boldsymbol{D}=\lim_{s\to\infty}\boldsymbol{W}(s) \tag{3-48}$$

对于其元素不是严格真分式的传递函数阵，应首先按式（3-48）计算出$\boldsymbol{D}$阵，则$\boldsymbol{W}(s)-\boldsymbol{D}$为严格真有理分式函数的矩阵，即

$$\boldsymbol{C}(s\boldsymbol{I}-\boldsymbol{A})^{-1}\boldsymbol{B}=\boldsymbol{W}(s)-\boldsymbol{D} \tag{3-49}$$

然后根据$\boldsymbol{W}(s)-\boldsymbol{D}$寻求形式为（$\boldsymbol{A}$，$\boldsymbol{B}$，$\boldsymbol{C}$）的实现。

3. 实现的非唯一性

由于传递函数阵只能反映系统中能控且能观测的子系统的动力学行为，因此对于某一给定的$\boldsymbol{W}(s)$，会有任意维数的状态空间描述与之对应。另外，由于状态变量选择的非唯一性，选择不同的状态变量时，其状态空间描述也随之不同。所以，对于某一$\boldsymbol{W}(s)$将有无限多个实现与之对应。即一个传递函数阵描述着无穷多个内部不同结构的系统。

二、能控性实现和能观测性实现

由第三章第六节可知，对于一个单输入单输出系统，一旦给出系统的传递函数，便可直接写出其能控标准型实现和能观测标准型实现。本节介绍如何将这些标准型实现推广到多输入多输出系统。为此，应首先把$m\times r$维的传递函数阵写成和单输入单输出系统的传递函数相类似的形式，即

$$\boldsymbol{W}(s)=\frac{\boldsymbol{\beta}_{n-1}s^{n-1}+\boldsymbol{\beta}_{n-2}s^{n-2}+\cdots+\boldsymbol{\beta}_1 s+\boldsymbol{\beta}_0}{s^n+\alpha_{n-1}s^{n-1}+\cdots+\alpha_1 s+\alpha_0} \tag{3-50}$$

式中，$\boldsymbol{\beta}_{n-1}$、$\boldsymbol{\beta}_{n-2}$、…、$\boldsymbol{\beta}_1$、$\boldsymbol{\beta}_0$为$m\times r$维常数阵。

显然，$\boldsymbol{W}(s)$是一个严格真有理分式的矩阵，且当$m=r=1$时，$\boldsymbol{W}(s)$就是单输入单输出系统的传递函数。

对于式（3-50）形式的传递函数阵的能控标准型实现为

$$\begin{cases}\boldsymbol{A}_c=\begin{pmatrix}\boldsymbol{0}_r & \boldsymbol{I}_r & \cdots & \boldsymbol{0}_r\\ \boldsymbol{0}_r & \boldsymbol{0}_r & \cdots & \boldsymbol{0}_r\\ \vdots & \vdots & \ddots & \vdots\\ \boldsymbol{0}_r & \boldsymbol{0}_r & \cdots & \boldsymbol{I}_r\\ -\alpha_0\boldsymbol{I}_r & -\alpha_1\boldsymbol{I}_r & \cdots & -\alpha_{n-1}\boldsymbol{I}_r\end{pmatrix}\\ \boldsymbol{B}_c=\begin{pmatrix}\boldsymbol{0}_r\\ \boldsymbol{0}_r\\ \vdots\\ \boldsymbol{0}_r\\ \boldsymbol{I}_r\end{pmatrix}\\ \boldsymbol{C}_c=(\boldsymbol{\beta}_0\quad \boldsymbol{\beta}_1\quad \cdots\quad \boldsymbol{\beta}_{n-1})\end{cases} \tag{3-51}$$

式中，$\boldsymbol{0}_r$和$\boldsymbol{I}_r$为$r\times r$维零矩阵和单位矩阵；r为输入向量的维数。

必须注意，这个实现的维数是nr维，n是式（3-50）分母多项式的维数，当$m=r=1$时，即可简化为单变量系统时n维的形式。

依此类推，其能观测标准型实现为

$$\begin{cases}\boldsymbol{A}_o=\begin{pmatrix}\boldsymbol{0}_m & \boldsymbol{0}_m & \cdots & \boldsymbol{0}_m & -\alpha_0\boldsymbol{I}_m\\ \boldsymbol{I}_m & \boldsymbol{0}_m & \cdots & \boldsymbol{0}_m & -\alpha_1\boldsymbol{I}_m\\ \boldsymbol{0}_m & \boldsymbol{I}_m & \cdots & \boldsymbol{0}_m & -\alpha_2\boldsymbol{I}_m\\ \vdots & & \ddots & \vdots & \vdots\\ \boldsymbol{0}_m & \boldsymbol{0}_m & \cdots & \boldsymbol{I}_m & -\alpha_{n-1}\boldsymbol{I}_m\end{pmatrix}\\ \boldsymbol{B}_o=\begin{pmatrix}\boldsymbol{\beta}_0\\ \boldsymbol{\beta}_1\\ \vdots\\ \boldsymbol{\beta}_{n-1}\end{pmatrix}\\ \boldsymbol{C}_o=(\boldsymbol{0}_m \quad \cdots \quad \boldsymbol{0}_m \quad \boldsymbol{I}_m)\end{cases} \tag{3-52}$$

式中，$\boldsymbol{0}_m$ 和 $\boldsymbol{I}_m$ 为 $m\times m$ 维零矩阵和单位矩阵；m 为输出向量的维数。

从式（3-51）和式（3-52）可以看出，能控标准型实现的维数是 $n\times r$，能观测标准型实现的维数是 $n\times m$。显然，若 $m>r$，最好采用能控性实现；若 $m<r$，最好采用能观测性实现。需要提醒注意的是多输入多输出系统的能控标准型和能观测标准型并不是简单的转置关系。

例 3-19 试求下列传递函数阵的能控标准型实现和能观测标准型实现。

$$\boldsymbol{W}(s)=\begin{pmatrix}\dfrac{s+2}{s+1} & \dfrac{1}{s+3}\\ \dfrac{s}{s+1} & \dfrac{s+1}{s+2}\end{pmatrix}$$

解 首先将 $\boldsymbol{W}(s)$ 化成严格真有理分式，为此利用式（3-48）求得

$$\boldsymbol{D}=\lim_{s\to\infty}\boldsymbol{W}(s)=\begin{pmatrix}1 & 0\\ 1 & 1\end{pmatrix}$$

再由式（3-49）得

$$\boldsymbol{C}(s\boldsymbol{I}-\boldsymbol{A})^{-1}\boldsymbol{B}=\boldsymbol{W}(s)-\boldsymbol{D}=\begin{pmatrix}\dfrac{1}{s+1} & \dfrac{1}{s+3}\\ -\dfrac{1}{s+1} & -\dfrac{1}{s+2}\end{pmatrix}$$

然后将 $\boldsymbol{C}(s\boldsymbol{I}-\boldsymbol{A})^{-1}\boldsymbol{B}$ 写成如式（3-50）的按 s 降幂排列的标准格式

$$\begin{pmatrix}\dfrac{1}{s+1} & \dfrac{1}{s+3}\\ -\dfrac{1}{s+1} & -\dfrac{1}{s+2}\end{pmatrix}=\frac{1}{(s+1)(s+2)(s+3)}\begin{pmatrix}(s+2)(s+3) & (s+1)(s+2)\\ -(s+2)(s+3) & -(s+1)(s+3)\end{pmatrix}$$

$$=\frac{1}{s^3+6s^2+11s+6}\left\{\begin{pmatrix}1 & 1\\ -1 & -1\end{pmatrix}s^2+\begin{pmatrix}5 & 3\\ -5 & -4\end{pmatrix}s+\begin{pmatrix}6 & 2\\ -6 & 3\end{pmatrix}\right\}$$

对照式（3-50），可得

$$\alpha_0=6,\ \alpha_1=11,\ \alpha_2=6$$

$$\boldsymbol{\beta}_0=\begin{pmatrix}6&2\\-6&-3\end{pmatrix},\ \boldsymbol{\beta}_1=\begin{pmatrix}5&3\\-5&-4\end{pmatrix},\ \boldsymbol{\beta}_2=\begin{pmatrix}1&1\\-1&-1\end{pmatrix}$$

将上述系数及矩阵代入式（3-51），便可得到 $n\times r=3\times 2=6$ 维的能控标准型实现，其各系数矩阵为

$$\boldsymbol{A}_c=\begin{pmatrix}\boldsymbol{0}_2&\boldsymbol{I}_2&\boldsymbol{0}_2\\\boldsymbol{0}_2&\boldsymbol{0}_2&\boldsymbol{I}_2\\-\alpha_0\boldsymbol{I}_2&-\alpha_1\boldsymbol{I}_2&-\alpha_2\boldsymbol{I}_2\end{pmatrix}=\begin{pmatrix}0&0&1&0&0&0\\0&0&0&1&0&0\\0&0&0&0&1&0\\0&0&0&0&0&1\\-6&0&-11&0&-6&0\\0&-6&0&-11&0&-6\end{pmatrix}$$

$$\boldsymbol{B}_c=\begin{pmatrix}\boldsymbol{0}_2\\\boldsymbol{0}_2\\\boldsymbol{I}_2\end{pmatrix}=\begin{pmatrix}0&0\\0&0\\0&0\\0&0\\1&0\\0&1\end{pmatrix}$$

$$\boldsymbol{C}_c=(\boldsymbol{\beta}_0\quad\boldsymbol{\beta}_1\quad\boldsymbol{\beta}_2)=\begin{pmatrix}6&2&5&3&1&1\\-6&-3&-5&-4&-1&-1\end{pmatrix}$$

$$\boldsymbol{D}=\begin{pmatrix}1&0\\1&1\end{pmatrix}$$

类似地，将 α_i 及 $\boldsymbol{\beta}_i$（$i=0,1,2$）代入式（3-52），可得能观测标准型实现。

$$\boldsymbol{A}_o=\begin{pmatrix}\boldsymbol{0}_2&\boldsymbol{0}_2&-\alpha_0\boldsymbol{I}_2\\\boldsymbol{I}_2&\boldsymbol{0}_2&-\alpha_1\boldsymbol{I}_2\\\boldsymbol{0}_2&\boldsymbol{I}_2&-\alpha_2\boldsymbol{I}_2\end{pmatrix}=\begin{pmatrix}0&0&0&0&-6&0\\0&0&0&0&0&-6\\1&0&0&0&-11&0\\0&1&0&0&0&-11\\0&0&1&0&-6&0\\0&0&0&1&0&-6\end{pmatrix}$$

$$\boldsymbol{B}_o=\begin{pmatrix}\boldsymbol{\beta}_0\\\boldsymbol{\beta}_1\\\boldsymbol{\beta}_2\end{pmatrix}=\begin{pmatrix}6&2\\-6&-3\\5&3\\-5&-4\\1&1\\-1&-1\end{pmatrix}$$

$$\boldsymbol{C}_o=(\boldsymbol{0}_2\quad\boldsymbol{0}_2\quad\boldsymbol{I}_2)=\begin{pmatrix}0&0&0&0&1&0\\0&0&0&0&0&1\end{pmatrix}$$

从所得结果也可看出，多变量系统的能控型实现和能观测型实现之间并不是一个简单的转置关系。

三、最小实现

前已述及，对于一个可实现的传递函数阵来说，将有无穷多个状态空间描述与之对应，其中维数最低的实现叫作最小实现，最小实现又称为不可约实现。最小实现反映了具有给定传递函数阵的假定结构的最简形式，因此，从工程角度而言，如何寻求维数最小的一类实现，具有重要的现实意义。

1. 最小实现的定义

传递函数 $\boldsymbol{W}(s)$ 的一个实现

$$\begin{cases}\dot{\boldsymbol{x}}=\boldsymbol{A}\boldsymbol{x}+\boldsymbol{B}\boldsymbol{u}\\ \boldsymbol{y}=\boldsymbol{C}\boldsymbol{x}\end{cases}\tag{3-53}$$

如果 $\boldsymbol{W}(s)$其他实现

$$\dot{\tilde{\boldsymbol{x}}}=\tilde{\boldsymbol{A}}\tilde{\boldsymbol{x}}+\tilde{\boldsymbol{B}}\boldsymbol{u}$$

$$\boldsymbol{y}=\tilde{\boldsymbol{C}}\tilde{\boldsymbol{x}}$$

状态向量 $\tilde{\boldsymbol{x}}$ 的维数均大于 $\boldsymbol{x}$ 的维数，则称式（3-53）的实现为最小实现。

当传递函数 $\boldsymbol{W}(s)$的实现 $\Sigma(\boldsymbol{A},\boldsymbol{B},\boldsymbol{C})$ 是完全能控且能观测时，则 $\Sigma(\boldsymbol{A},\boldsymbol{B},\boldsymbol{C})$ 就是 $\boldsymbol{W}(s)$的一个最小维数实现。反之，当 $\Sigma(\boldsymbol{A},\boldsymbol{B},\boldsymbol{C})$ 是最小实现时，则它一定是完全能控和完全能观测的。不是完全能控和不是完全能观测的实现不会是最小实现，把系统中不能控或不能观测的状态分量消去，将不会影响系统的传递函数阵。根据以上分析，将有如下的判别最小实现的方法。

2. 寻求最小实现的方法

传递函数 $\boldsymbol{W}(s)$ 的一个实现 Σ

$$\dot{\boldsymbol{x}}=\boldsymbol{A}\boldsymbol{x}+\boldsymbol{B}\boldsymbol{u}$$

$$\boldsymbol{y}=\boldsymbol{C}\boldsymbol{x}$$

为最小实现的必要充分条件是 $\Sigma(\boldsymbol{A},\boldsymbol{B},\boldsymbol{C})$ 既是能控的又是能观测的。

这个定理的证明从略。根据这个定理可以方便地确定任何一个具有严格的真有理分式的传递函数 $\boldsymbol{W}(s)$的最小实现。一般可以按照如下步骤来进行。

1）对给定传递函数阵 $\boldsymbol{W}(s)$，先初选出一种能控标准型实现或能观测标准型实现，若 $r<m$，则采用能控标准型实现；若 $r=m$，则任选其中一种。

2）对上面初选的实现，进行能观测性或能控性分解，所得的能控、能观测子系统即为 $\boldsymbol{W}(s)$的最小实现。

例 3-20　试求传递函数阵

$$\boldsymbol{W}(s)=\begin{pmatrix}\dfrac{1}{(s+1)(s+2)} & \dfrac{1}{(s+2)(s+3)}\end{pmatrix}$$

的最小实现。

解　把 $\boldsymbol{W}(s)$写成标准的形式

$$\boldsymbol{W}(s)=\begin{pmatrix}\dfrac{s+3}{(s+1)(s+2)(s+3)} & \dfrac{s+1}{(s+1)(s+2)(s+3)}\end{pmatrix}$$

$$=\frac{1}{(s+1)(s+2)(s+3)}[s+3\quad s+1]$$

$$=\frac{1}{s^3+6s^2+11s+6}\{(1\quad 1)s+(3\quad 1)\}$$

可知
$$\alpha_0=6,\ \alpha_1=11,\ \alpha_2=6$$
$$\boldsymbol{\beta}_0=(3\quad 1),\ \boldsymbol{\beta}_1=(1\quad 1),\ \boldsymbol{\beta}_2=(0\quad 0)$$

由 $\boldsymbol{W}(s)$ 知　$m=1,\ r=2$

因为 $m<r$，故采用能观测标准型实现

$$\underset{nm\times nm}{\boldsymbol{A}_o}=\begin{pmatrix}\boldsymbol{0}_m & \boldsymbol{0}_m & -\alpha_0\boldsymbol{I}_m\\ \boldsymbol{I}_m & \boldsymbol{0}_m & -\alpha_1\boldsymbol{I}_m\\ \boldsymbol{0}_m & \boldsymbol{I}_m & -\alpha_{n-1}\boldsymbol{I}_m\end{pmatrix}=\begin{pmatrix}0 & 0 & -6\\ 1 & 0 & -11\\ 0 & 1 & -6\end{pmatrix}$$

$$\underset{nm\times r}{\boldsymbol{B}_o}=\begin{pmatrix}\boldsymbol{\beta}_0\\ \boldsymbol{\beta}_1\\ \boldsymbol{\beta}_2\end{pmatrix}=\begin{pmatrix}3 & 1\\ 1 & 1\\ 0 & 0\end{pmatrix}$$

$$\underset{m\times nm}{\boldsymbol{C}_o}=(\boldsymbol{0}_m\quad \boldsymbol{0}_m\quad \boldsymbol{I}_m)=(0\quad 0\quad 1)$$

检测所求能观测标准型 $\Sigma_o(\boldsymbol{A}_o,\ \boldsymbol{B}_o,\ \boldsymbol{C}_o)$ 是否能控。能控判别矩阵

$$\boldsymbol{M}=(\boldsymbol{B}_o\quad \boldsymbol{A}_o\boldsymbol{B}_o\quad \boldsymbol{A}_o^2\boldsymbol{B}_o)=\begin{pmatrix}3 & 1 & 0 & 0 & -6 & -6\\ 1 & 1 & 3 & 1 & -11 & -11\\ 0 & 0 & 1 & 1 & -3 & -5\end{pmatrix}$$

其秩，$\mathrm{rank}\boldsymbol{M}=3=n$。所以 $\Sigma_o(\boldsymbol{A}_o,\ \boldsymbol{B}_o,\ \boldsymbol{C}_o)$ 是能控且能观测的，为最小实现。

例 3-21　求下列系统的最小实现。

$$\boldsymbol{W}(s)=\begin{pmatrix}\dfrac{s+2}{s+1} & \dfrac{1}{s+3}\\ \dfrac{s}{s+1} & \dfrac{s+1}{s+2}\end{pmatrix}$$

解　由于 $m=r=2$，故可任选能控和能观测标准型中的一种为初选实现。例 3-20 中已经求出能控标准型实现的系数矩阵为

$$\boldsymbol{A}=\begin{pmatrix}0 & 0 & 1 & 0 & 0 & 0\\ 0 & 0 & 0 & 1 & 0 & 0\\ 0 & 0 & 0 & 0 & 1 & 0\\ 0 & 0 & 0 & 0 & 0 & 1\\ -6 & 0 & -11 & 0 & -6 & 0\\ 0 & -6 & 0 & -11 & 0 & -6\end{pmatrix},\ \boldsymbol{B}=\begin{pmatrix}0 & 0\\ 0 & 0\\ 0 & 0\\ 0 & 0\\ 1 & 0\\ 0 & 1\end{pmatrix}$$

$$\boldsymbol{C}=\begin{pmatrix}6 & 2 & 5 & 3 & 1 & 1\\ -6 & -3 & -5 & -4 & -1 & -1\end{pmatrix},\quad \boldsymbol{D}=\begin{pmatrix}1 & 0\\ 1 & 1\end{pmatrix}$$

判别该能控标准型实现是否为完全能观测

$$N=\begin{pmatrix}C\\CA\\CA^2\end{pmatrix}=\begin{pmatrix}6&2&5&3&1&1\\-6&3&-5&-4&-1&-1\\-6&-6&-5&-9&-1&-3\\6&6&5&8&1&2\\6&18&5&27&1&9\\-6&-12&-5&-16&-1&-4\end{pmatrix}$$

因 $\text{rank}\boldsymbol{N}=3<n=6$，所以该实现不是最小实现，必须将其按能观测性进行结构分解。

根据式（3-41）构造变换矩阵 $\boldsymbol{R}_o^{-1}$，将系统按能观测性进行分解。

取

$$\boldsymbol{R}_o^{-1}=\left(\begin{array}{ccc:ccc}6&2&5&3&1&1\\-6&-3&-5&-4&-1&-1\\-6&-6&-5&-9&-1&-3\\\hdashline 1&0&0&0&0&0\\0&1&0&0&0&0\\0&0&1&0&0&0\end{array}\right)$$

利用分块矩阵求逆公式，把矩阵 $\boldsymbol{R}$ 表示为分块矩阵

$$\boldsymbol{R}=\begin{pmatrix}\boldsymbol{R}_{11}&\boldsymbol{R}_{12}\\\boldsymbol{R}_{21}&\boldsymbol{R}_{22}\end{pmatrix}$$

并令

$$\boldsymbol{R}^{-1}=\begin{pmatrix}\boldsymbol{S}_{11}&\boldsymbol{S}_{12}\\\boldsymbol{S}_{21}&\boldsymbol{S}_{22}\end{pmatrix}$$

则

$$\boldsymbol{R}^{-1}\boldsymbol{R}=\begin{pmatrix}\boldsymbol{S}_{11}&\boldsymbol{S}_{12}\\\boldsymbol{S}_{21}&\boldsymbol{S}_{22}\end{pmatrix}\begin{pmatrix}\boldsymbol{R}_{11}&\boldsymbol{R}_{12}\\\boldsymbol{R}_{21}&\boldsymbol{R}_{22}\end{pmatrix}=\begin{pmatrix}\boldsymbol{I}&\boldsymbol{0}\\\boldsymbol{0}&\boldsymbol{I}\end{pmatrix}$$

即

$$S_{11}R_{11}+S_{12}R_{21}=\boldsymbol{I}$$
$$S_{11}R_{12}+S_{12}R_{22}=\boldsymbol{0}$$
$$S_{21}R_{11}+S_{22}R_{21}=\boldsymbol{0}$$
$$S_{21}R_{12}+S_{22}R_{22}=\boldsymbol{I}$$

本例中，$R_{21}=\boldsymbol{I}$，$R_{22}=0$。

于是有

$$\boldsymbol{S}_{11}\boldsymbol{R}_{11}+\boldsymbol{S}_{12}=\boldsymbol{I}$$
$$\boldsymbol{S}_{11}\boldsymbol{R}_{12}=\boldsymbol{0}$$
$$\boldsymbol{S}_{21}\boldsymbol{R}_{11}+\boldsymbol{S}_{22}=\boldsymbol{0}$$
$$\boldsymbol{S}_{21}\boldsymbol{R}_{12}=\boldsymbol{I}$$

得

$$\boldsymbol{S}_{11}=\boldsymbol{0},\ \boldsymbol{S}_{12}=\boldsymbol{I},\ \boldsymbol{S}_{21}=\boldsymbol{R}_{12}^{-1},\ \boldsymbol{S}_{22}=-\boldsymbol{R}_{12}^{-1}\boldsymbol{R}_{11}$$

故求得

$$R_o=\left(\begin{array}{ccc:ccc}0&0&0&1&0&0\\0&0&0&0&1&0\\0&0&0&0&0&1\\ \hdashline -1&-1&0&0&-1&0\\ \frac{3}{2}&0&\frac{1}{2}&-6&0&-5\\ \frac{5}{2}&3&-\frac{1}{2}&0&1&0\end{array}\right)$$

于是能观测性分解的状态空间描述为

$$\hat{A}=R_o^{-1}AR_o=\left(\begin{array}{ccc:ccc}0&0&1&0&0&0\\-\frac{3}{2}&-2&-\frac{1}{2}&0&0&0\\-3&0&-4&0&0&0\\ \hdashline 0&0&0&0&0&1\\-1&-1&0&0&-1&0\\ \frac{3}{2}&0&\frac{1}{2}&-6&0&-5\end{array}\right)=\begin{pmatrix}A_{co}&\mathbf{0}\\A_{21}&A_{c\bar{o}}\end{pmatrix}$$

$$\hat{B}=R_o^{-1}B=\left(\begin{array}{cc}1&1\\-1&-1\\-1&-3\\ \hdashline 0&0\\0&0\\0&0\end{array}\right)=\begin{pmatrix}B_{co}\\ \mathbf{0}\end{pmatrix}$$

$$\hat{C}=CR_o=\left(\begin{array}{ccc:ccc}1&0&0&0&0&0\\0&1&0&0&0&0\end{array}\right)=(C_{co}\quad \mathbf{0})$$

其中，$\Sigma_{co}(A_{co}, B_{co}, C_{co})$是能控且能观测的子系统，因此，$W(s)$的最小实现为

$$A_m=A_{co}=\begin{pmatrix}0&0&1\\-\frac{3}{2}&-2&-\frac{1}{2}\\-3&0&-4\end{pmatrix};\ B_m=B_{co}=\begin{pmatrix}1&1\\-1&-1\\-1&-3\end{pmatrix}$$

$$C_m=C_{co}=\begin{pmatrix}1&0&0\\0&1&0\end{pmatrix};\qquad D=\begin{pmatrix}1&0\\1&1\end{pmatrix}$$

若根据上例 A_m、B_m、C_m、D 求系统传递函数，则可检验所得结果。

$$C_m(sI-A_m)^{-1}B_m+D=\begin{pmatrix}1&0&0\\0&1&0\end{pmatrix}\begin{pmatrix}s&0&-1\\ \frac{3}{2}&s+2&\frac{1}{2}\\3&0&s+4\end{pmatrix}^{-1}\begin{pmatrix}1&1\\-1&-1\\-1&-3\end{pmatrix}+$$

$$\begin{pmatrix}1 & 0\\ \\ 1 & 1\end{pmatrix}=\begin{pmatrix}\dfrac{s+2}{s+1} & \dfrac{1}{s+3}\\ \dfrac{s}{s+1} & \dfrac{s+1}{s+2}\end{pmatrix}$$

上面为了进行能观测性分解，必须对六维矩阵 $\boldsymbol{R}_o^{-1}$ 求逆，而利用分块矩阵求逆方法，计算繁杂，如用下面方法计算，则较为简便。

由 rank$\boldsymbol{N}=3$，可知在能控性实现中，按能观测性分解得到的能观测部分是三维的，即给定 $\boldsymbol{W}(s)$ 的最小实现是三维的。在 $\boldsymbol{N}$ 阵中取三个线性无关的行，构成矩阵 $\boldsymbol{S}$

$$\boldsymbol{S}=\left(\begin{array}{ccc:ccc}6 & 2 & 5 & 3 & 1 & 1\\ -6 & -3 & -5 & -4 & -1 & -1\\ -6 & -6 & -5 & -9 & -1 & -3\end{array}\right)\triangleq(\boldsymbol{S}_1\quad \boldsymbol{S}_2)$$

利用
$$\boldsymbol{SU}=\boldsymbol{I}_3$$
计算

$$\boldsymbol{U}=\begin{pmatrix}\boldsymbol{0}\\ \hdashline \boldsymbol{S}_2^{-1}\end{pmatrix}=\left(\begin{array}{ccc}0 & 0 & 0\\ 0 & 0 & 0\\ 0 & 0 & 0\\ \hdashline -1 & -1 & 0\\ \dfrac{3}{2} & 0 & \dfrac{1}{2}\\ \dfrac{5}{2} & 3 & -\dfrac{1}{2}\end{array}\right)$$

将 $\boldsymbol{S}$、$\boldsymbol{U}$ 作为最小实现的变换矩阵

则

$$\boldsymbol{A}_m=\boldsymbol{SAU}=\begin{pmatrix}6 & 2 & 5 & 3 & 1 & 1\\ -6 & -3 & -5 & -4 & -1 & -1\\ -6 & -6 & -5 & -9 & -1 & -3\end{pmatrix}\times$$

$$\begin{pmatrix}0 & 0 & 1 & 0 & 0 & 0\\ 0 & 0 & 0 & 1 & 0 & 0\\ 0 & 0 & 0 & 0 & 1 & 0\\ 0 & 0 & 0 & 0 & 0 & 1\\ -6 & 0 & -11 & 0 & -6 & 0\\ 0 & -6 & 0 & -11 & 0 & -6\end{pmatrix}\begin{pmatrix}0 & 0 & 0\\ 0 & 0 & 0\\ 0 & 0 & 0\\ -1 & -1 & 0\\ \dfrac{3}{2} & 0 & \dfrac{1}{2}\\ \dfrac{5}{2} & 3 & -\dfrac{1}{2}\end{pmatrix}$$

$$=\begin{pmatrix}0 & 0 & 1\\ -\dfrac{3}{2} & -2 & -\dfrac{1}{2}\\ -3 & 0 & -4\end{pmatrix}$$

$$B_m = SB = \begin{pmatrix} 6 & 2 & 5 & 3 & 1 & 1 \\ -6 & -3 & -5 & -4 & -1 & -1 \\ -6 & -6 & -5 & -9 & -1 & -3 \end{pmatrix} \begin{pmatrix} 0 & 0 \\ 0 & 0 \\ 0 & 0 \\ 0 & 0 \\ 1 & 0 \\ 0 & 1 \end{pmatrix} = \begin{pmatrix} 1 & 1 \\ -1 & -1 \\ -1 & -3 \end{pmatrix}$$

$$C_m = CU = \begin{pmatrix} 6 & 2 & 5 & 3 & 1 & 1 \\ -6 & -3 & -5 & -4 & -1 & -1 \end{pmatrix} \begin{pmatrix} 0 & 0 & 0 \\ 0 & 0 & 0 \\ 0 & 0 & 0 \\ -1 & -1 & 0 \\ \frac{3}{2} & 0 & \frac{1}{2} \\ \frac{5}{2} & 3 & -\frac{1}{2} \end{pmatrix}$$

$$= \begin{pmatrix} 1 & 0 & 0 \\ 0 & 1 & 0 \end{pmatrix}$$

结果与上述计算所得一致。

若初选 $\boldsymbol{W}(s)$ 的能观测标准型实现，然后进行能控性结构分解，也可得最小实现，其表达式为

$$\dot{\boldsymbol{x}}_{oc} = \begin{pmatrix} 1 & 0 & 0 \\ 0 & 0 & -6 \\ 0 & 1 & 5 \end{pmatrix} \boldsymbol{x}_{oc} + \begin{pmatrix} 1 & 0 \\ 0 & 1 \\ 0 & 0 \end{pmatrix} \boldsymbol{u}$$

$$\boldsymbol{y} = \begin{pmatrix} 1 & 1 & -3 \\ -1 & -1 & 2 \end{pmatrix} \boldsymbol{x}_{oc} + \begin{pmatrix} 1 & 0 \\ 1 & 1 \end{pmatrix} \boldsymbol{u}$$

对此以上两种不同的最小实现，可进一步说明传递函数阵的实现不是唯一的，最小实现也不是唯一的，只有最小实现的维数才是唯一的。但是可以证明，如果 $\Sigma(\boldsymbol{A}_m, \boldsymbol{B}_m, \boldsymbol{C}_m)$ 和 $\Sigma(\tilde{\boldsymbol{A}}_m, \tilde{\boldsymbol{B}}_m, \tilde{\boldsymbol{C}}_m)$ 是同一传递函数阵 $\boldsymbol{W}(s)$ 的两个最小实现，那么它们之间必存在一状态变换 $\boldsymbol{x} = \boldsymbol{P}\tilde{\boldsymbol{x}}$，使得

$$\tilde{\boldsymbol{A}}_m = \boldsymbol{P}^{-1}\boldsymbol{A}_m\boldsymbol{P}, \quad \tilde{\boldsymbol{B}}_m = \boldsymbol{P}^{-1}\boldsymbol{B}_m, \quad \tilde{\boldsymbol{C}}_m = \boldsymbol{C}_m\boldsymbol{P}$$

也就是说，同一传递函数阵的最小实现是代数等价的。

第九节　能控性和能观测性与传递函数零极点的关系

能控性和能观测性与传递函数是两个不同范畴的基本概念。从第三章第八节中的讨论可知，系统的能控且能观测性与其传递函数阵的最小实现是同义的，那么，能否通过系统传递函数阵的特征来判别其状态的能控性和能观测性呢？答案是肯定的，本节只讨论单输入单输出系统的情况。

对于一个单输入单输出系统$\Sigma(\boldsymbol{A},\boldsymbol{b},\boldsymbol{C})$

$$\dot{\boldsymbol{x}}=\boldsymbol{A}\boldsymbol{x}+\boldsymbol{b}u$$
$$y=\boldsymbol{c}\boldsymbol{x}$$

其能控且能观测的充分必要条件是传递函数

$$W(s)=\boldsymbol{c}(s\boldsymbol{I}-\boldsymbol{A})^{-1}\boldsymbol{b}$$

的分子分母间没有零极点对消。

证明：先证必要性

如果$\Sigma(\boldsymbol{A},\boldsymbol{B},\boldsymbol{C})$不是$W(s)$的最小实现，则必存在另一系统$\Sigma(\tilde{\boldsymbol{A}},\tilde{\boldsymbol{B}},\tilde{\boldsymbol{C}})$

$$\dot{\tilde{\boldsymbol{x}}}=\tilde{\boldsymbol{A}}\tilde{\boldsymbol{x}}+\tilde{\boldsymbol{b}}u$$
$$y=\tilde{\boldsymbol{c}}\tilde{\boldsymbol{x}}$$

有更少的维数，使得

$$\tilde{\boldsymbol{c}}(s\boldsymbol{I}-\tilde{\boldsymbol{A}})^{-1}\tilde{\boldsymbol{b}}=\boldsymbol{c}(s\boldsymbol{I}-\boldsymbol{A})^{-1}\boldsymbol{b}=W(s)$$

由于$\tilde{\boldsymbol{A}}$的阶次比$\boldsymbol{A}$低，于是多项式$\det(s\boldsymbol{I}-\tilde{\boldsymbol{A}})$的阶次也一定比$\det(s\boldsymbol{I}-\boldsymbol{A})$的阶次低。但是欲使上式成立，必然是$\boldsymbol{c}(s\boldsymbol{I}-\boldsymbol{A})^{-1}\boldsymbol{b}$的分子分母间出现零极点对消。于是反假设不成立。必要性得证。

再证充分性

如果$\boldsymbol{c}(s\boldsymbol{I}-\boldsymbol{A})^{-1}\boldsymbol{b}$的分子分母不出现零极点对消，$\Sigma(\boldsymbol{A},\boldsymbol{B},\boldsymbol{C})$一定是能控并能观测的。

反假设$\boldsymbol{c}(s\boldsymbol{I}-\boldsymbol{A})^{-1}\boldsymbol{b}$的分子分母出现零极点对消，那么$\boldsymbol{c}(s\boldsymbol{I}-\boldsymbol{A})^{-1}\boldsymbol{b}$将退化为一个降阶的传递函数。根据这个降阶的没有零极点对消的传递函数，可以找到一个更小维数的实现。现假设$\boldsymbol{c}(s\boldsymbol{I}-\boldsymbol{A})^{-1}\boldsymbol{b}$的分子分母不出现零极点对消，于是对应的$\Sigma(\boldsymbol{A},\boldsymbol{B},\boldsymbol{C})$一定是最小实现，即$\Sigma(\boldsymbol{A},\boldsymbol{B},\boldsymbol{C})$是能控并能观测的。充分性得证。

利用这个关系可以根据传递函数的分子和分母是否出现零极点对消，方便地判别相应的实现是否能控且能观测。但是，如果传递函数出现了零极点对消现象，则还不能确定系统是不能控的还是不能观测的，或是既不能控又不能观测的。要解这个问题还需辅以传递函数实现的具体结构。

例如某系统的结构如图3-11所示。

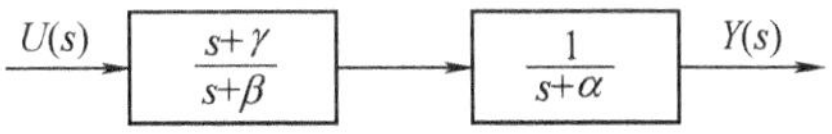

图3-11　系统的结构

由图可见，组合系统的传递函数

$$W(s)=W_1(s)W_2(s)=\frac{1}{s+\alpha}\frac{s+\gamma}{s+\beta}$$

当$\gamma=\alpha$时，系统的传递函数发生零极点对消，系统不是能控能观测的。但是不能确定它究竟是不能控的，还是不能观测的，或者既不能控又不能观测。该系统的状态结构图如图3-12所示。系统的状态空间描述为

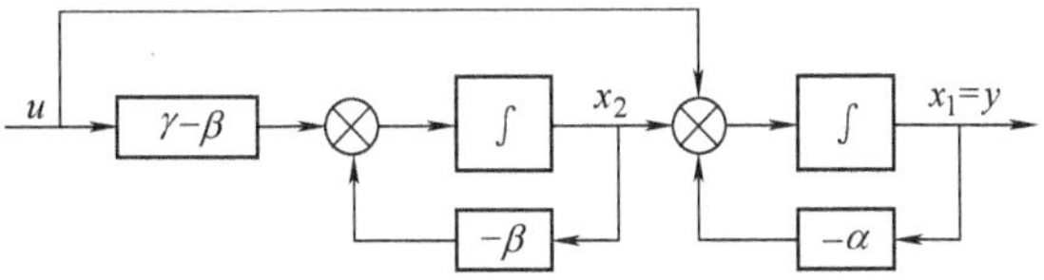

图3-12　系统状态结构图

$$\begin{pmatrix}\dot{x}_1\\ \dot{x}_2\end{pmatrix}=\begin{pmatrix}-\alpha & 1\\ 0 & -\beta\end{pmatrix}\begin{pmatrix}x_1\\ x_2\end{pmatrix}+\begin{pmatrix}1\\ \gamma-\beta\end{pmatrix}\boldsymbol{u}$$

$$\boldsymbol{y}=(1\quad 0)\begin{pmatrix}x_1\\ x_2\end{pmatrix}$$

其能控性判别阵 $\boldsymbol{M}$ 和能观测性判别阵 $\boldsymbol{N}$ 为

$$\boldsymbol{M}=\begin{pmatrix}1 & -\alpha-\beta+\gamma\\ \gamma-\beta & -\beta(\gamma-\beta)\end{pmatrix},\ \boldsymbol{N}=\begin{pmatrix}1 & 0\\ -\alpha & -\beta\end{pmatrix}$$

当 $\gamma=\alpha$ 时，$\mathrm{rank}\boldsymbol{M}=1<n$；$\mathrm{rank}\boldsymbol{N}=2=n$，故系统是不能控但能观测的。

如果将图 3-11 系统中 $W_1(s)$ 和 $W_2(s)$ 位置互换一下，并也画出其对应的状态结构图，那么由状态空间描述可知，此时的 $\mathrm{rank}\boldsymbol{M}=2=n$；$\mathrm{rank}\boldsymbol{N}=1<n$，因此系统是能控不能观测的。

对此上述两种情况，可以发现，若把两个串联子系统的位置次序前后互换一下，在发生零极点对消时，其能控性和能观测性的结论也将互换。即

1）若串联排列的次序是被消去的零点在前面一个传递函数中（即上面第一种情况），则系统将是状态不能控但能观测的。

2）若串联的次序是被消去的零点在后面的一个传递函数中，则系统是状态能控但不能观测。

对于上面的第一种情况，倘若被消去的这个零点（即后面一个串联子系统的极点）是不稳定的，那么它将严重地影响系统的品质，甚至使系统成为不稳定。然而在古典控制理论中，有时仍采用零极点对消法，在这样做的时候应充分考虑相消因子对系统动态性能的破坏性影响。

习　题

3-1 判定下列系统的能控性。

（1）$\dot{\boldsymbol{x}}=\begin{pmatrix}1 & 0\\ -1 & 2\end{pmatrix}\boldsymbol{x}+\begin{pmatrix}1\\ 0\end{pmatrix}\boldsymbol{u}$

（2）$\dot{\boldsymbol{x}}=\begin{pmatrix}-3 & 1 & 0\\ 0 & -3 & 0\\ 0 & 0 & -1\end{pmatrix}\boldsymbol{x}+\begin{pmatrix}1 & -1\\ 0 & 0\\ 2 & 0\end{pmatrix}\boldsymbol{u}$

（3）$\dot{\boldsymbol{x}}=\begin{pmatrix}3 & 0 & 0\\ 0 & -1 & 0\\ 0 & 0 & 1\end{pmatrix}\boldsymbol{x}+\begin{pmatrix}2\\ 1\\ 0\end{pmatrix}\boldsymbol{u}$

（4）$\dot{\boldsymbol{x}}=\begin{pmatrix}-3 & 1 & 0\\ 0 & -3 & 0\\ 0 & 0 & 1\end{pmatrix}\boldsymbol{x}+\begin{pmatrix}0 & 0\\ 2 & -1\\ 0 & 3\end{pmatrix}\boldsymbol{u}$

3-2 判定下列系统的能观测性。

（1）$\dot{\boldsymbol{x}}=\begin{pmatrix}-2 & 0\\ 0 & 5\end{pmatrix}\boldsymbol{x}$，　$\boldsymbol{y}=(1\quad 3)\,\boldsymbol{x}$

（2）$\dot{\boldsymbol{x}}=\begin{pmatrix}2 & 1 & 0\\ 0 & 2 & 0\\ 0 & 0 & -3\end{pmatrix}\boldsymbol{x}$，　$\boldsymbol{y}=(0\quad 1\quad 1)\,\boldsymbol{x}$

3-3　要求下列系统具有能控性

$$\dot{\boldsymbol{x}} = \begin{pmatrix} a & 1 \\ -1 & 0 \end{pmatrix}\boldsymbol{x} + \begin{pmatrix} b \\ -1 \end{pmatrix}\boldsymbol{u}$$

试确定 a，b 间的关系。

3-4　要求下列系统具有能控性与能观测性

$$\dot{\boldsymbol{x}} = \begin{pmatrix} a & 1 \\ 0 & b \end{pmatrix}\boldsymbol{x} + \begin{pmatrix} 1 \\ 1 \end{pmatrix}\boldsymbol{u}, \quad \boldsymbol{y} = (1 \quad -1)\,\boldsymbol{x}$$

试确定 a，b 间的关系。

3-5　已知系统方程

（1）$\dot{\boldsymbol{x}} = \begin{pmatrix} 1 & -1 \\ 1 & 1 \end{pmatrix}\boldsymbol{x} + \begin{pmatrix} 0 \\ 1 \end{pmatrix}\boldsymbol{u}, \quad \boldsymbol{y} = (0 \quad 1)\,\boldsymbol{x}$

（2）$\dot{\boldsymbol{x}} = \begin{pmatrix} 0 & 1 & 0 \\ 0 & 2 & 0 \\ 0 & 0 & 1 \end{pmatrix}\boldsymbol{x} + \begin{pmatrix} 1 \\ 0 \\ 0 \end{pmatrix}, \quad \boldsymbol{y} = (0 \quad 1 \quad 1)\,\boldsymbol{x}$

分别求出对应的对偶系统方程。

3-6　已知系统方程

$$\dot{\boldsymbol{x}} = \begin{pmatrix} 1 & -1 \\ 1 & 1 \end{pmatrix}\boldsymbol{x} + \begin{pmatrix} 1 \\ 1 \end{pmatrix}\boldsymbol{u}, \quad \boldsymbol{y} = (1 \quad 0)\,\boldsymbol{x}$$

判定系统的能控性，若能控，变换成能控标准型。

3-7　已知系统方程

$$\dot{\boldsymbol{x}} = \begin{pmatrix} 1 & -1 \\ 1 & 1 \end{pmatrix}\boldsymbol{x} + \begin{pmatrix} 2 \\ 1 \end{pmatrix}\boldsymbol{u}, \quad \boldsymbol{y} = (-1 \quad 1)\,\boldsymbol{x}$$

判定系统的能观测性，若能观测，变换成能观测标准型。

3-8　已知系统方程

$$\dot{\boldsymbol{x}} = \begin{pmatrix} 1 & 2 & -1 \\ 0 & 1 & 0 \\ 1 & -4 & 3 \end{pmatrix}\boldsymbol{x} + \begin{pmatrix} 0 \\ 0 \\ 1 \end{pmatrix}\boldsymbol{u}, \quad \boldsymbol{y} = (1 \quad -1 \quad 1)\,\boldsymbol{x}$$

判定系统的能控性，若不能控，按能控性结构分解。

3-9　已知系统方程

$$\dot{\boldsymbol{x}} = \begin{pmatrix} -2 & 2 & -1 \\ 0 & -2 & 0 \\ 1 & -4 & 0 \end{pmatrix}\boldsymbol{x} + \begin{pmatrix} 0 \\ 0 \\ 1 \end{pmatrix}\boldsymbol{u}, \quad \boldsymbol{y} = (1 \quad -1 \quad 1)\,\boldsymbol{x}$$

判定系统的能观测性，若不能观测，按能观测性结构分解。

3-10　已知系统方程

$$\dot{\boldsymbol{x}} = \begin{pmatrix} 0 & 0 & -1 \\ 2 & 0 & -2 \\ 0 & 1 & -3 \end{pmatrix}\boldsymbol{x} + \begin{pmatrix} 1 \\ 1 \\ 0 \end{pmatrix}\boldsymbol{u}, \quad \boldsymbol{y} = (0 \quad 1 \quad -1)\,\boldsymbol{x}$$

判定系统的能控能观测性，若不能能控不能观测，按能控能观测性结构分解。

3-11　已知系统传递函数

$$G(s) = \frac{s-1}{s^2+s-2}$$

试分析系统的能控能观测性。

3-12 已知系统传递函数

$$G(s)=\frac{s+a}{s^3+7s^2+14s+8}$$

（1）a 为何值时，系统将不能控或不能观测。

（2）$a=1$ 时，最小实现的阶数是多少？写出 $G(s)$ 此时的能控或能观测的一个最小实现。

第四章 控制系统的稳定性分析

稳定性是控制系统能否正常工作的前提条件。对系统稳定性的分析和研究是控制理论的重要课题。

控制系统的稳定性，通常有两种定义方式：一种是指系统在零初始条件下通过其外部状态，即由系统的输入和输出两者关系所定义的外部稳定性；另一种是指系统在零输入条件下通过其内部状态变化所定义的内部稳定性。外部稳定性只适用于线性系统，内部稳定性不但适用于线性系统，而且也适用于非线性系统。对于同一个线性系统，只有在满足一定的条件下两种定义才具有等价性。

判定系统的稳定性，在经典控制理论中常采用代数判据，例如，劳斯稳定判据，赫尔维茨判据，或者频率分析法中的奈魁斯特稳定判据。但是，这些方法只适用于线性系统和一些特殊的非线性系统。在现代控制理论中常采用李雅普诺夫方法，它不仅适用于线性系统，而且也适用于非线性系统。

本章介绍稳定性的两种定义方式，重点叙述李雅普诺夫稳定性的基本概念，给出李雅普诺夫判别系统稳定性的判据、方法及其在线性系统中的应用。

第一节　动态系统的外部稳定性

控制系统的外部稳定性，常称为有界输入有界输出稳定性。在讨论系统的外部稳定性时，一般只适用于线性动态系统，而且必须假定系统的初始条件为零。

外部稳定性的定义是，初始条件为零的线性系统，在任何一个有界的输入作用下若系统所产生的相应输出也是有界的，就称该动态系统是外部稳定的，又简称为 BIBO 稳定。

定义中的“有界”涵义，可做如下解释：

对于单输入－单输出系统来说，输入 $u(t)$ 和输出 $y(t)$ 的有界性，是通过它们各自的模的有界性来表征的。即对于任何一个输入 $u(t)$ 的有界性，用

$$|u(t)| \leqslant m_1 \qquad 0 < m_1 < \infty,\ t \geqslant 0$$

表示。系统相应输出 $y(t)$ 的有界性，用

$$|y(t)| \leqslant m_2 \qquad 0 < m_2 < \infty,\ t \geqslant 0$$

表示。

对于单输入－多输出系统来说，其输出可用向量

$$\boldsymbol{y}(t) = (y_1(t),\ y_2(t),\ \cdots,\ y_n(t))^{\mathrm{T}}$$

表示。这时，输出量 $\boldsymbol{y}(t)$ 的有界性可按输出向量的范数来定义。也可以等效地按 $\boldsymbol{y}(t)$ 的每个分量 $y_i(t)$，$i=1$，2，…，n，值的模有界性来定义，即

$$|y_i(t)| \leqslant m_i \qquad i=1,2,\cdots,n,\ 0<m_i<\infty,\ t\geqslant 0$$

表示。

对于多输入－多输出系统来说，输入量 $\boldsymbol{u}(t)$ 和输出量 $\boldsymbol{y}(t)$ 的有界涵义，可以等效地按其每个分量值的模的有界性来表征，若

$$\boldsymbol{u}(t)=(u_1(t),\ u_2(t),\ \cdots,\ u_n(t))^{\mathrm{T}}$$
$$\boldsymbol{y}(t)=(y_1(t),\ y_2(t),\ \cdots,\ y_n(t))^{\mathrm{T}}$$

则有界的涵义为

$$|u_i(t)| \leqslant m_i \qquad i=1,2,\cdots,n,\ 0<m_i<\infty,\ t\geqslant 0$$
$$|y_j(t)| \leqslant m_j \qquad j=1,2,\cdots,n,\ 0<m_j<\infty,\ t\geqslant 0$$

为了进一步理解系统外部稳定性的定义，下面以单输入－单输出系统为例加以说明。

例 4-1 设单输入－单输出系统的状态空间描述为

$$\dot{\boldsymbol{x}}=\boldsymbol{A}\boldsymbol{x}+\boldsymbol{b}u$$
$$y=\boldsymbol{c}\boldsymbol{x}$$

初始状态为 $\boldsymbol{x}_0$，试分析系统的外部稳定性。

解 线性定常系统，在系统输入 u 的作用下系统的输出响应为

$$y=\boldsymbol{c}\boldsymbol{\phi}(t)\boldsymbol{x}_0+\int_0^t \boldsymbol{c}\boldsymbol{\phi}(t-\tau)\boldsymbol{b}u(\tau)\mathrm{d}\tau=y_1+y_2$$

式中，y_1 为零输入响应，$y_1=\boldsymbol{c}\boldsymbol{\phi}(t)\boldsymbol{x}_0$；$y_2$ 为零状态响应，$y_2=\int_0^t \boldsymbol{c}\boldsymbol{\phi}(t-\tau)\boldsymbol{b}u(\tau)\mathrm{d}\tau$。

根据外部稳定性的定义，令 $\boldsymbol{x}_0=\boldsymbol{0}$。若系统对任何有界输入

$$|u| \leqslant m_1 \qquad 0<m_1<\infty,\ t\geqslant 0$$

系统的输出响应 y 的值为

$$|y|=|y_2|=\left|\int_0^t \boldsymbol{c}\boldsymbol{\phi}(t-\tau)\boldsymbol{b}\mathrm{d}\tau\right| \leqslant m_2 \qquad 0<m_2<\infty,\ t\geqslant 0$$

就称该系统是有界输入有界输出稳定的，即具有外部稳定性。

特别指出，对于单输入－单输出线性定常系统而言，在经典控制理论中定义的传递函数正是表征了系统在零初始条件下，输出量与输入量两者间的关系。因此，对于线性定常系统

$$\dot{\boldsymbol{x}}=\boldsymbol{A}\boldsymbol{x}+\boldsymbol{b}u$$
$$y=\boldsymbol{c}\boldsymbol{x}$$

具有外部稳定性的充分必要条件等价于其传递函数

$$W(s)=\boldsymbol{c}(s\boldsymbol{I}-\boldsymbol{A})^{-1}\boldsymbol{b}$$

的所有极点都位于 s 平面的左半边。

第二节 动态系统的内部稳定性

一般情况而言，动态系统的内部稳定性是指系统零输入时内部状态自由运动的稳定性，通常是采用俄国数学家李雅普诺夫所提出的定义。李雅普诺夫关于稳定性的定义是针对系统的平衡状态而言。它不仅适用于单变量、线性、定常系统，而且也适用于多变量、非线性和时变系统。先介绍与定义有关的两个概念。

一、系统的平衡状态

设不受外部作用的系统（又称为自治系统），其状态方程为

$$\dot{\boldsymbol{x}}=\boldsymbol{f}(\boldsymbol{x},t) \tag{4-1}$$

式中，$\boldsymbol{x}$ 为 n 维状态向量，$\boldsymbol{x}=(x_1,x_2,\cdots,x_n)^{\mathrm{T}}$；$\boldsymbol{f}(\boldsymbol{x},t)$ 为 n 维向量函数，$\boldsymbol{f}(\boldsymbol{x},t)=(f_1(\boldsymbol{x},t),f_2(\boldsymbol{x},t),\cdots,f_n(\boldsymbol{x},t))^{\mathrm{T}}$。

若式（4-1）系统存在一状态 $\boldsymbol{x}_e$，对任意的时间 t 都有

$$\dot{\boldsymbol{x}}=\boldsymbol{f}(\boldsymbol{x}_e,t)=\boldsymbol{0}$$

则称 $\boldsymbol{x}_e$ 为式（4-1）系统的平衡状态。

由上面的定义可知，若已知系统的状态方程，则令状态方程为零时所求出的解 $\boldsymbol{x}$，就是该系统的平衡状态。故平衡状态又常称为系统的零解。

如果式（4-1）系统是线性定常系统，即 $\dot{\boldsymbol{x}}=\boldsymbol{f}(\boldsymbol{x},t)=\boldsymbol{A}\boldsymbol{x}$，$\boldsymbol{A}$ 为常系数矩阵，则 n 维状态空间的坐标原点一定是它的一个平衡状态。而当 $\boldsymbol{A}$ 为非奇异矩阵时，坐标原点是唯一的平衡点；当 $\boldsymbol{A}$ 为奇异矩阵时，该系统除了坐标原点是平衡状态外，还会有其他的平衡状态存在。

如果式（4-1）系统是非线性系统，可有一个或多个平衡状态。平衡状态的确定可通过求解系统方程得到。

二、状态向量范数

状态向量 $\boldsymbol{x}$ 与平衡状态 $\boldsymbol{x}_e$ 之间的距离，常用**范数** $\|\boldsymbol{x}-\boldsymbol{x}_e\|$ 来表示。对于 n 维状态空间，其范数表示为

$$\|\boldsymbol{x}-\boldsymbol{x}_e\|=\sqrt{(x_1-x_{e1})^2+(x_2-x_{e2})^2+\cdots+(x_n-x_{en})^2} \tag{4-2}$$

若平衡状态为状态空间的原点，即 $\boldsymbol{x}_e=\boldsymbol{0}$，则式（4-2）变为

$$\|\boldsymbol{x}\|=\sqrt{x_1^2+x_2^2+\cdots+x_n^2}=\sqrt{(x_1,x_2,\cdots,x_n)(x_1,x_2,\cdots,x_n)^{\mathrm{T}}} \tag{4-3}$$

1）当 $n=1$ 时，由式（4-3）有

$$\|\boldsymbol{x}\|=\sqrt{x_1^2}=x_1$$

它表示在一维坐标轴上，向量端点至坐标原点的长度。

2）当 $n=2$ 时，由式（4-3）有

$$\|\boldsymbol{x}\|=\sqrt{x_1^2+x_2^2}$$

它表示在二维坐标平面中，向量端点至坐标原点的长度。

3）当 $n=3$ 时，由式（4-3）有

$$\|\boldsymbol{x}\|=\sqrt{x_1^2+x_2^2+x_3^2}$$

它表示在三维坐标空间中，向量端点至原点的长度。

三、李雅普诺夫意义下稳定性定义

李雅普诺夫提出 4 个有关稳定性的定义，它们是：稳定、渐近稳定、大范围渐近稳定和不稳定。

1. 稳定

设系统的初始状态 $\boldsymbol{x}_0$ 位于以平衡状态 $\boldsymbol{x}_e$ 为球心，半径为 δ 的闭球域 $S(\delta)$ 内，用数学

表达式可表示为

$$\| \boldsymbol{x}_0 - \boldsymbol{x}_e \| \leqslant \delta \qquad t = t_0$$

若式（4-1）系统方程的解 $\boldsymbol{x}(t;\ \boldsymbol{x}_0,\ t_0)$ 在 $t \to \infty$ 的过程中都位于以平衡状态 $\boldsymbol{x}_e$ 为球心，任意规定半径为 ε 的闭球域 $S(\varepsilon)$ 内，用数学表达式可表示为

$$\| \boldsymbol{x}(t;\boldsymbol{x}_0,t_0) - \boldsymbol{x}_e \| \leqslant \varepsilon \qquad t \geqslant t_0$$

则称该系统的平衡状态 $\boldsymbol{x}_e$ 是**稳定**的。或称系统有李雅普诺夫意义下的稳定性。

2. 渐近稳定

若系统平衡状态 $\boldsymbol{x}_e$ 不仅具有李雅普诺夫意义下的稳定，而且从闭球域 $S(\delta)$ 内出发的任意解，当 $t \to \infty$ 的过程中，不但不会超出闭球域 $S(\varepsilon)$，而且最终收敛于平衡状态 $\boldsymbol{x}_e$ 或其邻域，用数学表达式可表示为

$$\lim_{t \to \infty} \| \boldsymbol{x}(t;\boldsymbol{x}_0,t_0) - \boldsymbol{x}_e \| \to 0$$

则称该系统的平衡状态 $\boldsymbol{x}_e$ 是**渐近稳定**的。

3. 大范围渐近稳定

若式（4-1）系统方程在任意初始条件下的解，当 $t \to \infty$ 的过程中都收敛于平衡状态 $\boldsymbol{x}_e$ 或其邻域，则称系统的平衡状态 $\boldsymbol{x}_e$ 为大范围渐近稳定，或称**全局渐近稳定**的平衡状态。

4. 不稳定

若半径 δ 的值无论选得多么小，换句话说，初始值 x_0 非常接近平衡状态 x_e，而由闭球域 $S(\delta)$ 内出发的任意解，只要有一条轨迹线离开 $S(\varepsilon)$ 闭球域，就称系统的这种平衡状态 $\boldsymbol{x}_e$ 为**不稳定**的。

对二阶系统，李雅普诺夫意义下的稳定、渐近稳定和不稳定，可分别通过图4-1的a、b和c做几何解释。图中，$\boldsymbol{x}_e$ 表示系统的平衡状态，$\boldsymbol{x}_0$ 表示系统的初始状态，带箭头的线表示系统的运动 $\boldsymbol{x}(t;\ \boldsymbol{x}_0,\ t_0)$ 的轨迹。其中，图4-1a表示平衡状态 $\boldsymbol{x}_e$ 是稳定的，因为系统运动 $\boldsymbol{x}(t;\ \boldsymbol{x}_0,\ t_0)$ 的轨迹始终在 $S(\varepsilon)$ 内，但并不趋于 $\boldsymbol{x}_e$；图4-1b表示平衡状态 $\boldsymbol{x}_e$ 是渐近稳定的，因为当 t 趋向无限大时，系统运动 $\boldsymbol{x}(t;\ \boldsymbol{x}_0,\ t_0)$ 无限趋近于平衡状态 $\boldsymbol{x}_e$；图4-1c则表示平衡状态 $\boldsymbol{x}_e$ 是不稳定的。

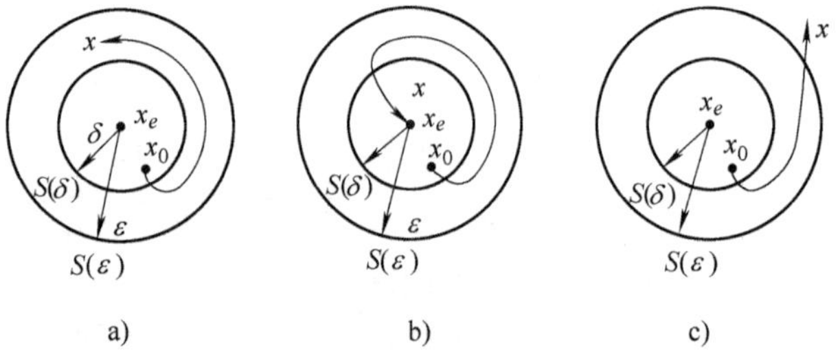

图4-1 李雅普诺夫意义下稳定性的几何解释
a）稳定 b）渐近稳定 c）不稳定

对上述定义，须注意如下几点：

1）对于线性系统来说，任意一个孤立的平衡状态（在状态空间中，表现为彼此分开的点），都可以通过坐标变换移到状态空间的原点。所以，分析原点的稳定性就具有代表性。

2）对于非线性系统来说，若具有多个平衡状态，因为各平衡状态一般表现出不同的稳定性，所以，在分析稳定性时需对各个平衡状态的情况进行讨论。

3）稳定和渐近稳定，两者有很大的不同。对于稳定而言，只要求状态轨迹永远不会跑出闭球域 $S(\varepsilon)$，至于在闭球域 $S(\varepsilon)$ 内如何变化不做任何规定。而对渐近稳定，不仅要求状态的运动轨迹不能跑出闭球域 $S(\varepsilon)$，而且还要求最终收敛或无限趋近平衡状态 $\boldsymbol{x}_e$。

4）在实际的工程控制系统中，通常认为渐近稳定性质比稳定性质更重要。因此，总是

希望系统的平衡状态是（大范围）渐近稳定的。

5）对于线性系统而言，如果平衡状态是渐近稳定的，那么它一定是大范围渐近稳定的。

例 4-2 设系统的状态方程为

$$\dot{\boldsymbol{x}} = \boldsymbol{A}\boldsymbol{x} + \boldsymbol{b}u$$

而

$$\boldsymbol{A} = \begin{pmatrix} 0 & 0 & 0 \\ 0 & -1 & 0 \\ 0 & 0 & -2 \end{pmatrix},\ \boldsymbol{b} = \begin{pmatrix} 0 \\ 0 \\ 2 \end{pmatrix},\ \boldsymbol{x}(0) = \boldsymbol{x}_0 \qquad t \geqslant 0$$

试用李雅普诺夫稳定性定义，判别系统的稳定性。

解 令输入作用 $u=0$。系统的平衡状态 $\boldsymbol{x}_e$，由状态方程，令 $\dot{x}_1=0$，$\dot{x}_2=0$，$\dot{x}_3=0$ 解出，有

$$\boldsymbol{x}_e = \begin{pmatrix} x_{e1} \\ x_{e2} \\ x_{e3} \end{pmatrix} = \begin{pmatrix} 0 \\ 0 \\ 0 \end{pmatrix}$$

线性定常系统，输入为零时状态方程的解为

$$\boldsymbol{x}(t,\ \boldsymbol{x}_e,\ t_0) = \mathrm{e}^{\boldsymbol{A}t}\boldsymbol{x}_0 = \begin{pmatrix} \mathrm{e}^{0t} & 0 & 0 \\ 0 & \mathrm{e}^{-t} & 0 \\ 0 & 0 & \mathrm{e}^{-2t} \end{pmatrix}\begin{pmatrix} x_{01} \\ x_{02} \\ x_{03} \end{pmatrix} = \begin{pmatrix} x_{01} \\ x_{02}\mathrm{e}^{-t} \\ x_{03}\mathrm{e}^{-2t} \end{pmatrix} = \begin{pmatrix} x_1 \\ x_2 \\ x_3 \end{pmatrix} \qquad t \geqslant 0,\qquad t_0 = 0$$

求范数

$$\| \boldsymbol{x} - \boldsymbol{x}_e \| = \| x \| = \sqrt{(x_{01})^2 + (x_{02}\mathrm{e}^{-t})^2 + (x_{03}\mathrm{e}^{-2t})^2} \qquad t \geqslant 0$$

于是有

$$\lim_{t\to\infty} \| x \| = x_{01}$$

上式表明，当时间 $t\to\infty$ 时，状态的运动轨迹趋近于初始状态 $\boldsymbol{x}_0$ 的分量值 x_{01}，而不是收敛于平衡状态 $\boldsymbol{x}_e=\boldsymbol{0}$ 的点。根据李雅普诺夫稳定性的有关定义可知，系统是稳定的，但不是渐近稳定的。

对于同一系统而言，其外部稳定性与其内部稳定性之间的关系如何？为说明同一系统的这两种稳定性之间的关系，下面只对单输入－单输出线性定常系统的情况进行讨论。

由第一章知道，对于同一个线性定常系统可有两种数学模型来表达：一是传递函数；二是状态空间描述。设某一线性定常系统，用传递函数表达时，有

$$W(s) = \frac{y(s)}{R(s)} = \frac{b_m s^m + b_{m-1}s^{m-1} + \cdots + b_1 s + b_0}{s^n + a_{n-1}s^{n-1} + a_1 s + a_0} = \frac{N(s)}{D(s)} \qquad m \leqslant n \tag{4-4}$$

式中，$y(s)$为系统输出量的拉普拉斯变换式；$R(s)$为系统输入量的拉普拉斯变换式。并假设传递函数 $W(s)$的分子 $N(s)$和分母 $D(s)$没有公因子存在。当用状态空间描述时，有

$$\dot{\boldsymbol{x}} = \boldsymbol{A}\boldsymbol{x} + \boldsymbol{b}u$$

$$\boldsymbol{y} = \boldsymbol{c}\boldsymbol{x}$$

两种数学模型之间可以相互转换。例如，可由状态方程求出传递函数

$$W(s) = \boldsymbol{c}(s\boldsymbol{I} - \boldsymbol{A})^{-1}\boldsymbol{b} = \frac{\boldsymbol{c}\,\mathrm{adj}(s\boldsymbol{I} - \boldsymbol{A})\boldsymbol{b}}{\det(s\boldsymbol{I} - \boldsymbol{A})} \tag{4-5}$$

式中，$\det(sI-A)=|sI-A|$为矩阵A的特征多项式。

系统特征值就是系统矩阵A的特征值，也即是特征方程

$$|sI-A|=0$$

的根。

若该系统具有能控性和能观性，换句话说，如果式（4-5）的分子和分母不存在公因子相消，那么，比较式（4-4）和式（4-5），一定会有

$$D(s)=\det(sI-A) \tag{4-6}$$

式（4-6）表明，该系统的传递函数极点与系统的特征值是完全相同的。由于外部稳定性可由传递函数极点的性质决定，而状态稳定性由状态解的运动轨迹来决定，状态的运动轨迹实际上是通过“状态转移矩阵”来描述的，而状态转移矩阵又与系统的特征值有关。所以，在这种情况下，若该系统具有内部稳定性，也一定具有外部稳定性。

若该系统不具有能控性和能观性，换句话说，如果式（4-5）的分子和分母存在有相同的公因子，那么，必有

$$D(s)\neq\det(sI-A) \tag{4-7}$$

式（4-7）表明，该系统的传递函数极点数只是系统特征值的一部分。在这种情况下，如果系统具有外部稳定性，就不一定具有内部稳定性。因为，当式（4-5）的分子和分母多项式含有正根的公因子项时，与正特征值相对应的状态变量是不稳定的；而在传递函数中，由于零、极点对消后没有出现该正极点，故系统具有外部稳定性。

由以上分析，可得出如下结论：

1）若线性定常系统是“内部稳定”的，则一定是“外部稳定”的。

2）若线性定常系统是“外部稳定”的，则不能保证其是“内部稳定”的。

3）若线性定常系统具有能控性和能观性，则其内部稳定性和外部稳定性是等价的。

由此可见，动态系统的内部稳定性的定义要比外部稳定性的定义严格。只用传递函数的极点性质来判定该系统的稳定性并不一定能真正反映出系统稳定的性能，甚至有可能导致错误。一个具有外部稳定的系统，完全有可能由于内部状态的不稳定性造成系统中某些元部件的饱和，甚至损坏而使系统无法正常工作。

例4-3 线性定常系统状态空间描述为

$$\dot{x}=Ax+bu$$
$$y=cx$$

而

$$A=\begin{pmatrix}-2 & 0\\ 0 & -3\end{pmatrix},\ b=\begin{pmatrix}0\\1\end{pmatrix},\ c=(2\quad 1)$$

试分析系统的状态稳定性和输出稳定性。

解 令$u=0$。系统的平衡状态$x_e=0$。

零输入时的状态解为

$$x(t)=\exp(At)x(0)$$

$x(0)$为初始状态

$$\exp(At)=\exp\left(\begin{pmatrix}-2 & 0\\ 0 & -3\end{pmatrix}t\right)=\begin{pmatrix}\exp(-2t) & 0\\ 0 & \exp(-3t)\end{pmatrix}$$

所以有

$$x_1(t)=\exp(-2t)x_1(0)$$
$$x_2(t)=\exp(-3t)x_2(0)$$

当 $t\to\infty$ 时

$$x_1(t)\to 0,\ x_2(t)\to 0$$

所以系统的状态是稳定的。

系统的输出为

$$y(t)=\boldsymbol{cx}=(2\quad 1)\boldsymbol{x}=2x_1+x_2$$

当 $t\to\infty$，$y(t)\to 0$（等于输入）。输出是稳定的，而状态也是稳定的。

例 4-4　线性定常系统状态空间描述为

$$\dot{\boldsymbol{x}}=\boldsymbol{Ax}+\boldsymbol{b}u$$
$$y=\boldsymbol{cx}$$
$$\boldsymbol{A}=\begin{pmatrix}2 & 0\\ 0 & -3\end{pmatrix},\boldsymbol{b}=\begin{pmatrix}1\\1\end{pmatrix},\boldsymbol{c}=(0\quad 1)$$

试分析系统的稳定性。

解　零输入时的状态解为

$$\boldsymbol{x}(t)=\exp(\boldsymbol{A}t)\boldsymbol{x}(0)=\begin{pmatrix}\exp(2t) & 0\\ 0 & \exp(-3t)\end{pmatrix}\begin{pmatrix}x_1(0)\\ x_2(0)\end{pmatrix}$$

所以有

$$x_1(t)=\exp(2t)x_1(0)$$
$$x_2(t)=\exp(-3t)x_2(0)$$

当 $t\to\infty$ 时

$x_1(t)\to\infty$，所以状态 x_1 是不稳定的。

$x_2(t)\to 0$，所以状态 x_2 是稳定的。

系统的输出　$y(t)=(0\quad 1)\boldsymbol{x}=x_2(t)$

当 $t\to\infty$ 时，输出 $y(t)=x_2(t)\to 0$。

输出是稳定的，而状态是不稳定的。

第三节　李雅普诺夫判稳第一方法

对于式（4-1）系统的稳定性，李雅普诺夫提出了两种判别稳定性的方法，分别称为“李雅普诺夫第一方法”和“李雅普诺夫第二方法”。本节先介绍第一方法。

李雅普诺夫第一方法又常称为“间接法”。它的基本思路是，对于非线性系统，必须先将系统的方程线性化，然后用线性化方程的特征值来判别原系统的稳定性。对于线性定常系统只需求出其特征值就可判别其稳定性。

一、非线性系统

设非线性系统的方程为

$$\dot{\boldsymbol{x}}=\boldsymbol{f}(\boldsymbol{x})\tag{4-8}$$

式中，$\boldsymbol{x}$ 为 n 维状态向量；$\boldsymbol{f}(\boldsymbol{x})$ 为 n 维向量函数，且对 $\boldsymbol{x}$ 有连续的偏导数存在。

系统的平衡状态为 $\boldsymbol{x}_e$。将非线性向量函数 $\boldsymbol{f}(x)$ 在平衡状态 $\boldsymbol{x}_e$ 附近展开成泰勒级数，表达式为

$$\dot{\boldsymbol{x}} = \boldsymbol{f}(\boldsymbol{x}) = \boldsymbol{A}\boldsymbol{x} + \Delta(\boldsymbol{x}) \tag{4-9}$$

式中，$\boldsymbol{A}\boldsymbol{x}$ 为方程式（4-8）的一次近似式；即

$$\dot{\boldsymbol{x}} = \boldsymbol{A}\boldsymbol{x} \tag{4-10}$$

$$\boldsymbol{A} = \frac{\partial \boldsymbol{f}}{\partial \boldsymbol{x}^{\mathrm{T}}}\bigg|_{x_e} = \begin{pmatrix} \dfrac{\partial f_1}{\partial x_1} & \dfrac{\partial f_1}{\partial x_2} & \cdots & \dfrac{\partial f_1}{\partial x_n} \\ \dfrac{\partial f_2}{\partial x_1} & \dfrac{\partial f_2}{\partial x_2} & \cdots & \dfrac{\partial f_2}{\partial x_n} \\ \vdots & \vdots & & \vdots \\ \dfrac{\partial f_n}{\partial x_1} & \dfrac{\partial f_n}{\partial x_2} & \cdots & \dfrac{\partial f_n}{\partial x_n} \end{pmatrix}_{n\times n}$$

$\Delta(\boldsymbol{x})$ 为表示含有二次以上的高阶导数项。

用李雅普诺夫判别系统方程式（4-8）稳定性的方法如下：

用一次近似式（4-10）代替原系统方程式（4-8），即忽略式（4-9）中的二次以上的高阶导数项 $\Delta(\boldsymbol{x})$，得出的非线性系统一次近似的线性化数学模型式（4-10），进行判定其稳定性。

1）若系数矩阵 $\boldsymbol{A}$ 的所有特征值都具有负实部，则原式（4-8）系统在平衡状态 $\boldsymbol{x}_e$ 处是渐近稳定的，系统的稳定性与被忽略的二次以上的高阶导数项 $\Delta(\boldsymbol{x})$ 无关。

2）若系数矩阵 $\boldsymbol{A}$ 的所有特征值中，只要有一个实部为正的，那么原式（4-8）系统在平衡状态 $\boldsymbol{x}_e$ 处是不稳定的，系统的稳定性与被忽略的二次以上的高阶导数项 $\Delta(\boldsymbol{x})$ 无关。

3）若系数矩阵 $\boldsymbol{A}$ 的所有特征值中，只要有一个特征值的实部为零，其余的都具有负实部，那么原式（4-8）系统是否稳定，与被忽略的二次以上的高阶导数项 $\Delta(\boldsymbol{x})$ 有关，不能由 $\boldsymbol{A}$ 的特征值性质来判别原系统的稳定性。这时，要用李雅普诺夫第二方法来判别系统的稳定性。

例 4-5 非线性弹簧-线性阻尼系统，其状态方程为

$$\begin{cases} \dot{x}_1 = x_2 \\ \dot{x}_2 = -\alpha \sin x_1 - \beta x_2 + \gamma u \end{cases}$$

其中，系数 α、β 和 γ 均大于零。设输入 u 为常数，试判别系统在其平衡状态的稳定性。

解 令 $\dot{x}_1=0$，$\dot{x}_2=0$，求出平衡状态 $\boldsymbol{x}_e$ 为

$$\boldsymbol{x}_e = \begin{pmatrix} x_{e1} \\ x_{e2} \end{pmatrix} = \begin{pmatrix} \arcsin \dfrac{\gamma}{\alpha} u \\ 0 \end{pmatrix}$$

对原系统方程做偏差向量置换，令

$$\begin{cases} y_1 = x_1 - x_{e1} = x_1 - \arcsin \dfrac{\gamma}{\alpha} u \\ y_2 = x_2 - x_{e2} = x_2 \end{cases}$$

新状态方程为

$$\begin{cases}\dot{y}_1 = y_2 \\ \dot{y}_2 = -\alpha\sin\left(y_1 + \arcsin\dfrac{\gamma}{\alpha}u\right) - \beta y_2 + \gamma u\end{cases}$$

将上式做线性化处理，有

$$\boldsymbol{A} = \begin{pmatrix}\dfrac{\partial f_1}{\partial y_1} & \dfrac{\partial f_1}{\partial y_2} \\ \dfrac{\partial f_2}{\partial y_1} & \dfrac{\partial f_2}{\partial y_2}\end{pmatrix}_{\substack{y_1=0\\y_2=0}} = \begin{pmatrix}0 & 1 \\ -\alpha\cos\left(y_1 + \arcsin\dfrac{\gamma}{\alpha}u\right) & -\beta\end{pmatrix} = \begin{pmatrix}0 & 1 \\ -\alpha\cos\left(\arcsin -\dfrac{\gamma}{\alpha}u\right) & -\beta\end{pmatrix}$$

则系统的线性化方程为

$$\begin{cases}\dot{y}_1 = y_2 \\ \dot{y}_2 = -\alpha\cos\left(\arcsin\dfrac{\gamma}{\alpha}u\right)y_1 - \beta y_2\end{cases}$$

特征方程为

$$\det(\lambda\boldsymbol{I} - \boldsymbol{A}) = \lambda^2 + \beta\lambda + \alpha\cos\left(\arcsin\frac{\gamma}{\alpha}u\right) = 0$$

因为 α、β、γ 均大于零，当 $u>0$ 时，$\cos\left(\arcsin\dfrac{\gamma}{\alpha}u\right)>0$，线性化系统的两个特征值均具有负的实部，所以原系统在平衡状态是渐近稳定的。当 $u<0$ 时，$\cos\left(\arcsin\dfrac{\gamma}{\alpha}u\right)<0$，特征值具有正的实部，所以原系统在平衡状态 $\boldsymbol{x}_e$ 处是不稳定的。

二、线性定常连续系统

线性定常系统，其状态空间描述

$$\dot{\boldsymbol{x}} = \boldsymbol{Ax} + \boldsymbol{b}u$$
$$y = \boldsymbol{cx}$$

平衡状态为 $\boldsymbol{x}_e$。李雅普诺夫判稳的第一方法是，对上式的系统，平衡状态 $\boldsymbol{x}_e$ 渐近稳定的充分必要条件是，矩阵 $\boldsymbol{A}$ 的所有特征值都具有负实部。

例 4-6　已知系统方程

$$\dot{\boldsymbol{x}} = \boldsymbol{Ax} + \boldsymbol{b}u$$
$$y = \boldsymbol{cx}$$

而

$$\boldsymbol{A} = \begin{pmatrix}0 & 6 \\ 1 & -1\end{pmatrix},\ \boldsymbol{b} = \begin{pmatrix}-2 \\ 1\end{pmatrix},\ \boldsymbol{c} = (0\quad 1)$$

试分析系统的外部稳定性和内部稳定性。

解　(1) 外部稳定性分析

系统的传递函数为

$$W(s) = \boldsymbol{c}(s\boldsymbol{I} - \boldsymbol{A})^{-1}\boldsymbol{b} = (0\quad 1)\begin{pmatrix}s & -6 \\ -1 & s+1\end{pmatrix}^{-1}\begin{pmatrix}-2 \\ 1\end{pmatrix} = \frac{s-2}{(s+3)(s-2)} = \frac{1}{s+3}$$

由于传递函数的极点为“-3”，位于 s 左半平面，故系统具有外部稳定性。

（2）内部稳定性分析

矩阵 $\boldsymbol{A}$ 的特征方程为

$$\det(\lambda \boldsymbol{I}-\boldsymbol{A})=\lambda(\lambda+1)-6=(\lambda-2)(\lambda+3)=0$$

由于矩阵 $\boldsymbol{A}$ 的特征值有一个为正，故系统不具有渐近稳定性。

两种结果不同，是因为具有正实部的极点“2”在传递函数中被零点“2”相对消，因此在零初始状态的输入输出特性中没有表现出来。

第四节 李雅普诺夫判稳第二方法

李雅普诺夫判别系统稳定性的第二方法又称为李雅普诺夫直接法。它不仅适用于判别线性系统的渐近稳定性，而且也是确定非线性系统、时变系统稳定性的更为一般的方法。在使用这种方法时，对线性定常系统不必去求系数矩阵 $\boldsymbol{A}$ 的特征值。对于非线性系统，也不必进行线性化的近似处理。所以，这种方法具有很大的优越性。

李雅普诺夫第二方法，是从系统能量的观点出发对系统进行稳定性分析。它的基本思想是，如果一个系统，它的总能量连续地减小，直到平衡状态时会衰减到最小值，那么这个系统就是渐近稳定的。为了表征系统的这一“总能量”，李雅普诺夫引出了一个虚构的能量函数，并称为**李雅普诺夫函数**，简称为“李氏函数”。李氏函数一般与状态变量和时间有关，记为 $V(x,t)$。若不显含 t，则记为 $V(x)$。$V(x)$ 函数是一个标量函数，李雅普诺夫就是用 $V(x)$ 和其导数 $\dot{V}(x)$ 的正负来判别系统的稳定性。

因此，应用李雅普诺夫第二方法来判别系统稳定性时最关键的问题是，要找到李氏函数 $V(x)$。过去要想找到李氏函数主要是靠人的经验和技巧进行试探，这曾经严重地阻碍着李雅普诺夫第二方法的推广应用。现在，由于计算机技术的发展和数字计算机的普及应用为寻找到所需要的李雅普诺夫函数变得较容易。另外，近年来随着现代控制理论的兴起和发展，李雅普诺夫第二方法又重新引起工程控制界的重视，并且正在继续得到研究和发展。

先介绍标量函数 $V(x)$ 的符号性质，然后不加证明地给出李雅普诺夫判稳第二方法的有关判据。

一、标量函数 $V(x)$ 的符号性质

设 $V(x)$ 是在域 Ω 中的 n 维状态 x 所定义的一个标量函数，且在 $x=0$ 处，有 $V(x)=0$。如果对在域 Ω 中的非零状态，即当 $\boldsymbol{x}\neq 0$ 时，有

1）$V(x)>0$，则称 $V(x)$ 为正定的。例如，$V(x)=x_1^2+x_2^2$，是正定的。

2）$V(x)\geqslant 0$，则称 $V(x)$ 为半正定的。例如，$V(x)=(x_1+x_2)^2$，是半正定的。

3）$V(x)<0$，则称 $V(x)$ 为负定的。例如，$V(x)=-(x_1^2+x_2^2)$，是负定的。

4）$V(x)\leqslant 0$，则称 $V(x)$ 为半负定的。例如，$V(x)=-(x_1+x_2)^2$，是半负定的。

5）$V(x)$ 既可能为正，也可能为负，则称 $V(x)$ 为不定的。例如，$V(x)=x_1x_2+x_2^2$。

二、二次型标量函数的符号性质

二次型函数是一类重要的标量函数，在李雅普诺夫判别系统稳定性的第二方法中常取它

为李雅普诺夫函数。

设 n 个状态变量为 x_1、x_2，…，x_n，矩阵 $\boldsymbol{P}$ 为实对称矩阵（$P_{ij}=P_{ji}$），则

$$V(x)=\boldsymbol{x}^{\mathrm{T}}\boldsymbol{P}\boldsymbol{x}=(x_1\quad x_2\quad \cdots\quad x_n)\begin{pmatrix}p_{11} & p_{12} & \cdots & p_{1n}\\ p_{21} & p_{22} & \cdots & p_{2n}\\ \vdots & \vdots & & \vdots\\ p_{n1} & p_{n2} & \cdots & p_{nn}\end{pmatrix}\begin{pmatrix}x_1\\ x_2\\ \vdots\\ x_n\end{pmatrix}$$

称为二次型函数。

对于 $\boldsymbol{P}$ 为实对称矩阵的二次型 $V(x)$ 的符号性质可以用**塞尔维斯特准则**来判断。

塞尔维斯特判据如下：

设实对称矩阵 $\boldsymbol{P}$ 为

$$\boldsymbol{P}=\begin{pmatrix}p_{11} & p_{12} & \cdots & p_{1n}\\ p_{21} & p_{22} & \cdots & p_{2n}\\ \vdots & \vdots & & \vdots\\ p_{n1} & p_{n2} & \cdots & p_{nn}\end{pmatrix},\ p_{ij}=p_{ji}$$

Δ_i（$i=1，2，\cdots，n$）为其各阶主子行列式：

$$\Delta_1=p_{11}，\Delta_2=\begin{vmatrix}p_{11} & p_{12}\\ p_{21} & p_{22}\end{vmatrix}，\cdots，\Delta n=|\boldsymbol{P}|$$

1）二次型 V（x）为正定的充分必要条件是，矩阵 $\boldsymbol{P}$ 的所有主子行列式为正。即

$$\Delta_1=p_{11}>0，\Delta_2=\begin{vmatrix}p_{11} & p_{12}\\ p_{21} & p_{22}\end{vmatrix}>0，\cdots，\Delta n=|\boldsymbol{P}|>0$$

2）二次型 V（x）为负定的充分必要条件是，矩阵 $\boldsymbol{P}$ 的各阶主子行列式满足

$$\Delta_i\begin{cases}>0 & i\text{ 为偶数}\\ <0 & i\text{ 为奇数}\end{cases}$$

3）二次型 V（x）为半正定（非负定）的充分必要条件是，矩阵 $\boldsymbol{P}$ 的各阶主子行列式满足

$$\Delta_i\begin{cases}\geqslant 0 & i=1，2，\cdots，n-1\\ =0 & i=n\end{cases}$$

4）二次型 V（x）为半负定（非正定）的充分必要条件是，矩阵 $\boldsymbol{P}$ 的各阶主子行列式满足

$$\Delta_i\begin{cases}\geqslant 0 & i\text{ 为偶数}\\ \leqslant 0 & i\text{ 为奇数}\\ =0 & i=n\end{cases}$$

三、稳定性判据

下面不加证明地介绍李雅普诺夫判别系统稳定性第二方法的三个判据。

设系统的状态方程为

$$\dot{\boldsymbol{x}}=f(x) \tag{4-11}$$

平衡状态 $\boldsymbol{x}_e=0$。不失一般性，把状态空间的原点作为系统的平衡状态。若平衡状态不在原

点，则可通过坐标的变换来达到。

若可以找到一个单值标量函数 $V(x)$，而且它对 x 的每个分量 x_i，$i=1, 2, \cdots, n$，均有连续的一阶偏导数 $\dot{V}(x)$ 存在。

判据一 若 $V(x)$ 和 $\dot{V}(x)$ 满足下列条件

1）$V(x)>0$，即 $V(x)$ 是正定的。

2）$\dot{V}(x)<0$，即 $\dot{V}(x)$ 是负定的。

则称式（4-11）系统在原点处的平衡状态是渐近稳定的。

3）如果又满足随着 $\|x\|\to\infty$，有 $V(x)\to\infty$，则称式（4-11）系统在原点处的平衡状态是全局一致（或称为大范围）渐近稳定的。

判据二 若 $V(x)$ 和 $\dot{V}(x)$ 满足下列条件

1）$V(x)>0$，即 $V(x)$ 是正定的。

2）$\dot{V}(x)\leqslant 0$，即 $\dot{V}(x)$ 是半负定的，则称式（4-11）系统在原点处的平衡状态是稳定的。

3）如果又满足对于任意的初始时刻 t_0 时的任意状态 $x_0\neq 0$，在 $t\geqslant t_0$ 时除了在 $x=0$ 时有 $\dot{V}(x)=0$ 外，$\dot{V}(x)$ 不恒等于零。则称式（4-11）系统在原点处的平衡状态是渐近稳定的。

判据三 若 $V(x)$ 和 $\dot{V}(x)$ 满足下列条件

1）$V(x)>0$，即 $V(x)$ 是正定的。

2）$\dot{V}(x)>0$，即 $\dot{V}(x)$ 是正定的，则称式（4-11）系统在原点处的平衡状态是不稳定的。

例 4-7 设系统的运动方程为

$$\begin{cases} \dot{x}_1 = x_2 - ax_1(x_1^2 + x_2^2) \\ \dot{x}_2 = -x_1 - ax_2(x_1^2 + x_2^2) \end{cases} \qquad a>0$$

试判别平衡状态处的稳定性。

解 （1）确定系统的平衡状态 x_e

令原方程 $\dot{x}_1=0$，$\dot{x}_2=0$，可求出 $x_1=0$，$x_2=0$。所以，平衡状态为 $x_e=(0\quad 0)^{\mathrm{T}}$

（2）寻找一个正定的李雅普诺夫函数 $V(x)$，选取 $V(x)$ 为正定的二次型

$$V(x)=\boldsymbol{x}^{\mathrm{T}}\begin{pmatrix}1 & 0\\0 & 1\end{pmatrix}\boldsymbol{x}=x_1^2+x_2^2>0$$

（3）求 $V(x)$ 对时间 t 的导数

$$\dot{V}(x)=\frac{\partial V(x)}{\partial x_1}\dot{x}_1+\frac{\partial V(x)}{\partial x_2}\dot{x}_2=2x_1\dot{x}_1+2x_2\dot{x}_2=-2a(x_1^2+x_2^2)^2$$

由于 $a>0$，可见 $\dot{V}(x)<0$，是负定的

由判据一可知，系统在平衡状态 $\boldsymbol{x}_e=(0\quad 0)^{\mathrm{T}}$ 处是渐近稳定的。又因为当 $\|\boldsymbol{x}\|\to\infty$ 时，

有 $V(x)\to\infty$。所以，系统在平衡状态处是大范围渐近稳定的。

例 4-8　考察下列系统在平衡状态处的稳定性。

$$\begin{cases}\dot{x}_1=x_2\\ \dot{x}_2=-\beta(1+x_2)^2x_2-x_1\end{cases}\qquad \beta>0$$

解　(1) 系统的平衡状态为 $\boldsymbol{x}_e=(0\quad 0)^{\mathrm{T}}$

(2) 选择李雅普诺夫函数 $V(x)$，并求其导数

$$V(x)=x_1^2+x_2^2>0$$

$$\dot{V}(x)=2x_1\dot{x}_1+2x_2\dot{x}_2=-2\beta(1+x_2)^2x_2^2$$

考察 $\dot{V}(x)$：

当 $x_2=0$，$x_1\neq 0$ 时，有 $\dot{V}(x)=0$。

当 $x_2=-1$，$x_1\neq 0$ 时，有 $\dot{V}(x)=0$。

其余情况下，$\dot{V}(x)<0$。

所以，$\dot{V}(x)\leqslant 0$，即 $\dot{V}(x)$是半负定的。由判据二可知，系统在平衡状态处是稳定的。

(3) 进一步考察 $\dot{V}(x)$在系统方程的非零状态运动轨迹线上是否恒为零。

反设 $\dot{V}(x)\equiv 0$。这时存在两种情况：$x_2(t)\equiv 0$ 及 x_1 任意；$x_2(t)\equiv -1$ 及 x_1 任意。

先看第一种情况。$x_2(t)\equiv 0$ 意味着 $x_2(t)=0$ 和 $\dot{x}_2(t)=0$，将其代入原状态方程得出 $x_1(t)=0$和 $\dot{x}_1(t)=0$。所以在这种情况下，只有平衡状态 $x_1=x_2=0$ 才满足 $\dot{V}(x)\equiv 0$。

再看第二种情况。$x_2(t)\equiv -1$ 意味着 $x_2(t)\equiv -1$ 和 $\dot{x}_2(t)\equiv 0$。将其代入原状态方程得出 $x_1(t)\equiv 0$ 和 $\dot{x}_1(t)\equiv -1$。这个结果是矛盾的。所以这种情况不会发生在方程的解运动轨线上。

因此，系统在原点处的平衡状态是渐近稳定的。

例 4-9　设系统状态方程为

$$\dot{\boldsymbol{x}}=\boldsymbol{A}\boldsymbol{x},\ \boldsymbol{A}=\begin{pmatrix}1 & 1\\ -1 & 1\end{pmatrix}$$

试判别系统在平衡状态处的稳定性。

解　(1) 求平衡状态 $\boldsymbol{x}_e$。

令方程 $\dot{\boldsymbol{x}}=\boldsymbol{0}$，则 $\boldsymbol{x}_e=\boldsymbol{0}$，即 $x_{e1}=x_{e2}=0$。

(2) 选取李雅普诺夫函数 $V(x)$，并求其对 t 的导数

$$V(x)=x_1^2+x_2^2>0$$

$$\dot{V}(x)=2x_1\dot{x}_1+2x_2\dot{x}_2=2(x_1^2+x_2^2)>0$$

由判据三知，系统在平衡状态 $x_e=0$处是不稳定的。

应用上面判据去判别系统稳定性时，需注意以下两点：

1）由判据看出，在应用李雅普诺夫第二方法分析系统稳定性的关键，在于如何找到李雅普诺夫函数 $V(x)$。然而判据本身并没有提供构造李雅普诺夫函数的一般方法。目前，找这个函数主要靠试探，因此需要一定的经验和技巧。许多情况下常取李雅普诺夫函数为二次型，即 $V(x)=\boldsymbol{x}^{\mathrm{T}}\boldsymbol{P}\boldsymbol{x}$，$\boldsymbol{P}$ 为实对称方阵，它的元素可以是定常的或时变的。至于构造李雅普诺夫函数的一些方法，例如“克拉索夫斯基方法”，“变量梯度法”，可参阅有关文献。

2）上述判据只给出了判别系统稳定性的充分条件，并不是必要条件。就是说，对于给定的系统，如果所选取的正定标量函数其导数不是负定的，并不能就断言该系统是不稳定的，因为很可能还没有找到合适的函数。请看下面例子。

例 4-10 设系统的状态方程为

$$\dot{\boldsymbol{x}}=\begin{pmatrix}0 & 1\\ -1 & -1\end{pmatrix}\boldsymbol{x}$$

试判别系统在平衡状态处的稳定性。

解 （1）确定平衡状态 $\boldsymbol{x}_e$。

令

$$\dot{\boldsymbol{x}}=\begin{pmatrix}0 & 1\\ -1 & -1\end{pmatrix}\begin{pmatrix}x_1\\ x_2\end{pmatrix}=\begin{pmatrix}x_2\\ -x_1-x_2\end{pmatrix}=\begin{pmatrix}0\\ 0\end{pmatrix}$$

所以，平衡状态 $\boldsymbol{x}_e=(0\quad 0)^{\mathrm{T}}$

（2）选正定的一个二次型函数 $V(x)=2x_1^2+x_2^2>0$，求 $V(x)$ 对 t 导数 $\dot{V}(x)=4x_1\dot{x}_1+2x_2\dot{x}_2=2x_1x_2-2x_2^2$。

由 $\dot{V}(x)$ 可知，其符号是不定的。所以，不能提供系统是否稳定的信息。

若选另一个正定的二次型函数 $V(x)=x_1^2+x_2^2>0$，求 $V(x)$ 对 t 导数，$\dot{V}(x)=2x_1\dot{x}_1+2x_2\dot{x}_2=-2x_2^2\leqslant 0$。

可见，$\dot{V}(x)$ 是负半定的。因此，系统在平衡状态处是稳定的。

再选另一个正定的二次型函数

$$V(x)=(x_1\quad x_2)\begin{pmatrix}3 & 1\\ 1 & 2\end{pmatrix}\begin{pmatrix}x_1\\ x_2\end{pmatrix}=(x_1+x_2)^2+2x_1^2+x_2^2>0$$

求 $V(x)$ 对 t 导数 $\dot{V}(x)=2(x_1+x_2)(\dot{x}_1+\dot{x}_2)+4x_1\dot{x}_1+2x_2\dot{x}_2=-2(x_1^2+x_2^2)<0$

可见，$\dot{V}(x)$ 是负定的。而且，当 $\|\boldsymbol{x}\|\to\infty$ 时，有 $V(x)\to\infty$。所以，系统在平衡状态处是大范围渐近稳定的。或者说，系统具有全局的稳定性。

第五节 李雅普诺夫判稳方法在线性系统中的应用

李雅普诺夫第一方法用于判别线性定常系统的稳定性时，必须求出系数矩阵 $\boldsymbol{A}$ 的全部特征值。这对于高阶系统来说，常常是困难的。李雅普诺夫第二方法不仅用于分析线性定常系统的稳定性，而且对线性时变系统以及线性离散系统也能容易地判别其稳定性。本节只介绍第二方法在线性定常连续系统及离散系统中的具体应用。

一、线性定常连续系统的稳定性分析

线性定常连续系统的状态方程为

$$\dot{\boldsymbol{x}} = \boldsymbol{A}\boldsymbol{x} \tag{4-12}$$

若 $\boldsymbol{A}$ 为非奇异矩阵，则系统的唯一平衡状态是状态空间的原点，即 $\boldsymbol{x}_e = \boldsymbol{0}$。

选取的李雅普诺夫函数 $V(x)$ 为下列二次型

$$V(x) = \boldsymbol{x}^{\mathrm{T}}\boldsymbol{P}\boldsymbol{x} > 0$$

式中，$\boldsymbol{P}$ 为 $n \times n$ 维实对称正定矩阵。

对 $V(x)$ 取时间导数

$$\dot{V}(x) = \dot{\boldsymbol{x}}^{\mathrm{T}}\boldsymbol{P}\boldsymbol{x} + \boldsymbol{x}^{\mathrm{T}}\boldsymbol{P}\dot{\boldsymbol{x}}$$

将状态方程式（4-12）代入，有

$$\dot{V}(x) = (\boldsymbol{A}\boldsymbol{x})^{\mathrm{T}}\boldsymbol{P}\boldsymbol{x} + \boldsymbol{x}^{\mathrm{T}}\boldsymbol{P}\boldsymbol{A}\boldsymbol{x} = \boldsymbol{x}^{\mathrm{T}}\boldsymbol{A}^{\mathrm{T}}\boldsymbol{P}\boldsymbol{x} + \boldsymbol{x}^{\mathrm{T}}\boldsymbol{P}\boldsymbol{A}\boldsymbol{x} = \boldsymbol{x}^{\mathrm{T}}(\boldsymbol{A}^{\mathrm{T}}\boldsymbol{P} + \boldsymbol{P}\boldsymbol{A})\boldsymbol{x}$$

根据判据一，要使系统在原点是渐近稳定的，则要求 $\dot{V}(x)$ 是负定的，即

$$\dot{V}(x) = -\boldsymbol{x}^{\mathrm{T}}\boldsymbol{Q}\boldsymbol{x}$$

$$\boldsymbol{Q} = -(\boldsymbol{A}^{\mathrm{T}}\boldsymbol{P} + \boldsymbol{P}\boldsymbol{A})$$

为正定的，或写成

$$\boldsymbol{A}^{\mathrm{T}}\boldsymbol{P} + \boldsymbol{P}\boldsymbol{A} = -\boldsymbol{Q}$$

上面的分析，可归纳成下面的判别线性定常连续系统稳定性的判据。

判据四

线性定常连续系统

$$\dot{\boldsymbol{x}} = \boldsymbol{A}\boldsymbol{x}$$

在平衡状态 $\boldsymbol{x}_e = \boldsymbol{0}$处渐近稳定的充分必要条件是，对任意给定一个正定对称矩阵 $\boldsymbol{Q}$，必存在一个正定实对称矩阵 $\boldsymbol{P}$，使得

$$\boldsymbol{A}^{\mathrm{T}}\boldsymbol{P} + \boldsymbol{P}\boldsymbol{A} = -\boldsymbol{Q} \tag{4-13}$$

成立。而且标量函数 $\boldsymbol{x}^{\mathrm{T}}\boldsymbol{P}\boldsymbol{x}$ 也是系统的一个李雅普诺夫函数。式(4-13)又称为李雅普诺夫方程式。

对判据四，应注意如下几点：

1）判据阐述的条件，是充分必要的。

2）若 $\dot{V}(\boldsymbol{x})$沿任一轨迹不恒等于零，那么 $\boldsymbol{Q}$ 可取为半正定矩阵。

3）对正定对称矩阵 $\boldsymbol{Q}$，可任意给定其型式，但最终的判别结果将与 $\boldsymbol{Q}$ 的型式选择无关。因此，为了计算方便，常取 $\boldsymbol{Q} = \boldsymbol{I}$，即取 $\boldsymbol{Q}$ 为单位矩阵。

4）判别系统稳定性时，通常采取先选取矩阵 $\boldsymbol{Q}$，然后代入李雅普诺夫方程式（4-13），求解出矩阵 $\boldsymbol{P}$，依 $\boldsymbol{P}$ 的符号性质进行判别。这种方法，计算比较简单、方便。

例 4-11 设系统的状态方程为

$$\begin{pmatrix} \dot{x}_1 \\ \dot{x}_2 \end{pmatrix} = \begin{pmatrix} 0 & 1 \\ -1 & -1 \end{pmatrix}\begin{pmatrix} x_1 \\ x_2 \end{pmatrix}$$

试确定系统在平衡状态处的稳定性。

解 状态空间的原点是系统的平衡状态。

设选取的李雅普诺夫函数为

$$V(x) = \boldsymbol{x}^{\mathrm{T}}\boldsymbol{P}\boldsymbol{x},\ \boldsymbol{P} = \begin{pmatrix} P_{11} & P_{12} \\ P_{12} & P_{22} \end{pmatrix}$$

式中的 $\boldsymbol{P}$ 由李雅普诺夫方程

$$\boldsymbol{A}^{\mathrm{T}}\boldsymbol{P} + \boldsymbol{P}\boldsymbol{A} = -\boldsymbol{Q}$$

确定。为了方便起见，取 $\boldsymbol{Q} = \boldsymbol{I}$，于是有

$$\begin{pmatrix} 0 & -1 \\ 1 & -1 \end{pmatrix}\begin{pmatrix} p_{11} & p_{12} \\ p_{12} & p_{22} \end{pmatrix} + \begin{pmatrix} p_{11} & p_{12} \\ p_{12} & p_{22} \end{pmatrix}\begin{pmatrix} 0 & 1 \\ -1 & -1 \end{pmatrix} = \begin{pmatrix} -1 & 0 \\ 0 & -1 \end{pmatrix}$$

展开上面的矩阵方程，令等式两边对应元素相等，有

$$-2p_{12} = -1$$

$$p_{11} - p_{12} - p_{22} = 0$$

$$2p_{12} - 2p_{22} = -1$$

解联立方程组，得

$$p_{11} = \frac{3}{2},\ p_{12} = p_{21} = \frac{1}{2},\ p_{12} = 1$$

$$\boldsymbol{P} = \begin{pmatrix} p_{11} & p_{12} \\ p_{12} & p_{22} \end{pmatrix} = \begin{pmatrix} \frac{3}{2} & \frac{1}{2} \\ \frac{1}{2} & 1 \end{pmatrix}$$

利用塞尔维斯特判据检验矩阵 $\boldsymbol{P}$ 的各主子行列式符号性质

$$\Delta_1 = P_{11} = \frac{3}{2} > 0,\ \Delta_2 = |\boldsymbol{P}| = \begin{vmatrix} \frac{3}{2} & \frac{1}{2} \\ \frac{1}{2} & 1 \end{vmatrix} = \frac{5}{4} > 0$$

$\boldsymbol{P}$ 是正定的。因此，系统在原点处是（大范围）渐近稳定的。

李雅普诺夫函数为

$$V(x) = \boldsymbol{x}^{\mathrm{T}}\boldsymbol{P}\boldsymbol{x} = \frac{1}{2}(3x_1^2 + 2x_1x_2 + 2x_2^2)$$

例 4-12 控制系统框图如图 4-2 所示。要求系统渐近稳定，试确定放大系数 K 的取值范围。

解 由系统框图可求出系统的状态方程

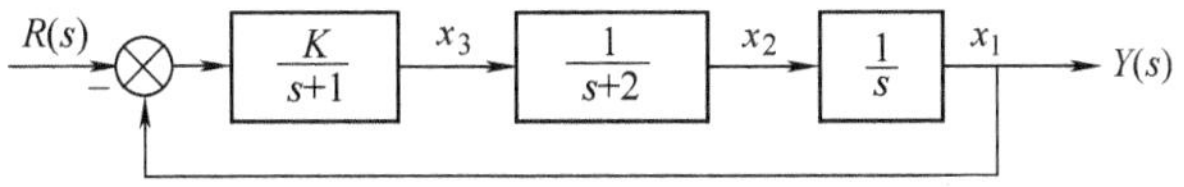

图 4-2 例 4-12 的控制系统框图

$$\begin{pmatrix}\dot{x}_1\\ \dot{x}_2\\ \dot{x}_3\end{pmatrix}=\begin{pmatrix}0 & 1 & 0\\ 0 & -2 & 1\\ -K & 0 & -1\end{pmatrix}\begin{pmatrix}x_1\\ x_2\\ x_3\end{pmatrix}+\begin{pmatrix}0\\ 0\\ K\end{pmatrix}r$$

分析系统稳定性时，可令输入 $r=0$。状态空间的原点为系统的平衡状态，即 $\boldsymbol{x}_e=0$。

选取 $\boldsymbol{Q}$ 为半正定实对称矩阵

$$\boldsymbol{Q}=\begin{pmatrix}0 & 0 & 0\\ 0 & 0 & 0\\ 0 & 0 & 1\end{pmatrix}$$

没有选 $\boldsymbol{Q}$ 为正定实对称矩阵，是因为 $\dot{V}(x)$ 沿任意轨迹不恒等于零的原因，分析如下：

$$\dot{V}(x)=-\boldsymbol{x}^{\mathrm{T}}\boldsymbol{Q}\boldsymbol{x}=-x_3^2$$

显然，$\dot{V}(x)\equiv 0$ 的条件是 $x_3=0$。由状态方程可看出，若 $x_3=0$，$\dot{x}_3=0$，则 x_1 和 x_2 也必须为零。因此，$\dot{V}(x)$ 恒为零的情况，只有在原点处才成立。所以，$\boldsymbol{Q}$ 可取正半定阵。这样选 $\boldsymbol{Q}$ 的目的是可使计算简化。

设 $\boldsymbol{P}$ 为实对称矩阵，具有如下形式

$$\boldsymbol{P}=\begin{pmatrix}p_{11} & p_{12} & p_{13}\\ p_{12} & p_{22} & p_{23}\\ p_{13} & p_{23} & p_{33}\end{pmatrix}$$

由 $\boldsymbol{A}^{\mathrm{T}}\boldsymbol{P}+\boldsymbol{P}\boldsymbol{A}=-\boldsymbol{Q}$，求解出

$$p_{11}=\frac{K^2+12K}{12-2K},\ p_{12}=\frac{6K}{12-2K},\ p_{13}=0$$

$$p_{22}=\frac{3K}{12-2K},\ p_{23}=\frac{K}{12-2K},\ p_{33}=\frac{6}{12-2K}$$

为了使矩阵 $\boldsymbol{P}$ 为正定，由赛尔维斯特判据有

$$12-2K>0 \qquad K>0$$

从而求出

$$0<K<6$$

所以，在 0～6 范围内取 K 值时，系统在原点处的平衡状态是大范围渐近稳定的。

二、线性定常离散系统的稳定性分析

与线性定常连续系统的情况相类似，线性定常离散系统的李雅普诺夫稳定性分析，有如下判据：

判据五 线性定常离散系统的状态方程为

$$x(k+1)=Gx(k) \tag{4-14}$$

系统在其平衡状态 $\boldsymbol{x}_e=\boldsymbol{0}$ 处渐近稳定的充分必要条件是，给定任一正定的实对称矩阵 $\boldsymbol{Q}$，存在一个正定的实对称矩阵 $\boldsymbol{P}$，使得

$$\boldsymbol{G}^{\mathrm{T}}\boldsymbol{P}\boldsymbol{G}-\boldsymbol{P}=-\boldsymbol{Q} \tag{4-15}$$

成立。标量函数

$$V[\boldsymbol{x}(k)]=\boldsymbol{x}^{\mathrm{T}}(k)\boldsymbol{P}\boldsymbol{x}(k)$$

是系统的一个李雅普诺夫函数。

证明 设系统的一个李雅普诺夫函数为

$$V[\boldsymbol{x}(k)]=\boldsymbol{x}^{\mathrm{T}}(k)\boldsymbol{P}\boldsymbol{x}(k)$$

式中,$\boldsymbol{P}$ 为正定的实对称矩阵。

对于离散系统，采用 $V[\boldsymbol{x}(k+1)]$ 和 $V[\boldsymbol{x}(k)]$ 之差来代替连续系统中的 $\dot{V}(\boldsymbol{x})$ 即

$$\Delta V[\boldsymbol{x}(k)]=V[\boldsymbol{x}(k+1)]-V[\boldsymbol{x}(k)]=\boldsymbol{x}^{\mathrm{T}}(k+1)\boldsymbol{P}\boldsymbol{x}(k+1)-\boldsymbol{x}^{\mathrm{T}}(k)\boldsymbol{P}\boldsymbol{x}(k)$$

将状态方程式（4-14）代入上式，有

$$\begin{aligned}\Delta V[\boldsymbol{x}(k)]&=[\boldsymbol{G}\boldsymbol{x}(k)]^{\mathrm{T}}\boldsymbol{P}[\boldsymbol{G}\boldsymbol{x}(k)]-\boldsymbol{x}^{\mathrm{T}}(k)\boldsymbol{P}\boldsymbol{x}(k)\\&=\boldsymbol{x}^{\mathrm{T}}(k)[\boldsymbol{G}^{\mathrm{T}}\boldsymbol{P}\boldsymbol{G}-\boldsymbol{P}]\boldsymbol{x}(k)=-\boldsymbol{x}^{\mathrm{T}}(k)\boldsymbol{Q}\boldsymbol{x}(k)\end{aligned}$$

式中，$\boldsymbol{G}^{\mathrm{T}}\boldsymbol{P}\boldsymbol{G}-\boldsymbol{P}=-\boldsymbol{Q}$。

由于 $V[\boldsymbol{x}(k)]$ 是正定的，根据渐近稳定的条件，要满足系统在平衡状态处是大范围渐近稳定的条件，$\boldsymbol{Q}$ 必须是正定对称矩阵。

证毕。

为计算方便，在应用上面判据时，仿照连续系统的做法，先给定一个正定的对称矩阵 $\boldsymbol{Q}$，然后代入式（4-15），即 $\boldsymbol{G}^{\mathrm{T}}\boldsymbol{P}\boldsymbol{G}-\boldsymbol{P}=-\boldsymbol{Q}$，解出矩阵 $\boldsymbol{P}$，最后再按 $\boldsymbol{P}$ 是否具有正定性来判别系统的稳定性。

例 4-13 设离散系统的状态方程为

$$\boldsymbol{x}(k+1)=\boldsymbol{G}\boldsymbol{x}(k)$$

而

$$\boldsymbol{G}=\begin{pmatrix}0&1&0\\0&0&1\\0&K/2&0\end{pmatrix},K>0$$

试求系统在平衡状态 $\boldsymbol{x}_e=0$ 为渐近稳定的 K 值范围。

解 选取

$$\boldsymbol{Q}=\boldsymbol{I}$$

$$\boldsymbol{P}=\begin{pmatrix}p_{11}&p_{12}&p_{13}\\p_{12}&p_{22}&p_{23}\\p_{13}&p_{23}&p_{33}\end{pmatrix}$$

代入式（4-15），有

$$\begin{pmatrix}0&0&0\\1&0&K/2\\0&1&0\end{pmatrix}\begin{pmatrix}p_{11}&p_{12}&p_{13}\\p_{12}&p_{22}&p_{23}\\p_{13}&p_{23}&p_{33}\end{pmatrix}\begin{pmatrix}0&1&0\\0&0&1\\0&K/2&0\end{pmatrix}-\begin{pmatrix}p_{11}&p_{12}&p_{13}\\p_{12}&p_{22}&p_{23}\\p_{13}&p_{23}&p_{33}\end{pmatrix}=\begin{pmatrix}-1&0&0\\0&-1&0\\0&0&-1\end{pmatrix}$$

展开上面矩阵方程并整理，有

$$\begin{pmatrix} -p_{11} & -p_{12} & -p_{13} \\ -p_{12} & p_{11}-p_{12}+Kp_{13}+\left(\dfrac{K}{2}\right)^2 p_{33} & p_{12}-\left(1-\dfrac{K}{2}\right)p_{23} \\ -p_{13} & p_{12}-\left(1-\dfrac{K}{2}\right)p_{23} & p_{22}-p_{23} \end{pmatrix} = \begin{pmatrix} -1 & 0 & 0 \\ 0 & -1 & 0 \\ 0 & 0 & -1 \end{pmatrix}$$

解上面方程，得

$$\boldsymbol{P} = \begin{pmatrix} 1 & 0 & 0 \\ 0 & \dfrac{2+\left(\dfrac{K}{2}\right)^2}{1-\left(\dfrac{K}{2}\right)^2} & 0 \\ 0 & 0 & \dfrac{3}{1-\left(\dfrac{K}{2}\right)^2} \end{pmatrix}$$

由判据五知，系统稳定的充分必要条件是 $\boldsymbol{P}$ 必须正定，即

$$1-\left(\frac{K}{2}\right)^2 > 0$$

亦即 $0<K<2$。

习　　题

4-1　已知系统传递函数

$$G(s)=\frac{s+a}{s^2+3s+2}$$

试分析 a 值如何影响系统的外部稳定性（BIBO，即有界输入－有界输出）和内部稳定性。

4-2　试确定下列二次型函数的符号（正定性）。

（1）$V(x)=x_1^2+4x_2^2+x_3^2+2x_1x_2-6x_2x_3-2x_1x_3$

（2）$V(x)=x_1^2+4x_1x_2+5x_2^2-2x_2x_3+x_3^2$

（3）$V(x)=-x_1^2+6x_1x_2-10x_2^2+2x_2x_3-4x_3^2$

4-3　试确定下列二次型函数为正定时的 a 和 b 值。

$$V(x)=x_1^2+ax_2^2+bx_3^2+2x_1x_2-4x_2x_3-2x_1x_2$$

4-4　已知系统方程

$$\dot{x}_1=-x_1+2u,\quad \dot{x}_2=x_1+2x_2+3u^2$$

求系统的平衡状态。

4-5　用李雅普诺夫第二法判断线性系统 $\dot{x}_1=-x_1+x_2$，　$\dot{x}_2=2x_1-3x_2$ 平衡状态的稳定性。

4-6　已知线性系统方程

$$\dot{\boldsymbol{x}}=\begin{pmatrix} 0 & 1 \\ 2 & -1 \end{pmatrix}\boldsymbol{x}$$

平衡状态在坐标原点，用李雅普诺夫第二法判断系统平衡状态稳定性。

4-7 已知非线性系统方程

$$\dot{x}_1 = x_2 - x_1(x_1^2 + x_2^2), \quad \dot{x}_2 = -x_1 - x_2(x_1^2 + x_2^2)$$

求平衡状态，并用李雅普诺夫第二法判断系统稳定性。

4-8 线性定常离散系统状态方程为

$$\boldsymbol{x}(k+1) = \begin{pmatrix} 0 & 1 \\ 0.5 & 0 \end{pmatrix} \boldsymbol{x}(k)$$

求系统的平衡状态，并分析平衡状态的稳定性。

4-9 设线性定常离散系统状态方程为

$$\boldsymbol{x}(k+1) = \begin{pmatrix} 0 & 1 & 0 \\ 0 & 0 & 1 \\ 0 & 0.2K & 0 \end{pmatrix} \boldsymbol{x}(k), \quad K > 0$$

试求使系统渐近稳定的 K 值范围。

第五章 线性定常系统的综合

控制系统的综合是指对于给定的受控对象，根据规定的性能指标，确定出系统的控制结构，寻求出控制的策略（控制器的型式和参数），使系统的控制过程能满足生产工艺所规定的性能指标要求。

在现代控制理论中，由于采用了状态空间来描述系统，所以在综合系统时，除了采用输出反馈方式外，更多的是采用状态变量进行反馈。综合的算法主要是极点配置。

本章主要介绍现代控制理论基础中在综合系统时通常采用的一些基本结构，讨论综合问题中有关的极点配置、状态观测、镇定和解耦等问题。

第一节 线性反馈控制系统的基本结构

现代控制理论中，线性反馈控制系统的基本结构与经典控制理论中的基本相同，由受控对象、控制器和检测装置三大部分组成。不同的是，在经典控制理论中，讨论的只是单输入－单输出系统，采用的是输出量的反馈方式。而在现代控制理论基础中，讨论的除了单输入－单输出系统外，还有多输入－多输出系统。采用的反馈方式除了输出反馈外，还采用状态反馈。

一、带输出反馈结构的控制系统

输出反馈，就是将系统的输出量通过反馈网络后回馈到系统的输入端，与参考输入一起，对受控对象进行控制作用。在现代控制理论中，带输出反馈结构的控制系统，根据反馈信号回馈点的位置不同，有两种基本结构。一种是反馈信号回馈至输入矩阵 $\boldsymbol{B}$ 的后端，或者说，回馈点在状态微分处。图 5-1 示出了多输入－多输出系统输出反馈的这种结构型式。另一种是反馈信号回馈至输入矩阵 $\boldsymbol{B}$ 的前端，或者说，回馈点在参考信号的入口处。图 5-2 示出了多输入－多输出系统输出反馈的这种结构型式。

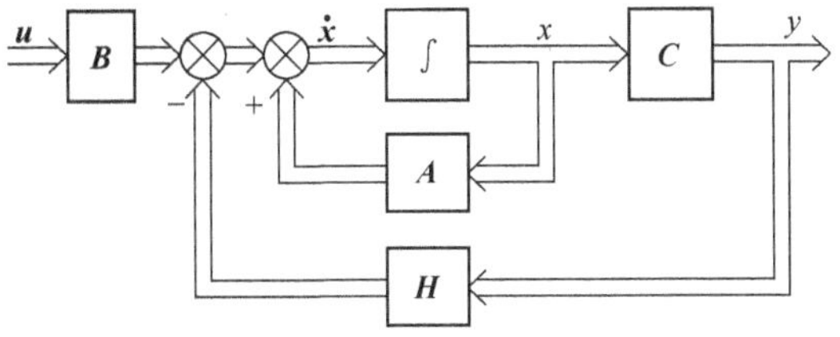

图 5-1　多输入－多输出系统输出反馈结构Ⅰ示意图

值得注意的是，从结构图看，这两种结构之间可通过等效变换进行相互转换。例如，可将图 5-1 中的反馈信号回馈点移到输入矩阵 $\boldsymbol{B}$ 的前端，如图 5-3 所示。这样，图 5-2 和图5-3具有相同的结构型式。只是，在图 5-3 中的反馈矩阵为 $\boldsymbol{H}/\boldsymbol{B}$，而在图 5-2 中的为 $\boldsymbol{H}$。但是，由于多输入－多输出系统中，$\boldsymbol{B}$ 和 $\boldsymbol{H}$ 均是矩阵，而二个矩阵相除（或相乘）不一定有解。因此，在实

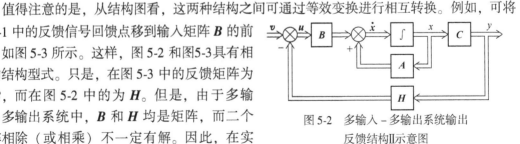

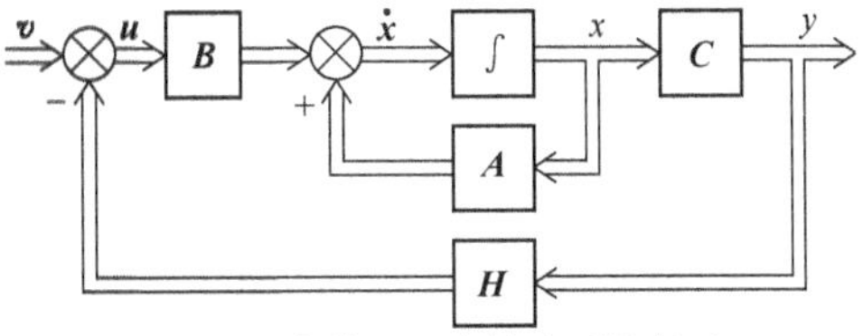

图 5-2　多输入－多输出系统输出反馈结构Ⅱ示意图

际的工程系统中，图5-1所表示的系统与图5-3所表示的系统就不一定具有等效性。

二、带状态反馈结构的控制系统

状态反馈，就是将受控对象的所有状态变量，各自通过反馈网络后回馈到系统参考信号的入口处，与参考输入量一起对受控对象进行控制作用。带状态反馈的多输入－多输出的系统结构，如图5-4所示。

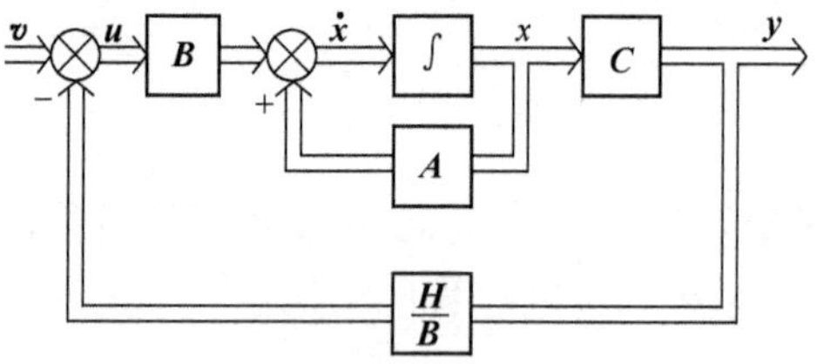

图5-3 输出反馈结构Ⅰ的等效变换图

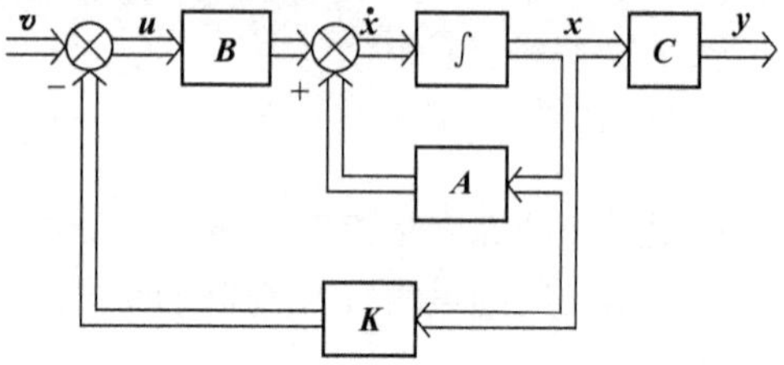

图5-4 多输入－多输出系统状态反馈结构示意图

输出反馈和状态反馈，是控制系统中最基本，也是最重要的两种结构方式。从系统的信息观点角度看，状态信号完全表征了受控对象内部的信息，而输出信号只仅仅表征了受控对象外部的信息。因此，从系统的性能来看，带状态反馈的控制系统的性能会比带输出反馈系统的好。但从工程实施角度看，状态反馈的实施要比输出反馈困难、复杂，而且费用增加。

三、带状态观测器结构的控制系统

状态反馈，必须回馈受控对象的全部状态变量信息。然而，在实际的工程控制系统中，有些状态变量往往无法直接地或通过传感器间接地获得。这时候就要采用所谓“状态观测器”，把不能获得的状态重构出来，再组成状态反馈。带状态观测器的多输入－多输出控制系统结构，如图5-5所示。

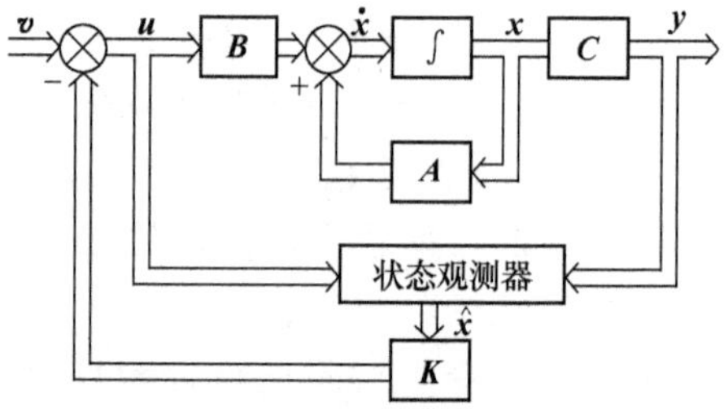

图5-5 带状态观测器多输入－多输出控制系统结构示意图

四、解耦控制系统

在现代化的工业生产中，不断地出现一些较复杂的设备或装置。这些设备（或装置）的本身所要求的被控制参数往往较多。因此，必须设置多个控制回路对该种设备进行控制。由于控制回路的增加，往往会在它们之间造成相互影响的耦合作用。即是说，系统中每一个控制回路的输入信号对所有回路的输出都会有影响，而每一个回路的输出又会受到所有输入的作用。要想一个输入只去控制一个输出几乎不可能，这就构成了“耦合”系统。由于“耦合”关系，往往使系统难于控制、性能变差。

所谓解耦控制系统，就是采用某种结构、寻找合适的控制规律来消除系统中各控制回路之间的相互耦合关系，使每一个输入只控制相应的一个输出，每一个输出又只受到一个控制的作用。典型的解耦控制系统结构示意图，如图5-6所示。

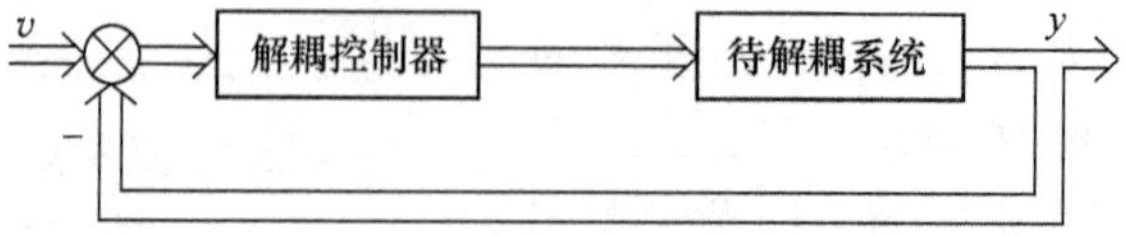

图5-6 解耦控制系统结构示意图

第二节　带输出反馈系统的综合

上节指出，输出反馈控制系统有两种结构。本节分别讨论它们的综合方法。

一、反馈至输入矩阵 B 后端的系统

1. 系统的数学描述

以多输入单输出的受控对象为例，其状态空间描述为

$$\dot{\boldsymbol{x}}=\boldsymbol{A}\boldsymbol{x}+\boldsymbol{B}\boldsymbol{u}$$
$$\boldsymbol{y}=\boldsymbol{C}\boldsymbol{x}+\boldsymbol{D}\boldsymbol{u}$$

式中的 $\boldsymbol{x}\in\boldsymbol{R}^n$；$\boldsymbol{u}\in\boldsymbol{R}^r$；$\boldsymbol{y}\in\boldsymbol{R}^1$；$\boldsymbol{A}_{n\times n}$；$\boldsymbol{B}_{n\times r}$；$\boldsymbol{C}_{1\times n}$；$\boldsymbol{D}_{1\times r}$。

一般情况下 $\boldsymbol{D}=\boldsymbol{0}$，则变成

$$\dot{\boldsymbol{x}}=\boldsymbol{A}\boldsymbol{x}+\boldsymbol{B}\boldsymbol{u}$$
$$\boldsymbol{y}=\boldsymbol{C}\boldsymbol{x}$$

简记为 $\Sigma_0(\boldsymbol{A},\boldsymbol{B},\boldsymbol{C})$。

输出量 $\boldsymbol{y}$，通过（$n\times1$）维的输出反馈矩阵 $\boldsymbol{H}$ 后回馈至输入矩阵 $\boldsymbol{B}$ 的后端，系统的结构图如图 5-7 所示。

由图 5-7 可列写出方程

$$\dot{\boldsymbol{x}}=\boldsymbol{A}\boldsymbol{x}+\boldsymbol{B}\boldsymbol{u}-\boldsymbol{H}\boldsymbol{y} \tag{5-1}$$
$$\boldsymbol{y}=\boldsymbol{C}\boldsymbol{x} \tag{5-2}$$

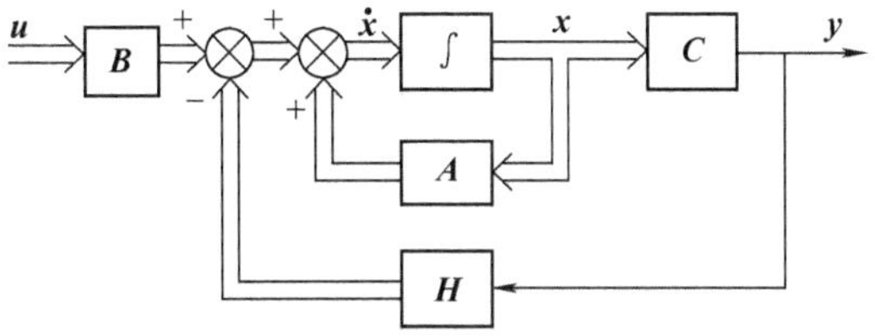

图 5-7　输出反馈控制系统结构 I 示意图

将式（5-2）代入式（5-1），整理后可求出闭环系统的状态空间描述为

$$\begin{cases}\dot{\boldsymbol{x}}=(\boldsymbol{A}-\boldsymbol{H}\boldsymbol{C})\boldsymbol{x}+\boldsymbol{B}\boldsymbol{u}\\ \boldsymbol{y}=\boldsymbol{C}\boldsymbol{x}\end{cases} \tag{5-3}$$

简记闭环系统为 $\Sigma_H[(\boldsymbol{A}-\boldsymbol{H}\boldsymbol{C}),\boldsymbol{B},\boldsymbol{C}]$。

从闭环系统的状态空间描述可看出，引入这种输出反馈方式后，系统矩阵发生了变化，状态方程不同了，而输出方程不变。

若用传递函数矩阵形式表示，则闭环系统的数学模型为

$$W_H(s)=\boldsymbol{C}(s\boldsymbol{I}-(\boldsymbol{A}-\boldsymbol{H}\boldsymbol{C}))^{-1}\boldsymbol{B}$$

闭环系统的特征多项式为

$$f(\lambda)=\det(\lambda\boldsymbol{I}-(\boldsymbol{A}-\boldsymbol{H}\boldsymbol{C})) \tag{5-4}$$

由式（5-4）可看出，选择不同的反馈系数阵 $\boldsymbol{H}$ 可改变闭环系统的特征值。

2. 极点配置

闭环系统的性能，主要取决于闭环极点在根平面上的位置，即闭环系统的特征值。

极点配置，就是首先根据生产工艺对控制系统提出的性能指标要求，给出一组与性能相对应的期望极点值；然后选择反馈矩阵 $\boldsymbol{H}$ 的元素值，使闭环系统的极点与期望极点相等，从而使系统获得所希望的性能要求。

用极点配置方法综合系统时提出两个最主要的问题：一是系统能否进行任意期望极点的配置，即是否满足任意极点配置的条件；二是若任意极点配置的条件满足，配置的算法如何。

(1) 闭环极点任意配置的条件

定理5-1 受控对象 Σ_0 ($\boldsymbol{A}$, $\boldsymbol{B}$, $\boldsymbol{C}$)，采用输出反馈至输入矩阵 $\boldsymbol{B}$ 的后端时，能任意配置闭环极点的充分必要条件是受控对象 Σ_0 完全能观测。

证明 以单输入-单输出系统作证明。由第三章第六节，当受控对象系统完全能观测时，一定可以通过线性非奇异变换化为能观标准见式 (3-35)，即

$$\boldsymbol{A}_0=\begin{pmatrix}0 & 0 & \cdots & 0 & -a_n\\ 1 & 0 & \cdots & 0 & -a_{n-1}\\ 0 & 1 & \cdots & 0 & -a_{n-2}\\ \vdots & \vdots & & \vdots & \vdots\\ 0 & 0 & \cdots & 1 & -a_1\end{pmatrix}$$

$$\boldsymbol{b}_0=\boldsymbol{T}_0^{-1}\boldsymbol{b}=\begin{pmatrix}\beta_0\\ \beta_1\\ \beta_2\\ \vdots\\ \beta_{n-1}\end{pmatrix},\quad \boldsymbol{c}_0=\boldsymbol{c}\boldsymbol{T}_0=(0\quad 0\quad \cdots\quad 0\quad 1)$$

其中 $\boldsymbol{T}_0$ 为化系统为能观标准型的变换矩阵。

若在变换后的状态空间中引入 $(n\times 1)$ 维反馈矩阵 $\overline{\boldsymbol{H}}=(\overline{h}_0\quad \overline{h}_1\quad \overline{h}_2\quad \cdots\quad \overline{h}_{n-1})^{\mathrm{T}}$，则由式(5-3)，闭环系统的状态方程为

$$\dot{\overline{\boldsymbol{x}}}=(\overline{\boldsymbol{A}}-\overline{\boldsymbol{H}}\,\overline{\boldsymbol{c}})\,\overline{\boldsymbol{x}}+\overline{\boldsymbol{b}}\boldsymbol{u}$$

式中

$$\overline{\boldsymbol{A}}-\overline{\boldsymbol{H}}\,\overline{\boldsymbol{c}}=\begin{pmatrix}0 & 0 & \cdots & 0 & -(a_n+\overline{h}_0)\\ 1 & 0 & \cdots & 0 & -(a_{n-1}+\overline{h}_1)\\ 0 & 1 & \cdots & 0 & -(a_{n-2}+\overline{h}_2)\\ \vdots & \vdots & & \vdots & \vdots\\ 0 & 0 & \cdots & 1 & -(a_1+\overline{h}_{n-1})\end{pmatrix}$$

可见，系统的可观测性没有改变。

而闭环特征多项式

$$\begin{aligned}f(\lambda)&=\det(\lambda\boldsymbol{I}-(\overline{\boldsymbol{A}}-\overline{\boldsymbol{H}}\,\overline{\boldsymbol{c}}))\\&=\lambda^n+(a_1+\overline{h}_{n-1})\lambda^{n-1}+(a_2+\overline{h}_{n-2})\lambda^{n-2}+\cdots+(a_{n-1}+\overline{h}_1)\lambda+(a_n+\overline{h}_0)\end{aligned}\tag{5-5}$$

考察式 (5-5)，闭环特征多项式的系数均由受控对象参数 $a_i(i=0, 1, \cdots, n-1)$ 和反馈系数 h_i 组成。当反馈系数 $\overline{h}_0$，$\overline{h}_1$，$\cdots$，$\overline{h}_{n-1}$ 的值变化时，特征多项式的各项系数也会相应地变化，特征根的值也就改变。由于 $\overline{h}_i(i=0, 1, \cdots, n-1)$ 的值可任意选择，故特征值可以任意配置。证毕。

(2) 极点配置算法

给定受控对象 $\Sigma(\boldsymbol{A}, \boldsymbol{B}, \boldsymbol{C})$。根据生产工艺对控制系统提出的性能要求，给出一组与性能要求值相对应的期望闭环特征值 λ_0^*，λ_1^*，$\cdots$，λ_{n-1}^*。

第一步 判别受控对象 Σ_0 的完全能观测性。若完全能观测，化 Σ 为能观标准型。也说明了

可通过选择输出反馈矩阵$\overline{\boldsymbol{H}}=(h_0 \quad h_1 \quad \cdots \quad h_{n-1})^{\mathrm{T}}$的元素值，实现系统闭环极点的任意配置。

第二步 按式（5-5）求出闭环特征多项式

$$f(\lambda)=\det(\lambda\boldsymbol{I}-(\overline{\boldsymbol{A}}-\overline{\boldsymbol{H}}\,\overline{\boldsymbol{C}}))=$$

$$\lambda^n+(a_1+\bar{h}_{n-1})\lambda^{n-1}+(a_2+\bar{h}_{n-2})\lambda^{n-2}+\cdots+(a_{n-1}+\bar{h}_1)\lambda+(a_n+\bar{h}_0) \tag{5-6}$$

第三步 根据期望闭环特征值（极点），求出期望闭环特征多项式

$$\begin{aligned} f(\lambda^*)&=(\lambda+\lambda_0^*)(\lambda+\lambda_1^*)\cdots(\lambda+\lambda_{n-1}^*)\\ &=\lambda^n+\alpha_{n-1}^*\lambda^{n-1}+\alpha_{n-2}^*\lambda^{n-2}+\cdots+\alpha_1^*\lambda+\alpha_0^* \end{aligned} \tag{5-7}$$

第四步 令$f(\lambda)=f(\lambda^*)$。即令式（5-6）和式（5-7）中λ同次幂的系数相等

$$\begin{cases} a_1 & + & \bar{h}_{n-1} & = & \alpha_{n-1}^*\\ a_2 & + & \bar{h}_{n-2} & = & \alpha_{n-2}^*\\ \vdots & & \vdots & & \vdots\\ a_{n-1} & + & \bar{h}_1 & = & \alpha_1^*\\ a_n & + & \bar{h}_0 & = & \alpha_0^* \end{cases} \tag{5-8}$$

式中，$a_i(i=0,1,\cdots,n-1)$为系统矩阵$\overline{\boldsymbol{A}}$的元素值；$\alpha_j^*(j=0,1,\cdots,n-1)$由期望极点值算出。求解式（5-8），便可得出对于状态$\bar{x}$下的反馈矩阵$\overline{\boldsymbol{H}}$的元素值$\bar{h}_0$，$\bar{h}_1$，$\cdots$，$\bar{h}_{n-1}$

$$\overline{\boldsymbol{H}}=(\bar{h}_0 \quad \bar{h}_1 \quad \cdots \quad \bar{h}_{n-1})$$

第五步 把对应于$\bar{\boldsymbol{x}}$的$\overline{\boldsymbol{H}}$，通过式（5-9）变换，得到对应原状态$\boldsymbol{x}$下的输出反馈矩阵$\boldsymbol{H}$

$$\boldsymbol{H}=\boldsymbol{T}_0\overline{\boldsymbol{H}} \tag{5-9}$$

式中，$\boldsymbol{T}_0$为化系统为能观标准Ⅱ型的变换矩阵。

几点说明：

1）定理5-1同样适用于单输入或多输入系统。

2）当系统的维数较低时，只要具有完全能观测性，可以不必化成能观标准型，而通过直接比较闭环特征多项式和闭环期望特征多项式的同次幂系数去确定$\boldsymbol{H}$反馈矩阵的元素值。

例5-1 已知双输入－单输出受控对象的状态空间描述

$$\dot{\boldsymbol{x}}=\boldsymbol{A}\boldsymbol{x}+\boldsymbol{B}\boldsymbol{u}$$

$$\boldsymbol{y}=\boldsymbol{c}\boldsymbol{x}$$

而
$$\boldsymbol{A}=\begin{pmatrix}0 & \omega^2\\ -1 & 0\end{pmatrix},\ \boldsymbol{B}=\begin{pmatrix}1 & 0\\ 0 & 1\end{pmatrix},\ \boldsymbol{c}=(1 \quad 0)$$

采用输出反馈。

试选择反馈矩阵$\boldsymbol{H}$，使闭环系统的极点配置为-5，-8。

解 （1）检验受控对象的完全能观测性

因为

$$\mathrm{rank}\boldsymbol{N}=\mathrm{rank}\begin{pmatrix}\boldsymbol{c}\\ \boldsymbol{cA}\end{pmatrix}=\begin{pmatrix}1 & 0\\ 0 & \omega^2\end{pmatrix}=2$$

所以具有完全能观性。

(2) 求闭环特征方程式

设反馈矩阵 $\boldsymbol{H}=(h_0 \quad h_1)^{\mathrm{T}}$，则闭环特征多项式为

$$f(\lambda)=\det(\lambda \boldsymbol{I}-(\boldsymbol{A}-\boldsymbol{Hc}))=\lambda^2+h_0\lambda+\omega^2(1+h_1)$$

(3) 求期望的闭环特征多项式

$$f(\lambda^*)=(\lambda+5)(\lambda+8)=\lambda^2+13\lambda+40$$

(4) 比较 $f(\lambda)$ 和 $f(\lambda^*)$ 的同次幂系数

得
$$h_0=13,\ h_1=\frac{40}{\omega^2}-1$$

所以
$$\boldsymbol{H}=\begin{pmatrix}13 & \dfrac{40}{\omega^2}-1\end{pmatrix}^{\mathrm{T}}$$

闭环系统的结构图如图5-8所示。

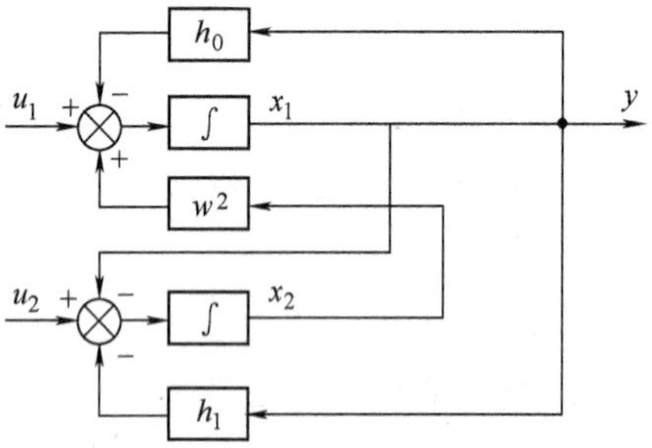

图5-8 例5-1的闭环系统结构图

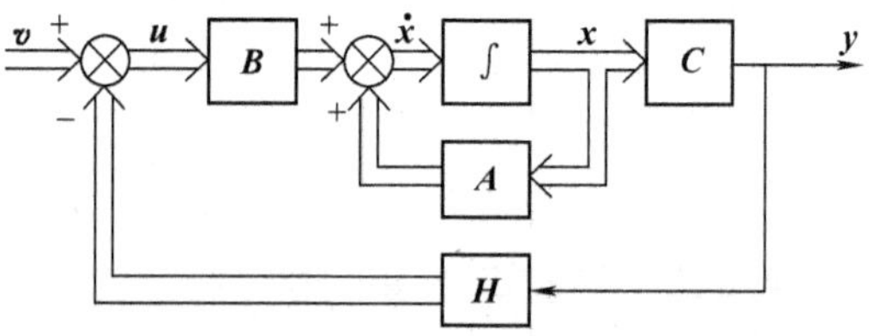

图5-9 输出反馈控制系统结构Ⅱ示意图

二、反馈至输入矩阵 B 前端的系统

以多输入–单输出受控对象为例，输出反馈至输入矩阵 $\boldsymbol{B}$ 的前端，或者说，输出反馈至参考信号 $\boldsymbol{v}$ 入口处的系统结构，如图5-9所示。

由图5-9可列写出方程

$$\dot{\boldsymbol{x}}=\boldsymbol{Ax}+\boldsymbol{B}(\boldsymbol{v}-\boldsymbol{Hy}) \tag{5-10}$$

$$\boldsymbol{y}=\boldsymbol{Cx} \tag{5-11}$$

式(5-11)代入式(5-10)，整理后可求出闭环系统的状态空间描述为

$$\dot{\boldsymbol{x}}=(\boldsymbol{A}-\boldsymbol{BHC})\boldsymbol{x}+\boldsymbol{Bv}$$
$$\boldsymbol{y}=\boldsymbol{Cx}$$

简记闭环系统为 $\Sigma_H[(\boldsymbol{A}-\boldsymbol{BHC}),\boldsymbol{B},\boldsymbol{C}]$。

对于这种系统结构的闭环极点配置问题，有如下定理：

定理5-2 对完全能控的受控对象，不能采用输出反馈至参考信号入口处的结构去实现闭环极点的任意配置。

证明从略。有兴趣的读者可参阅有关文献。这里，只以单输入–单输出系统为例，对本定理做解释说明。对于这种系统来说，输出反馈矩阵 H 是一个标量，即相当于经典控制中的反馈放大系数。由根轨迹分析法知道，改变反馈放大系数时闭环极点在根平面上的变化轨迹，只能局限于以开环极点为起点，开环零点（包括无限零点）为终点的一组根轨迹上，

而不能在其他位置上出现。这就表明，在根平面上不能任意选择极点去配置闭环系统的极点。

有文献指出，对于完全能控能观测的受控对象 $\Sigma_0(\boldsymbol{A},\ \boldsymbol{B},\ \boldsymbol{C})$，设系统的维数为 n，$\text{rank}\boldsymbol{B}=r$，$\text{rank}\boldsymbol{C}=m$，当采用这种输出反馈方式时，可以任意配置的闭环特征值的数目 n^* 为

$$n^* = \min\ \{n,\ r+m-1\}$$

但是，若在图 5-9 结构的基础上，再在主通道上引入一“补偿器”，如图 5-10 所示，那么，通过适当选取和综合“补偿器”的结构和参数，也可以做到对闭环系统极点进行任意配置。

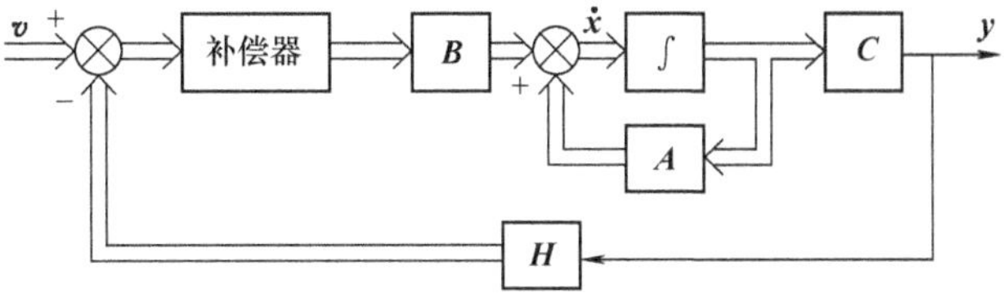

图 5-10　带补偿器的输出反馈系统结构示意图

对于单输入 - 单输出系统，有如下定理：

定理 5-3　状态完全能控能观测的 n 阶单变量系统，采用带（$n-1$）阶的补偿器的输出反馈，可以任意配置闭环系统的 n 个特征值。

值得指出，图 5-10 结构本质上就是经典控制中采用串联校正网络的方法。

第三节　带状态反馈系统的综合

现代控制理论利用状态变量揭示出系统内部的特性，建立了利用状态反馈的一种新的控制结构和方法。这种结构比输出反馈显示出更多的优越性，并能综合出性能更好的控制系统。

一、系统的数学描述

以单输入 - 单输出受控对象为例，其状态空间描述为

$$\dot{\boldsymbol{x}} = \boldsymbol{A}\boldsymbol{x} + \boldsymbol{b}u$$

$$y = \boldsymbol{c}\boldsymbol{x} + du$$

式中的 $\boldsymbol{x}\in\boldsymbol{R}^n$；$\boldsymbol{A}_{n\times n}$；$\boldsymbol{b}_{n\times 1}$；$\boldsymbol{b}_{1\times n}$；$\boldsymbol{d}_{1\times 1}$。

通常情况下 $d=0$，上式变为

$$\begin{cases}\dot{\boldsymbol{x}} = \boldsymbol{A}\boldsymbol{x} + \boldsymbol{b}u \\ y = \boldsymbol{c}\boldsymbol{x}\end{cases} \tag{5-12}$$

简记受控对象为 $\Sigma_0(\boldsymbol{A},\boldsymbol{b},\boldsymbol{c})$。

采用状态反馈。引出 n 个状态变量的信息 $x_i(i=1,2,\cdots,n)$，通过（$1\times n$）维反馈行向量 $\boldsymbol{K}=(k_0\quad k_1\quad\cdots\quad k_{n-1})$ 回馈至系统参考输入 $\boldsymbol{v}$ 端，结构图如图 5-11 所示。

状态线性反馈控制律 $\boldsymbol{u}$ 为

$$u = v - Kx$$

上式代入式(5-12)，整理后可得状态反馈的闭环系统状态空间描述为

$$\begin{cases} \dot{x} = (A - bK)x + bv \\ y = cx \end{cases} \tag{5-13}$$

从式（5-13）看出，采用状态反馈后，改变了原状态方程，而输出方程不变。

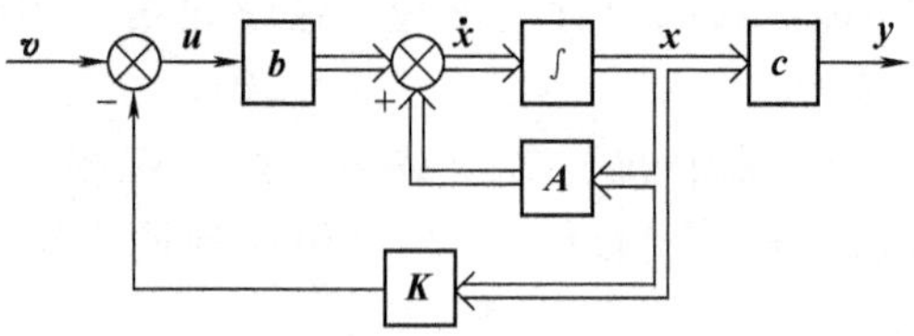

图 5-11 单输入 - 单输出系统的状态反馈结构示意图

简记闭环系统为 $\Sigma_k = ((A - bK), b, c)$。

若用传递函数表示，则状态反馈后闭环系统的传递函数为

$$W_k(s) = c(sI - (A - bK))^{-1}b$$

闭环特征多项式

$$f(\lambda) = \det(\lambda I - (A - bK)) \tag{5-14}$$

式（5-14）表明，可通过选择反馈向量 K 的元素值去改变闭环特征多项式的系数，从而改变闭环特征值。

二、极点配置

1. 闭环极点任意配置的条件

定理 5-4 采用状态反馈使闭环极点配置在任意位置上的充分必要条件是受控对象 $\Sigma_0(A, b, c)$ 完全能控。

证明 若受控对象 $\Sigma_0 = (A, b, c)$ 完全能控，则一定可以通过矩阵变换化 Σ_0 为能控标准型。

$$\dot{\bar{x}} = \bar{A}\bar{x} + \bar{b}u$$

$$y = \bar{c}\bar{x}$$

$$\bar{A} = T_{c1}^{-1}AT_{c1} = \begin{pmatrix} 0 & 1 & 0 & \cdots & 0 \\ 0 & 0 & 1 & \cdots & 0 \\ \vdots & \vdots & \vdots & & \vdots \\ 0 & 0 & 0 & \cdots & 1 \\ -a_0 & -a_1 & -a_2 & \cdots & -a_{n-1} \end{pmatrix}$$

$$\bar{b} = T_{c1}^{-1}b = \begin{pmatrix} 0 \\ 0 \\ \vdots \\ 0 \\ 1 \end{pmatrix}, \qquad \bar{c} = cT_{c1} = (\beta_0 \quad \beta_1 \quad \cdots \beta_{n-1})$$

矩阵 T_{c1} 为化 Σ_0 为能控标准型的变换矩阵。

在变换后的状态空间中引入 $(1 \times n)$ 维的状态反馈向量 $\bar{K} = (\bar{k}_0 \quad \bar{k}_1 \quad \cdots \quad \bar{k}_{n-1})$，由式(5-13)可得到对状态变量 $\bar{x}$ 的闭环状态空间描述为

$$\dot{\bar{x}} = (\bar{A} - \bar{b}\bar{K})\bar{x} + \bar{b}v$$

$$y = \bar{c}\bar{x}$$

$$(\bar{A}-\bar{b}\bar{K})=\begin{pmatrix} 0 & 1 & 0 & \cdots & 0 \\ 0 & 0 & 1 & \cdots & 0 \\ \vdots & \vdots & \vdots & & \vdots \\ 0 & 0 & 0 & \cdots & 1 \\ -(a_0+\bar{k}_0) & -(a_1+\bar{k}_1) & -(a_2+\bar{k}_2) & \cdots & -(a_{n-1}+\bar{k}_{n-1}) \end{pmatrix}$$

可见，仍为可控标准型。

闭环系统的特征多项式为

$$\begin{aligned} f(\lambda) &= \det(\lambda I-(\bar{A}-\bar{b}\bar{K})) \\ &= \lambda^n+(a_{n-1}+\bar{k}_{n-1})\lambda^{n-1}+\cdots+(a_2+\bar{k}_2)\lambda^2+(a_1+\bar{k}_1)\lambda+(a_0+\bar{k}_0) \end{aligned} \tag{5-15}$$

由闭环特征多项式可看出，当反馈阵的元素值 $\bar{k}_i$（$i=0, 1, 2, \cdots, n-1$）改变时，多项式的各项系数均发生变化，因此，特征值亦改变。这说明闭环系统的极点可以任意配置。证毕。

2. 极点配置算法

实现状态反馈极点任意配置的算法有好几种，这里只介绍最基本、最常用的方法。具体过程和输出反馈的相似。

第一步　判断受控对象 Σ_0 的能控性。若完全能控，化 Σ_0 为能控标准型 $\bar{\Sigma}$；

第二步　按式（5-15）求出状态反馈闭环系统的特征多项式，即

$$f(\lambda)=\det(\lambda I-(\bar{A}-\bar{b}\bar{K}))=\lambda^n+\alpha_{n-1}\lambda^{n-1}+\alpha_{n-2}\lambda^{n-1}+\cdots+\alpha_1\lambda+\alpha_0 \tag{5-16}$$

式中

$$\begin{aligned} \alpha_{n-1} &= a_{n-1} + \bar{k}_{n-1} \\ \alpha_{n-2} &= a_{n-2} + \bar{k}_{n-2} \\ &\vdots \\ \alpha_1 &= a_1 + \bar{k}_1 \\ \alpha_0 &= a_0 + \bar{k}_0 \end{aligned}$$

第三步　由期望闭环极点λ_1^*，λ_2^*，$\cdots$，λ_n^*求出期望闭环特征多项式

$$f(\lambda^*)=(\lambda-\lambda_1^*)(\lambda-\lambda_2^*)\cdots(\lambda-\lambda_n^*)=\lambda^n+\alpha_{n-1}^*\lambda^{n-1}+\alpha_{n-2}^*\lambda^{n-2}+\cdots+\alpha_1^*\lambda+\alpha_0^* \tag{5-17}$$

第四步　令$f(\lambda)=f(\lambda^*)$，即系统闭环特征多项式与期望的相等。通过比较式（5-16）和（5-17）的λ同次幂的系数，便可求得状态反馈阵各系数对应于 $\boldsymbol{x}$ 的$\bar{k}_i$（$i=0, 1, \cdots, n-1$）值，则

$$\bar{K}=(\bar{k}_0 \quad \bar{k}_1 \quad \cdots \quad \bar{k}_{n-1})$$

第五步　把对应于 $\bar{x}$ 的 $\bar{K}$，通过

$$K=\bar{K}T_{c1}^{-1}$$

的变换，得到对应于原状态 $\boldsymbol{x}$ 的反馈阵 $\boldsymbol{K}$。式中 T_{c1}^{-1}为化 Σ_0 为能控标准型$\bar{\Sigma}_0$的变换矩阵的逆阵。

例 5-2　某受控对象的传递函数为

$$W(s)=\frac{10}{s(s+1)(s+2)}$$

试设计状态反馈控制器，使闭环系统的极点为 -2，$-1\pm \mathrm{j}1$，闭环系统结构图如图5-12所示。

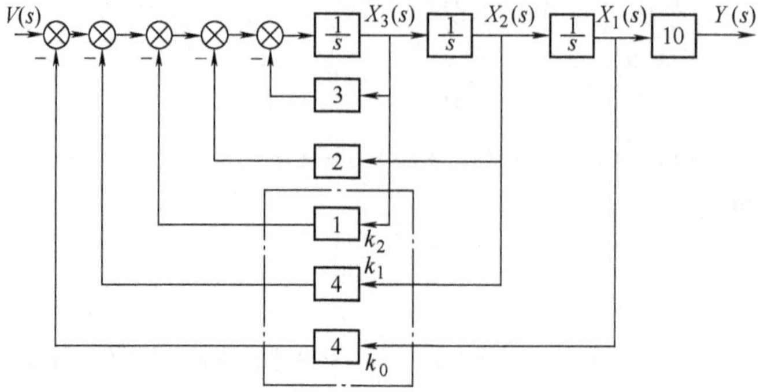

图5-12 例5-2闭环系统结构图

解 (1)因为传递函数没有零，极点对消现象，所以受控系统是能控能观测的。由传递函数直接写出它的能控标准Ⅰ型

$$\dot{\boldsymbol{x}}=\begin{pmatrix}0 & 1 & 0\\0 & 0 & 1\\0 & -2 & -3\end{pmatrix}\boldsymbol{x}+\begin{pmatrix}0\\0\\1\end{pmatrix}\boldsymbol{u}$$

$$y=(10\quad 0\quad 0)\ \boldsymbol{x}$$

(2) 加入状态反馈阵 $\boldsymbol{K}=(k_0\quad k_1\quad k_2)$，按式(5-15)求闭环系统特征多项式为

$$f(\lambda)=\det[\lambda\boldsymbol{I}-(\boldsymbol{A}-\boldsymbol{bK})]=\lambda^3+(3+k_2)\lambda^2+(2+k_1)\lambda+k_0$$

(3) 根据给定极点，求期望特征多项式

$$f(\lambda^*)=(\lambda+2)(\lambda+1-j)(\lambda+1+j)=\lambda^3+4\lambda^2+6\lambda+4$$

(4) 比较 $f(\lambda)$ 与 $f(\lambda^*)$ 各对应项系数，可解出 $k_0=4$，$k_1=4$，$k_2=1$

所以 $\boldsymbol{K}=(4\quad 4\quad 1)$

例5-3 试设计图5-13所示系统中的反馈矩阵 $\boldsymbol{K}=(k_1\quad k_2\quad k_3)$，使闭环系统满足下列动态指标

(1) 输出超调量 $\sigma\%\leqslant 5\%$

(2) 调整时间 $t\leqslant 0.5\mathrm{s}$

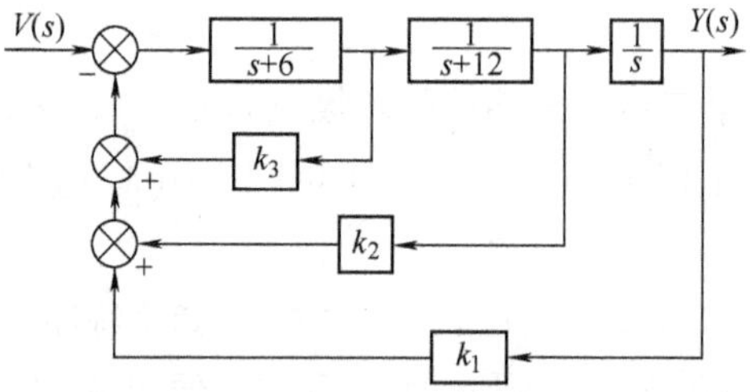

图5-13 例5-3系统结构图

解 (1) 求出受控系统的状态空间方程 Σ_0 $(\boldsymbol{A},\ \boldsymbol{b},\ \boldsymbol{c})$

$$\dot{\boldsymbol{x}}=\boldsymbol{Ax}+\boldsymbol{bu}$$

$$\boldsymbol{y}=\boldsymbol{cx}$$

而

$$\boldsymbol{A}=\begin{pmatrix}0 & 1 & 0\\0 & -12 & 1\\0 & 0 & -6\end{pmatrix},\ \boldsymbol{b}=\begin{pmatrix}0\\0\\1\end{pmatrix},\ \boldsymbol{c}=(1\quad 0\quad 0)$$

Σ_0 $(\boldsymbol{A},\ \boldsymbol{b},\ \boldsymbol{c})$ 是能控的。化 Σ_0 为能控标准型 $\overline{\Sigma}_0$ $(\overline{\boldsymbol{A}},\ \overline{\boldsymbol{b}},\ \overline{\boldsymbol{c}})$

$$\dot{\overline{\boldsymbol{x}}}=\overline{\boldsymbol{A}}\,\overline{\boldsymbol{x}}+\overline{\boldsymbol{b}}\boldsymbol{u}$$

$$y = \bar{c}\,\bar{x}$$

而
$$\bar{A} = \begin{pmatrix} 0 & 1 & 0 \\ 0 & 0 & 1 \\ 0 & -72 & -18 \end{pmatrix},\ \bar{b} = \begin{pmatrix} 0 \\ 0 \\ 1 \end{pmatrix},\ \bar{c} = (1\quad 0\quad 0)$$

变换矩阵 T_{c1} 的逆

$$T_{c1}^{-1} = \begin{pmatrix} 1 & 0 & 0 \\ 0 & 1 & 0 \\ 0 & -12 & 1 \end{pmatrix}$$

（2）状态 $\bar{x}$ 反馈闭环系统的特征多项式，按式（5-15）求出为

$$f(\lambda) = \det[\lambda I - (\bar{A} - \bar{b}\,\bar{K})] = \lambda^3 + (18 + \bar{k}_2)\lambda^2 + (72 + \bar{k}_1)\lambda + \bar{k}_0$$

（3）确定闭环系统的期望极点。由于对象为 3 阶系统，因此，期望的极点数为 3。选其中一对为主导极点 λ_1^*、λ_2^*，另一个为远极点 λ_3^*，并且认为系统的性能主要由主导极点 λ_1^*、λ_2^* 决定，远极点的影响可忽略。

根据二阶系统性能指标公式，由 $\sigma\% \leqslant 5\%$，$t_s \leqslant 0.5\text{s}$，求出 $\zeta \geqslant 0.707$，$\zeta\omega_n \geqslant 8$，$\zeta$ 为二阶系统的阻尼系数，ω_n 为自振频率。为计算方便选 $\zeta = 0.707$，$\omega_n = 10$，由此可得主导极点为

$$\lambda_{1,2}^* = -\zeta\omega_n \pm \text{j}\omega_n\sqrt{1-\zeta^2} = -7.07 \pm \text{j}7.07$$

远极点 λ_3^* 应选择得使其和原点距离大于 $5|\lambda_1^*|$，取 $\lambda_3^* = -100$。从而期望特征多项式为

$$f(\lambda^*) = (\lambda + 100)(\lambda^2 + 14.1\lambda + 100) = \lambda^3 + 114.1\lambda^2 + 1510\lambda + 10000$$

（4）求状态 $\bar{x}$ 下的反馈矩阵 $\bar{K}$。令

$$f(\lambda) = f(\lambda^*)，求出 \bar{k}_0 = 10000,\ \bar{k}_1 = 1438,\ \bar{k}_2 = 96.1,$$

$$\bar{K} = (10000\quad 1438\quad 96.1)$$

（5）把 $\bar{K}$ 化成对于原状态 x 的反馈矩阵 K

$$K = \bar{K}T_{c1}^{-1} = (10000\quad 1438\quad 96.1)\begin{pmatrix} 1 & 0 & 0 \\ 0 & 1 & 0 \\ 0 & -12 & 1 \end{pmatrix} = (10000\quad 284.8\quad 96.1)$$

说明几点：

1）定理 5-4 不仅适用于单输入 - 单输出系统，而且也适用于单输入 - 多输出、多输入 - 单输出和多输入 - 多输出系统。

2）对于单输入量系统的状态反馈矩阵 K 是一个 n 维行向量，且有唯一解。而对于多输入系统的状态反馈矩阵 K 是一个 $(r \times n)$ 维矩阵，r 为输入量的个数，且解不是唯一的。因此，对于多输入 - 多输出系统采用状态反馈综合变得较复杂。

3）单输入 - 单输出系统由状态反馈进行闭环极点配置时，不会改变传递函数的零点（除非有意制造零、极点对消）。而对于多输入 - 多输出系统由状态反馈进行闭环极点配置时，传递矩阵各元素的零点则可能会改变。

三、状态反馈下闭环系统的镇定问题

系统镇定指的是，对于受控系统 $\Sigma_0(A, B, C)$，如果能通过反馈使闭环系统的极点全部具有负实部，从而保证系统是渐近稳定的，就称此系统是反馈能镇定的。若采用的反馈方式

是状态反馈，则称该系统是**状态反馈能镇定的**，或称状态可镇定。

从上面定义可看出，系统的镇定只要求把闭环极点配置在根平面左半边的任何地方均可，而不是要求把闭环极点配置到期望的位置上。所以，对于“镇定”的设计要求要比“配置”的要求宽松得多。

判别一个受控系统是否能镇定的，有如下定理：

定理 5-5 对受控系统 $\Sigma_0(\boldsymbol{A},\boldsymbol{B},\boldsymbol{C})$，采用状态反馈能镇定的充分必要条件是，其不能控子系统是渐近稳定的。

证明从略。容易解释，因为状态反馈只能对能控的受控系统进行任意极点的配置。当一受控系统含有不能控的子系统时，状态反馈不能影响不能控子系统的极点，只能影响能控子系统的极点。所以，欲使闭环极点全部具有负实部，就要求不能控的子系统的极点应具有负实部。

例 5-4 已知系统的状态方程为

$$\dot{\boldsymbol{x}} = \boldsymbol{A}\boldsymbol{x} + \boldsymbol{b}u$$

$$\boldsymbol{A} = \begin{pmatrix} 1 & 0 & -1 \\ 0 & -2 & 0 \\ -1 & 0 & 2 \end{pmatrix},\ \boldsymbol{b} = \begin{pmatrix} 0 \\ 0 \\ 1 \end{pmatrix}$$

试判别系统是否为可镇定的，若是可镇定的，试用状态反馈使闭环系统为渐近稳定。

解 （1）判别系统的可控性

$$\boldsymbol{M} = (\boldsymbol{b} \quad \boldsymbol{A}\boldsymbol{b} \quad \boldsymbol{A}^2\boldsymbol{b}) = \begin{pmatrix} 0 & -1 & -3 \\ 0 & 0 & 0 \\ 1 & 2 & 5 \end{pmatrix}$$

$$\mathrm{rank}\boldsymbol{M} = 2 < 3$$

因此系统为不完全能控。

（2）能控性结构分解

非奇异变换阵为

$$\boldsymbol{R} = \begin{pmatrix} 0 & -1 & 0 \\ 0 & 0 & 1 \\ 1 & 2 & 0 \end{pmatrix},\ \boldsymbol{R}^{-1} = \begin{pmatrix} 2 & 0 & 1 \\ -1 & 0 & 0 \\ 0 & 1 & 0 \end{pmatrix}$$

变换后系统的状态方程

$$\dot{\overline{\boldsymbol{x}}} = \left(\begin{array}{cc:c} 0 & -1 & 0 \\ 1 & 3 & 0 \\ \hdashline 0 & 0 & -2 \end{array}\right)\begin{pmatrix} \overline{x}_1 \\ \overline{x}_2 \\ \hdashline \overline{x}_3 \end{pmatrix} + \begin{pmatrix} 1 \\ 0 \\ \hdashline 0 \end{pmatrix}\boldsymbol{u}$$

显然不能控的子系统为

$$\dot{\overline{x}}_{\bar{c}} = -2\overline{x}_3$$

子系统是稳定的。所以原系统是可镇定的。

（3）使系统成为渐近稳定

对能控子系统引入状态反馈，反馈矩阵

$$\overline{\boldsymbol{K}} = (\overline{k}_1 \quad \overline{k}_2)$$

能控子系统的闭环特征多项式为

$$f(\lambda)=\det[\lambda \boldsymbol{I}-(\overline{\boldsymbol{A}}_1-\overline{\boldsymbol{B}}_1\overline{\boldsymbol{K}})]=\lambda^2+(\bar{k}_1-3)\lambda+1+\bar{k}_2-3\bar{k}_1$$

根据劳斯稳定判据，要使系统稳定，应有

$$\bar{k}_1>3,\quad \bar{k}_2>8$$

（4）求原系统状态反馈阵 $\boldsymbol{K}$

$$\boldsymbol{K}=\overline{\boldsymbol{K}\boldsymbol{R}}^{-1}=(\bar{k}_1\quad \bar{k}_2\quad 0)\begin{pmatrix}2&0&1\\-1&0&0\\0&1&0\end{pmatrix}=((2\bar{k}_1-\bar{k}_2)\quad 0\quad \bar{k}_1)=(k_1\quad k_2\quad k_3)$$

即
$$k_1=2\bar{k}_1-\bar{k}_2,\quad k_2=0,\quad k_3=\bar{k}_1$$

顺便指出，若保证系统渐近稳定而采用的反馈方式是输出反馈，则称该系统是输出反馈能镇定的。对受控系统 Σ_0，采用输出反馈能镇定的充要条件是其能控能观子系统以外的各子系统为渐近稳定的。实际上，对输出反馈至参考输入信号入口处的这类系统是不能保证一定具有能镇定的。因为对一个能控能观测的系统是不能通过这类输出线性反馈达到任意极点配置的。

第四节　状态重构与状态观测器的设计

为了实现状态反馈，必须获取系统的全部状态的信息。但是在实际的工程系统中并不是所有的状态信息都能检测到；或者，虽有些可以检测，但可能由于检测装置昂贵或安装上的困难造成实际上难于获取，从而使状态反馈在实际中难于实现，甚至不可能实现。

状态重构，实际上就是重新构造一个新的系统。这新系统是利用原系统中能直接量测到的信号作为输入，而它的输出状态（通常用 $\hat{\boldsymbol{x}}$ 表示）在一定条件下能与原系统的状态 $\boldsymbol{x}$ 保持相等。通常称 $\hat{\boldsymbol{x}}$ 为 $\boldsymbol{x}$ 的重构状态，或者称状态估计。而称这个用以实现重构状态的新系统为**状态观测器**。

一、全维状态观测器的设计

若观测器重构的状态变量维数与原系统的状态变量维数相同，称这种观测器为**全维观测器**。

最简单的全维状态观测器可以根据原系统的动态方程用计算机，或用物理元件进行模拟，然后加入相同的控制信号，如图 5-14 所示。这种型式的观测器称为开环式的观测器。

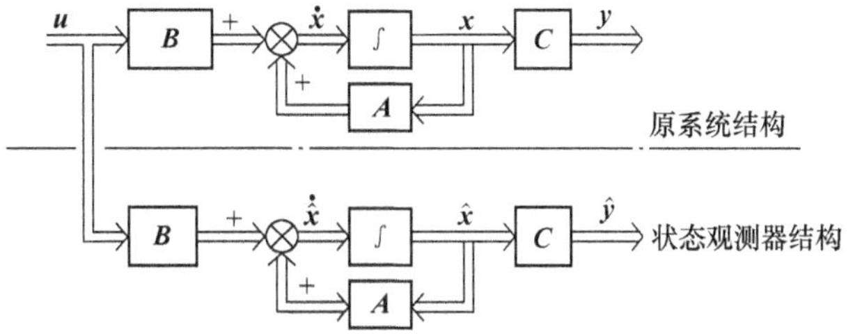

图 5-14　开环式的全维状态观测器

其实，这种开环式的状态观测器没有实用的价值。因为有很多因素会影响模拟系统与原系统的“等效”关系，例如，模型参数的准确程度，两系统的初始状态，外界或内部的噪声干扰影响……。这样，就不可能使估计的状态准确，或者说，会存在估计误差 $\tilde{x}$

$$\tilde{\boldsymbol{x}}=\hat{\boldsymbol{x}}-\boldsymbol{x}$$

为了提高状态估值 $\hat{x}$ 的精度，通常在图 5-14 的基础上将原系统可以量测到的输出量 $\boldsymbol{y}$ 与状

态观测器的输出量 $\hat{y}$ 相比较，求出输出误差信号 $\tilde{y}$

$$\tilde{y}=\hat{y}-y$$

再利用这输出误差信号 $\tilde{y}$，通过一线性反馈网络对状态观测器进行校正，构成一闭环式的状态观测器，如图 5-15 所示。

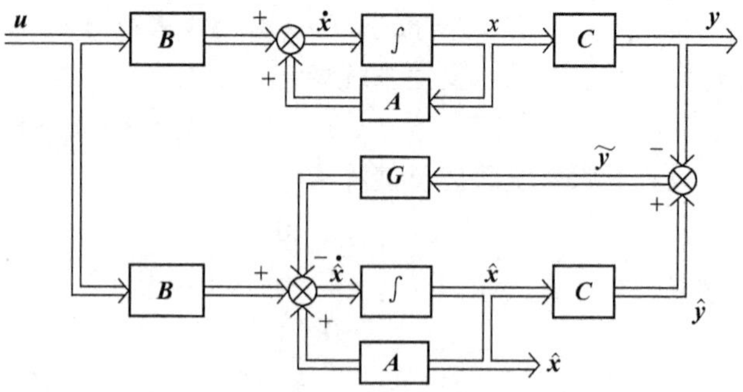

图 5-15 闭环式的全维状态观测器

考虑 n 维的完全能观测的受控系统，设其状态空间方程式为

$$\dot{x}=Ax+Bu,\ x(0)=x_0,\ t\geqslant 0 \tag{5-18}$$

$$y=Cx \tag{5-19}$$

式中，状态 x 不能直接量测，输入 u 和输出 y 均可直接量测；A、B 和 C 分别为 $(n\times n)$、$(n\times r)$ 和 $(m\times n)$ 维的实常数矩阵。

开环状态观测器的状态空间方程式为

$$\dot{\hat{x}}=A\hat{x}+Bu,\ \hat{x}(0)=\hat{x}_0,t\geqslant 0$$

$$\hat{y}=C\hat{x} \tag{5-20}$$

由式（5-20）、式（5-19）知，输出量之间的误差 $\tilde{y}=\hat{y}-y=C(\hat{x}-x)$。利用输出误差 $\tilde{y}$，通过一个 $(n\times m)$ 维的反馈矩阵 G 对观测器进行校正，构成闭环式的状态观测器。由图 5-15 可写出这种观测器的状态方程为

$$\dot{\hat{x}}=A\hat{x}+Bu-G\tilde{y}=A\hat{x}+Bu-GC(\hat{x}-x)=(A-GC)\hat{x}+Bu+Gy \tag{5-21}$$

为简单起见，今后就称式（5-21）为状态观测器的状态方程，而略去“闭环”两字。而特征多项式为

$$f(\lambda)=\det(\lambda I-(A-GC)) \tag{5-22}$$

状态误差方程，可由式（5-21）和式（5-18），求出

$$\begin{aligned}\dot{\tilde{x}}&=\dot{\hat{x}}-\dot{x}=A\hat{x}-GC\hat{x}+Bu+GCx-Ax-Bu\\&=A(\hat{x}-x)-GC(\hat{x}-x)=(A-GC)(\hat{x}-x)=(A-GC)\tilde{x}\end{aligned} \tag{5-23}$$

式（5-23）是关于状态误差的齐次线性微分方程式，其解为

$$\tilde{x}=e^{(A-GC)t}\tilde{x}_0,\ \tilde{x}_0=\hat{x}_0-x_0,\ t_0=0 \tag{5-24}$$

$\hat{x}_0$ 为观测器的初始状态，x_0 为原系统的初始状态。

式（5-24）表明：

1）当观测器与原系统的初始状态相同时，即 $\tilde{x}_0=\mathbf{0}$ 时，状态估计误差 $\tilde{x}=\mathbf{0}$，即 $\hat{x}=x$。

2）当两者间的初始状态不同时，且无论初始状态误差 $\tilde{x}$ 有多大，只要 $(A-GC)$ 的特征值均具有负实部时，一定可以做到使

$$\lim_{t\to\infty}\tilde{x}=\mathbf{0}\quad 或\quad \lim_{t\to\infty}\hat{x}=\lim_{t\to\infty}x$$

即实现状态的渐近相等。

3）若（$A-GC$）的特征值可以任意配置，那么，状态估计误差趋于零的速度也就可以任意选择。这就意味着能使状态估计$\hat{x}$的值以任意希望快的速度跟上原系统的状态x。

问题是，是否总存在一个反馈矩阵G，能使（$A-GC$）的特征值任意配置呢？下面的定理回答了此问题。

定理 5-6 若n维线性定常系统是完全能观测的，则可用图 5-15 所示的全维状态观测器重构出其所有的状态。反馈矩阵G可以按任意给定的极点位置来选择，所给定的极点位置将决定状态误差向量衰减到零的速度。

证明 只要注意到闭环观测器其实是采用输出反馈至输入矩阵B后端的输出反馈系统，根据定理 5-1，如果系统是完全能观的，就可以任意配置矩阵（$A-GC$）的极点。由于（$A-GC$）又是状态误差方程的参数矩阵，由式（5-23）可看出，其特征值将直接影响到状态误差衰减到零的速率。

几点说明；

1）若原系统不完全能观测，可将其分解为能观和不能观子系统。只有当不能观的子系统为渐近稳定时，设计的观测器才能稳定，否则观测器不能稳定。

2）反馈矩阵G的选取可完全按极点配置算法进行。应注意的是观测器的极点选取问题。若选得离虚轴越远，状态误差趋于零的速度就越快。但是，如果极点配置过于远离虚轴，系统的频带变宽，易受各种干扰噪声的影响。因此，实际设计中，一般选观测器的极点稍小于系统的极点。或视情况而定。

3）本观测器的设计主要考虑克服初始条件不同的影响，因此，在物理实现时应尽可能使两系统的参数相同并用精度高的元器件。至于有噪声的随机系统的状态设计，要用到滤波理论、卡尔曼滤波器。这方面的内容已超出本书范围，有兴趣的读者可参阅有关文献或书籍。

例 5-5 已知受控对象传递函数为

$$W(s)=\frac{y(s)}{u(s)}=\frac{2}{(s+1)(s+2)}$$

试设计状态观测器，极点配置在 -10，-10。

解 传递函数无零、极点相消，受控系统完全能观测。

将传递函数转化为状态空间描述，并写成能控形实现，有

$$\dot{x}=Ax+bu$$

$$y=cx$$

而

$$A=\begin{pmatrix}0 & 1\\ -2 & -3\end{pmatrix},\ b=\begin{pmatrix}0\\ 1\end{pmatrix},\ c=(2\quad 0)$$

由于是单输入－单输出系统，设反馈矩阵$G=(g_1\quad g_2)^{\mathrm{T}}$，则观测器的特征方程，由式（5-22）有

$$f(\lambda)=\det(\lambda I-(A-Gc))=\begin{vmatrix}\lambda+2g_1 & -1\\ 2+2g_2 & \lambda+3\end{vmatrix}$$

$$=\lambda^2+(2g_1+3)\lambda+(6g_1+2g_2+2)$$

根据给定的期望极点，求出期望的观测器特征方程为

$$f(\lambda^*) = (\lambda+10)^2 = \lambda^2 + 20\lambda + 100$$

比较$f(\lambda)$、$f(\lambda^*)$两式中λ的同次项的系数相等，得

$$g_1 = 8.5,\ g_2 = 23.5$$

即

$$\boldsymbol{G} = (g_1 \quad g_2)^{\mathrm{T}} = (8.5 \quad 23.5)^{\mathrm{T}}$$

闭环全维状态观测器的系统结构图如图 5-16 所示。

二、降维观测器

全维状态观测器，其维数与受控系统的维数相同，可以重构出原系统的全部状态变量。其实，通常在原系统中，都会有一部分状态变量可以直接地或间接通过传感器获取到，无需再做估计。因而，需要重构的状态变量数可以减少，使状态观测器的维数可以降低，观测器的实现也就比较容易和简单。

观测器的维数比原系统的要少时，这种观测器称为**降维观测器**。

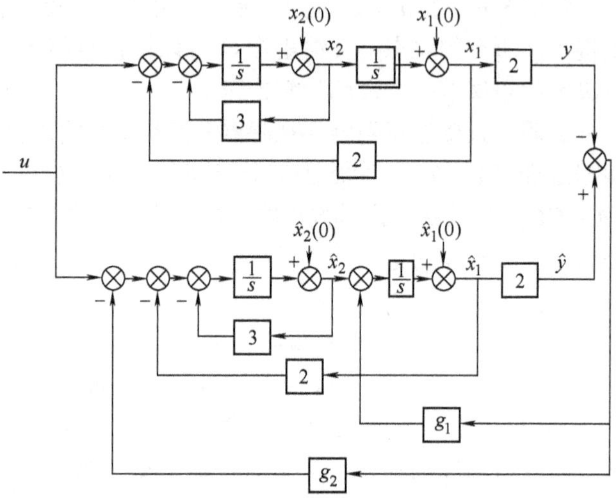

图 5-16 例 5-5 闭环全维状态观测器的系统结构图

可以证明，若 n 维受控系统具有完全能观性，输出矩阵 $\boldsymbol{C}$ 的秩为 m，则系统的 m 个状态分量可由输出 y 直接获得，只有其余 $(n-m)$ 个状态变量才需要通过一个 $(n-m)$ 维的观测器去重构。

降维观测器的设计方法有几种，下面只介绍其中一种方法，其设计步骤如下：

1）把原系统的所有状态分为两部分：一部分是能测量获得的；另一部分是不能测量获得的。系统的状态空间描述以这两部分的状态向量的分块形式表示。

设 n 维的完全能观的受控系统中，有 m 个状态变量完全可测量获得，用 $\boldsymbol{x}_2$ 表示。其余 $(n-m)$ 个状态变量不能测量获得，需借助状态观测器来重构，用 $\boldsymbol{x}_1$ 表示。把受控系统的状态空间表达式表示成如下的形式

$$\begin{pmatrix} \dot{\boldsymbol{x}}_1 \\ \dot{\boldsymbol{x}}_2 \end{pmatrix} = \begin{pmatrix} \boldsymbol{A}_{11} & \boldsymbol{A}_{12} \\ \boldsymbol{A}_{21} & \boldsymbol{A}_{22} \end{pmatrix} \begin{pmatrix} \boldsymbol{x}_1 \\ \boldsymbol{x}_2 \end{pmatrix} + \begin{pmatrix} \boldsymbol{B}_1 \\ \boldsymbol{B}_2 \end{pmatrix} \boldsymbol{u} \tag{5-25}$$

$$\boldsymbol{y} = [\boldsymbol{0} \;\vdots\; \boldsymbol{I}] \begin{pmatrix} \boldsymbol{x}_1 \\ \boldsymbol{x}_2 \end{pmatrix} = \boldsymbol{x}_2 \tag{5-26}$$

由式（5-26）可看出，$\boldsymbol{x}_2$ 可由输出 $\boldsymbol{y}$ 直接检测得到。

受控系统状态空间描述式（5-25）、式（5-26）的形式，也可以通过某种非奇异线性变换从原系统的一般表达式按能观测性分解得到。

展开式（5-25）并考虑式（5-26），有

$$\dot{\boldsymbol{x}}_1 = \boldsymbol{A}_{11}\boldsymbol{x}_1 + \boldsymbol{A}_{12}\boldsymbol{x}_2 + \boldsymbol{B}_1\boldsymbol{u} \tag{5-27}$$

$$\dot{\boldsymbol{x}}_2 = \boldsymbol{A}_{21}\boldsymbol{x}_1 + \boldsymbol{A}_{22}\boldsymbol{x}_2 + \boldsymbol{B}_2\boldsymbol{u} \tag{5-28}$$

$$y = x_2$$

在式（5-27）中，由于 u 是已知的输入量，x_2 是可以直接测量获得的，把这两项合并在一起，并用 M 表示

$$M = A_{12}x_2 + B_1u = A_{12}y + B_1u \tag{5-29}$$

则式（5-27）变为

$$\dot{x}_1 = A_{11}x_1 + M \tag{5-30}$$

令

$$Z = A_{21}x_1 \tag{5-31}$$

注意到式（5-30）和式（5-31）中，x_1 是状态向量，M 是已知的。若把 A_{11} 看作系统矩阵，M 看作输入量，Z 看成输出量，A_{21} 看成输出矩阵，则式（5-30）和式（5-31）就可视为是原 n 维受控系统的一个子系统的状态空间描述。其中，状态向量 x_1 为（$n-m$）维，且其全部状态均不能量测获得，需采用一个（$n-m$）维的观测器，对子系统来说就是“全维”观测器，对这（$n-m$）个状态重构。

简记由式（5-30）、式（5-31）构成的子系统为 Σ_1（A_{11}，M，A_{21}）。

将式（5-31）代入式（5-28），又可有

$$Z = \dot{x}_2 - A_{22}x_2 - B_2u = \dot{y} - A_{22}y - B_2u \tag{5-32}$$

2）仿照全维观测器的设计方法，设计出降维观测器。

由于原 n 维系统是完全能观测的，所以其（$n-m$）维的子系统 Σ_1（A_{11}，M，A_{21}）也是能观测的。因此可通过一个（$n-m$）维的状态观测器重构出（$n-m$）维的状态 x_1。

由全维观测器设计，若受控系统的状态空间描述为

$$\dot{x} = Ax + Bu \tag{5-33}$$

$$y = Cx \tag{5-34}$$

则状态观测器的状态方程由式（5-21）给出，重新列写如下：

$$\dot{\hat{x}} = (A - GC)\hat{x} + Bu + Gy \tag{5-35}$$

式中，G 为反馈矩阵。

将状态空间描述式（5-33）、式（5-34）与子系统 Σ_1 的式（5-30）、式（5-31）相对比，有如下关系：

$$x = x_1,\ A = A_{11},\ Bu = M,\ y = Z,\ C = A_{21} \tag{5-36}$$

把式（5-36）的对应关系代入式（5-35），便可求出子系统 Σ_1 的状态观测器的状态方程为

$$\dot{\hat{x}}_1 = (A_{11} - GA_{21})\hat{x}_1 + M + GZ \tag{5-37}$$

同样，可通过选择反馈矩阵 G 将系统矩阵（$A_{11} - GA_{21}$）的特征值配置在任意期望极点位置上。

为了在原系统中实现状态观测器，应消去式（5-37）中的中间变量 M 和 Z。用式（5-29）和式（5-32）代入式（5-37），状态观测器的状态方程为

$$\dot{\hat{x}}_1 = (A_{11} - GA_{21})\hat{x}_1 + (A_{12}y + B_1u) + G(\dot{y} - A_{22}y - B_2u) \tag{5-38}$$

式（5-38）中出现了导数项 $\dot{y}$，在物理上难于实现，应设法将它消去。为此，引入一变

量 $\boldsymbol{w}$

$$\boldsymbol{w}=\hat{\boldsymbol{x}}_1-\boldsymbol{G}\boldsymbol{y}\ \text{或}\ \hat{\boldsymbol{x}}_1=\boldsymbol{w}+\boldsymbol{G}\boldsymbol{y} \tag{5-39}$$

对变量 $\boldsymbol{w}$ 求导数，有

$$\dot{\boldsymbol{w}}=\dot{\hat{\boldsymbol{x}}}_1-\boldsymbol{G}\dot{\boldsymbol{y}}\ \text{或}\ \dot{\hat{\boldsymbol{x}}}_1=\dot{\boldsymbol{w}}+\boldsymbol{G}\dot{\boldsymbol{y}} \tag{5-40}$$

将式(5-39)、式（5-40）代入式（5-38），经整理后可得状态观测器的状态方程为

$$\dot{\boldsymbol{w}}=(\boldsymbol{A}_{11}-\boldsymbol{G}\boldsymbol{A}_{21})\boldsymbol{w}+(\boldsymbol{B}_1-\boldsymbol{G}\boldsymbol{B}_2)\boldsymbol{u}+(\boldsymbol{A}_{11}\boldsymbol{G}-\boldsymbol{G}\boldsymbol{A}_{21}\boldsymbol{G}+\boldsymbol{A}_{12}-\boldsymbol{G}\boldsymbol{A}_{22})\boldsymbol{y} \tag{5-41}$$

记
$$\tilde{\boldsymbol{G}}=(\boldsymbol{A}_{11}\boldsymbol{G}-\boldsymbol{G}\boldsymbol{A}_{21}\boldsymbol{G}+\boldsymbol{A}_{12}-\boldsymbol{G}\boldsymbol{A}_{22})$$

那么，式（5-41）可简写为

$$\dot{\boldsymbol{w}}=(\boldsymbol{A}_{11}-\boldsymbol{G}\boldsymbol{A}_{21})\boldsymbol{w}+(\boldsymbol{B}_1-\boldsymbol{G}\boldsymbol{B}_2)\boldsymbol{u}+\tilde{\boldsymbol{G}}\boldsymbol{y} \tag{5-42}$$

式（5-42）与式（5-38）是完全等价的。由式（5-42）可画出带降维观测器的系统状态结构图如图5-17所示。

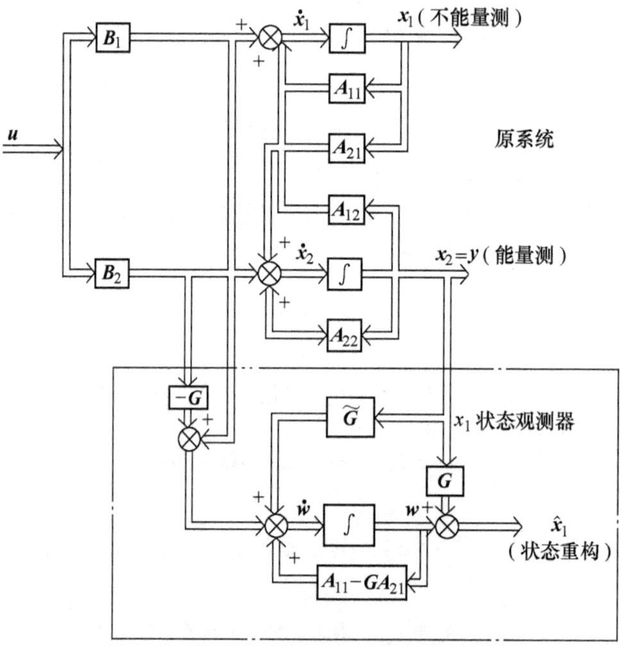

图5-17　带降维观测器的系统状态结构图

由式（5-39）知，观测器重构的状态 $\hat{\boldsymbol{x}}_1$ 为

$$\hat{\boldsymbol{x}}_1=\boldsymbol{w}+\boldsymbol{G}\boldsymbol{y}=\boldsymbol{w}+\boldsymbol{G}\boldsymbol{x}_2 \tag{5-43}$$

现分析状态估计 $\boldsymbol{x}_1$ 的误差与观测器状态方程系统矩阵（$\boldsymbol{A}_{11}-\boldsymbol{G}\boldsymbol{A}_{11}$）的关系。

设状态向量 $\boldsymbol{x}_1$ 与其估计值 $\hat{\boldsymbol{x}}_1$ 之间的误差为 $\tilde{\boldsymbol{x}}_1$

$$\tilde{\boldsymbol{x}}_1=\boldsymbol{x}_1-\hat{\boldsymbol{x}}_1,\quad \dot{\tilde{\boldsymbol{x}}}_1=\dot{\boldsymbol{x}}_1-\dot{\hat{\boldsymbol{x}}}_1$$

将 $\dot{\boldsymbol{x}}_1$ 和 $\dot{\hat{\boldsymbol{x}}}_1$ 的表达式，即式（5-27）和式（5-38），代入上式，并整理后有

$$\dot{\tilde{\boldsymbol{x}}}_1=\dot{\boldsymbol{x}}_1-\dot{\hat{\boldsymbol{x}}}_1=\boldsymbol{A}_{11}\boldsymbol{x}_1-(\boldsymbol{A}_{11}-\boldsymbol{G}\boldsymbol{A}_{21})\hat{\boldsymbol{x}}_1-\boldsymbol{G}(\dot{\boldsymbol{y}}-\boldsymbol{A}_{22}\boldsymbol{y}-\boldsymbol{B}_2\boldsymbol{u})$$

将式（5-32）、式（5-31）关系代入，有

$$\begin{aligned}\dot{\tilde{\boldsymbol{x}}}_1 &= \boldsymbol{A}_{11}\boldsymbol{x}_1 - (\boldsymbol{A}_{11} - \boldsymbol{G}\boldsymbol{A}_{21})\hat{\boldsymbol{x}}_1 - \boldsymbol{G}\boldsymbol{A}_{21}\boldsymbol{x}_1 \\ &= (\boldsymbol{A}_{11} - \boldsymbol{G}\boldsymbol{A}_{21})\boldsymbol{x}_1 - (\boldsymbol{A}_{11} - \boldsymbol{G}\boldsymbol{A}_{21})\hat{\boldsymbol{x}}_1 = (\boldsymbol{A}_{11} - \boldsymbol{G}\boldsymbol{A}_{21})\tilde{\boldsymbol{x}}_1 \end{aligned} \tag{5-44}$$

微分方程式（5-44）的解为

$$\tilde{\boldsymbol{x}}_1 = \tilde{\boldsymbol{x}}_0 \mathrm{e}^{(\boldsymbol{A}_{11} - \boldsymbol{G}\boldsymbol{A}_{21})t}$$

$\tilde{\boldsymbol{x}}_0$ 为初始误差。

由于子系统 $\boldsymbol{\Sigma}_1$ 是能观测的，故一定可以通过选择 $\boldsymbol{G}$ 使矩阵（$\boldsymbol{A}_{11} - \boldsymbol{G}\boldsymbol{A}_{21}$）的特征值任意配置，保证估值误差 $\tilde{\boldsymbol{x}}_1$ 能按设计者的要求尽快衰减到零。反馈矩阵 $\boldsymbol{G}$ 的选择考虑与全维观测器的相同。

例 5-6　给定受控系统的状态空间描述

$$\begin{pmatrix} \dot{x}_1 \\ \dot{x}_2 \\ \dot{x}_3 \\ \hdashline \dot{x}_4 \end{pmatrix} = \left(\begin{array}{ccc:c} 0 & -1 & 0 & 0 \\ 0 & 0 & 1 & 0 \\ 0 & 11 & 0 & 0 \\ \hdashline 1 & 0 & 0 & 0 \end{array}\right) \begin{pmatrix} x_1 \\ x_2 \\ x_3 \\ \hdashline x_4 \end{pmatrix} + \begin{pmatrix} 1 \\ 0 \\ -1 \\ \hdashline 0 \end{pmatrix} \boldsymbol{u}$$

$$\boldsymbol{y} = (0 \quad 0 \quad 0 \;\vdots\; 1)(x_1 \quad x_2 \quad x_3 \;\vdots\; x_4)^{\mathrm{T}}$$

设计一降维观测器，其极点为 -3，$-2 \pm \mathrm{j}$。

解　由系统的输出方程可看出，状态变量 x_4 可由输出直接测量到，而 x_1，x_2 和 x_3 需用一个三维状态观测器重构其状态 $\hat{x}_1$，$\hat{x}_2$ 和 $\hat{x}_3$。

原系统状态空间描述已具有式（5-25）、式（5-26）所示的标准形式，经比较有如下对应关系：

$$\boldsymbol{A}_{11} = \begin{pmatrix} 0 & -1 & 0 \\ 0 & 0 & 1 \\ 0 & 11 & 0 \end{pmatrix},\ \boldsymbol{A}_{12} = \begin{pmatrix} 0 \\ 0 \\ 0 \end{pmatrix},\ \boldsymbol{A}_{21} = \begin{pmatrix} 1 \\ 0 \\ 0 \end{pmatrix}^{\mathrm{T}},\ \boldsymbol{A}_{22} = 0 \quad \boldsymbol{B}_1 = \begin{pmatrix} 1 \\ 0 \\ -1 \end{pmatrix},\ \boldsymbol{B}_2 = 0$$

引入反馈矩阵 $\boldsymbol{G} = (g_1 \quad g_2 \quad g_3)^{\mathrm{T}}$，由式（5-37）得观测器的特征多项式

$$f(\lambda) = \det(\lambda \boldsymbol{I} - (\boldsymbol{A}_{11} - \boldsymbol{G}\boldsymbol{A}_{21})) = \lambda^3 + g_1\lambda^2 - (11 + g_2)\lambda - (11g_1 + g_3)$$

由期望特征值 -3，$-2 \pm \mathrm{j}$，期望的特征多项式为

$$f(\lambda^*) = (\lambda + 3)(\lambda + 2 - \mathrm{j})(\lambda + 2 + \mathrm{j}) = \lambda^3 + 7\lambda^2 + 17\lambda + 15$$

比较 $f(\lambda)$ 和 $f(\lambda^*)$ 的系数关系，得

$$\boldsymbol{G} = (g_1 \quad g_2 \quad g_3)^{\mathrm{T}} = (7 \quad -28 \quad -92)^{\mathrm{T}}$$

按照式（5-41）得降维观测器的状态方程为

$$\begin{aligned}\dot{\boldsymbol{w}} &= (\boldsymbol{A}_{11} - \boldsymbol{G}\boldsymbol{A}_{21})\boldsymbol{w} + (\boldsymbol{B}_1 - \boldsymbol{G}\boldsymbol{B}_2)u + (\boldsymbol{A}_{11}\boldsymbol{G} - \boldsymbol{G}\boldsymbol{A}_{21}\boldsymbol{G} + \boldsymbol{A}_{12} - \boldsymbol{G}\boldsymbol{A}_{22})\boldsymbol{y} \\ &= (\boldsymbol{A}_{11} - \boldsymbol{G}\boldsymbol{A}_{21})\boldsymbol{w} + \boldsymbol{B}_1 u + (\boldsymbol{A}_{11}\boldsymbol{G} - \boldsymbol{G}\boldsymbol{A}_{21}\boldsymbol{G})\boldsymbol{y} \\ &= \begin{pmatrix} -7 & -1 & 0 \\ 28 & 0 & 1 \\ 92 & 11 & 0 \end{pmatrix}\boldsymbol{w} + \begin{pmatrix} 1 \\ 0 \\ -1 \end{pmatrix}u + \begin{pmatrix} -21 \\ 104 \\ 336 \end{pmatrix}\boldsymbol{y}\end{aligned}$$

由式（5-43）得重构的状态变量为

$$\begin{pmatrix}\hat{x}_1\\ \hat{x}_2\\ \hat{x}_3\end{pmatrix}=\begin{pmatrix}w_1\\ w_2\\ w_3\end{pmatrix}+\begin{pmatrix}7\\ -28\\ -92\end{pmatrix}\boldsymbol{y}$$

或写成

$$\hat{x}_1=w_1+7y=w_1+7x_4$$
$$\hat{x}_2=w_2-28y=w_2-28x_4$$
$$\hat{x}_3=w_3-92y=w_3-92x_4$$

从上面的例子可看出，若受控系统的状态空间表达式在结构上已具有式（5-25）、式（5-26）的形式，那么其设计是简单的，计算是容易的。但是，当受控系统的状态空间描述在结构上不具有式（5-25）、式（5-26）形式时，就必须先求出一个变换矩阵 $\boldsymbol{T}$，使系统经过状态变换 $\boldsymbol{x}=\boldsymbol{T}\bar{\boldsymbol{x}}$后，其状态空间描述，成为式（5-25）、式（5-26）的形式。对于多输出系统其设计过程可按下面的步骤进行。

第一步　检验受控系统 $\Sigma_0(\boldsymbol{A},\boldsymbol{B},\boldsymbol{C})$ 的完全能观测性。若完全能观测，存在状态观测器。

第二步　先对 $\boldsymbol{C}$ 阵的列作重新分块。设 $\mathrm{rank}\boldsymbol{C}=\mathrm{m}$，把 $\boldsymbol{C}$ 阵分块成

$$\boldsymbol{C}=[\underbrace{\boldsymbol{c}_1}_{n-m}\ \vdots\ \underbrace{\boldsymbol{c}_2}_{m}]\}\ m$$

式中，$\boldsymbol{c}_2$ 为 $m\times m$ 非奇异阵。

再将 $\boldsymbol{A}$ 阵和 $\boldsymbol{B}$ 也做相应的分块，使之成为如下的形式：

$$\boldsymbol{A}=\begin{pmatrix}\boldsymbol{A}_{11} & \boldsymbol{A}_{12}\\ \boldsymbol{A}_{21} & \boldsymbol{A}_{22}\end{pmatrix}\begin{matrix}\}\ n-m\\ \}\ m\end{matrix}\quad(\text{列宽 } n-m,\ m)\qquad \boldsymbol{B}=\begin{pmatrix}\boldsymbol{B}_1\\ \boldsymbol{B}_2\end{pmatrix}\begin{matrix}\}\ n-m\\ \}\ m\end{matrix}\quad(\text{列宽 } r)$$

第三步　构造变换矩阵 $\boldsymbol{T}$ 和逆阵 $\boldsymbol{T}^{-1}$

$$\boldsymbol{T}=\begin{pmatrix}\boldsymbol{I} & 0\\ -\boldsymbol{c}_2^{-1}\boldsymbol{c}_1 & \boldsymbol{c}_2^{-1}\end{pmatrix}\begin{matrix}\}\ n-m\\ \}\ m\end{matrix}\qquad \boldsymbol{T}^{-1}=\begin{pmatrix}\boldsymbol{I} & 0\\ \boldsymbol{c}_1 & \boldsymbol{c}_2\end{pmatrix}\begin{matrix}\}\ n-m\\ \}\ m\end{matrix}$$

（列宽均为 $n-m$，m）

第四步　对 $\boldsymbol{A}$、$\boldsymbol{B}$、$\boldsymbol{C}$ 做线性非奇异变换得

$$\bar{\boldsymbol{A}}=\boldsymbol{T}^{-1}\boldsymbol{A}\boldsymbol{T}=\begin{pmatrix}\boldsymbol{I} & 0\\ \boldsymbol{c}_1 & \boldsymbol{c}_2\end{pmatrix}\begin{pmatrix}\boldsymbol{A}_{11} & \boldsymbol{A}_{12}\\ \boldsymbol{A}_{21} & \boldsymbol{A}_{22}\end{pmatrix}\begin{pmatrix}\boldsymbol{I} & 0\\ -\boldsymbol{c}_2^{-1}\boldsymbol{c}_1 & \boldsymbol{c}_2^{-1}\end{pmatrix}$$

$$=\begin{pmatrix}\boldsymbol{A}_{11}-\boldsymbol{A}_{12}\boldsymbol{c}_2^{-1}\boldsymbol{c}_1 & \boldsymbol{A}_{12}\boldsymbol{c}_2^{-1}\\ (\boldsymbol{c}_1\boldsymbol{A}_{11}+\boldsymbol{c}_2\boldsymbol{A}_{21})-(\boldsymbol{c}_1\boldsymbol{A}_{12}+\boldsymbol{c}_2\boldsymbol{A}_{22})\boldsymbol{c}_2^{-1}\boldsymbol{c}_1 & (\boldsymbol{c}_1\boldsymbol{A}_{12}+\boldsymbol{c}_2\boldsymbol{A}_{22})\boldsymbol{c}_2^{-1}\end{pmatrix}=\begin{pmatrix}\bar{\boldsymbol{A}}_{11} & \bar{\boldsymbol{A}}_{12}\\ \bar{\boldsymbol{A}}_{21} & \bar{\boldsymbol{A}}_{22}\end{pmatrix}$$

$$\bar{\boldsymbol{B}}=\boldsymbol{T}^{-1}\boldsymbol{B}=\begin{pmatrix}\boldsymbol{I} & \boldsymbol{0}\\ \boldsymbol{c}_1 & \boldsymbol{c}_2\end{pmatrix}\begin{pmatrix}\boldsymbol{B}_1\\ \boldsymbol{B}_2\end{pmatrix}=\begin{pmatrix}\boldsymbol{B}_1\\ \boldsymbol{c}_1\boldsymbol{B}_1+\boldsymbol{c}_2\boldsymbol{B}_2\end{pmatrix}=\begin{pmatrix}\bar{\boldsymbol{B}}\\ \bar{\boldsymbol{B}}\end{pmatrix}$$

$$\bar{\boldsymbol{C}}=\boldsymbol{C}\boldsymbol{T}=(\boldsymbol{c}_1\ \vdots\ \boldsymbol{c}_2)\begin{pmatrix}\boldsymbol{I} & \boldsymbol{0}\\ -\boldsymbol{c}_2^{-1}\boldsymbol{c}_1 & \boldsymbol{c}_2^{-1}\end{pmatrix}=(\boldsymbol{0}\ \vdots\ \boldsymbol{I})$$

显然，上面的$\bar{\boldsymbol{A}}$、$\bar{\boldsymbol{B}}$和$\bar{\boldsymbol{C}}$已具有式（5-25）、式（5-26）的标准形式。

第五步 按标准形式的方法和步骤，设计出降维状态观测器。

例 5-7 已知系统 Σ_0（$\boldsymbol{A}$，$\boldsymbol{b}$，$\boldsymbol{c}$）

其中
$$\boldsymbol{A}=\begin{pmatrix}4 & 4 & 4\\ -11 & -12 & -12\\ 13 & 14 & 13\end{pmatrix},\quad \boldsymbol{b}=\begin{pmatrix}1\\-1\\0\end{pmatrix},\quad \boldsymbol{c}=(1\quad 1\ \vdots\ 1)$$

试设计降维观测器，其极点为 -3 和 -4。

解 经检验系统 Σ_0 完全能观测，故存在状态观测器。且 rank$\boldsymbol{c}=1$。由于 $\boldsymbol{c}$ 阵的最后一个元素不是 0，所以不必再重新排列，只要按虚线所示方式进行分块。

构造变换矩阵 $\boldsymbol{T}$ 和 $\boldsymbol{T}^{-1}$

$$\boldsymbol{T}=\begin{pmatrix}\boldsymbol{I} & \boldsymbol{0}\\ -\boldsymbol{c}_2^{-1}\boldsymbol{c}_1 & \boldsymbol{c}_2^{-1}\end{pmatrix}=\begin{pmatrix}1 & 0 & 0\\ 0 & 1 & 0\\ -1 & -1 & 1\end{pmatrix}$$

$$\boldsymbol{T}^{-1}=\begin{pmatrix}\boldsymbol{I} & \boldsymbol{0}\\ \boldsymbol{c}_1 & \boldsymbol{c}_2\end{pmatrix}=\begin{pmatrix}1 & 0 & 0\\ 0 & 1 & 0\\ 1 & 1 & 1\end{pmatrix}$$

计算$\overline{\boldsymbol{A}}$，$\overline{\boldsymbol{B}}$和$\overline{\boldsymbol{c}}$

$$\overline{\boldsymbol{A}}=\boldsymbol{T}^{-1}\boldsymbol{A}\boldsymbol{T}=\begin{pmatrix}0 & 0 & 4\\ 1 & 0 & -12\\ 1 & 1 & 5\end{pmatrix},\qquad \overline{\boldsymbol{b}}=\boldsymbol{T}^{-1}\boldsymbol{b}=\begin{pmatrix}1\\-1\\-0\end{pmatrix},\qquad \overline{\boldsymbol{c}}=\boldsymbol{c}\boldsymbol{T}=(0\quad 0\ \vdots\ 1)$$

由$\overline{\boldsymbol{c}}$可看出，状态分量$\overline{\boldsymbol{x}}_3$ 可由$\overline{\boldsymbol{y}}$直接检测，故只需设计二维状态观测器。

引入反馈矩阵$\overline{\boldsymbol{G}}=(\overline{g}_1\quad \overline{g}_2)^{\mathrm{T}}$。由式(5-37)得观测器的特征多项式

$$f(\lambda)=\det(\lambda\boldsymbol{I}-(\overline{\boldsymbol{A}}_{11}-\overline{\boldsymbol{G}}\,\overline{\boldsymbol{A}}_{21}))=\det\left\{\begin{pmatrix}\lambda & 0\\ 0 & \lambda\end{pmatrix}-\begin{pmatrix}0 & 0\\ 1 & 0\end{pmatrix}+\begin{pmatrix}\overline{g}_1\\ \overline{g}_2\end{pmatrix}(1\quad 1)\right\}$$

$$=\det\begin{pmatrix}\lambda+\overline{g}_1 & \overline{g}_1\\ -1+\overline{g}_2 & \lambda+\overline{g}_2\end{pmatrix}=\lambda^2+(\overline{g}_1+\overline{g}_2)\lambda+\overline{g}_1$$

由要求的极点，求出期望特征多项式

$$f(\lambda^*)=(\lambda+3)(\lambda+4)=\lambda^2+7\lambda+12$$

比较$f(\lambda)$和$f(\lambda^*)$各相应项系数，得

$$\overline{g}_1=12,\ \overline{g}_2=-5$$

即
$$\overline{\boldsymbol{G}}=\begin{pmatrix}\overline{g}_1\\ \overline{g}_2\end{pmatrix}=\begin{pmatrix}12\\-5\end{pmatrix}$$

求降维观测的状态方程。由式（5-42）有

$$\dot{\overline{\boldsymbol{w}}}=\begin{pmatrix}-12 & -12\\ 6 & 5\end{pmatrix}\overline{\boldsymbol{w}}+\begin{pmatrix}1\\-1\end{pmatrix}\boldsymbol{u}+\begin{pmatrix}-140\\ 60\end{pmatrix}\overline{\boldsymbol{y}}$$

由式（5-39）有

$$\hat{\bar{x}}_1 = \bar{w} + G\bar{y} = \bar{w} + \begin{pmatrix} 12 \\ -5 \end{pmatrix}\bar{y}$$

经线性变换后的状态估值为

$$\hat{\bar{x}}_1 = \left(\begin{array}{c} \hat{\bar{x}}_1 \\ \hdashline \bar{x}_3 \end{array}\right) = \left(\begin{array}{c} \bar{w} + \bar{G}\bar{y} \\ \hdashline \bar{y} \end{array}\right) = \begin{pmatrix} \bar{w}_1 + 12\bar{y} \\ \bar{w}_2 - 5\bar{y} \\ \bar{y} \end{pmatrix}$$

为了得到原系统的状态估计，还要做如下变换：

$$\hat{x} = T\hat{\bar{x}} = \left(\begin{array}{cc:c} 1 & 0 & 0 \\ 0 & 1 & 0 \\ \hdashline -1 & -1 & 1 \end{array}\right)\left(\begin{array}{c} \bar{w}_1 + 12\bar{y} \\ \bar{w}_2 - 5\bar{y} \\ \hdashline \bar{y} \end{array}\right) = \begin{pmatrix} \bar{w}_1 + 12\bar{y} \\ \bar{w}_2 - 5\bar{y} \\ -\bar{w}_1 - \bar{w}_2 - 6\bar{y} \end{pmatrix}$$

读者可根据所得结果作出结构图。

第五节　带观测器状态反馈系统的综合

对具有能控、能观测性，但状态不可量测的受控系统，状态观测器解决了其状态重构的问题。这样，便可使这类受控系统实施状态反馈变成可能。本节讨论带状态观测器实现状态反馈综合的有关问题。

一、系统的结构与数学模型

设受控系统为能控、能观测的 n 阶系统，其状态空间描述为

$$\dot{x} = Ax + Bu \tag{5-45}$$

$$y = Cx \tag{5-46}$$

n 维状态观测器系统的状态空间描述由式（5-21）及式（5-20）有

$$\dot{\hat{x}} = (A - GC)\hat{x} + Bu + Gy \tag{5-47}$$

$$y = C\hat{x}$$

现采用由观测器重构的状态$\hat{x}$，通过反馈矩阵 K，负回馈至系统参考信号的入口处，则反馈控制律为

$$u = v - K\hat{x} \tag{5-48}$$

带全维状态观测器的状态反馈闭环系统，如图 5-18 所示。

将式（5-48）代入式（5-45），得

$$\dot{x} = Ax + B(v - K\hat{x}) = Ax - BK\hat{x} + Bv \tag{5-49}$$

将式（5-48）及式（5-46）代入式（5-47），得

$$\dot{\hat{x}} = (A - GC)\hat{x} + B(v - K\hat{x}) + GCx = (A - GC - BK)\hat{x} + GCx + Bv \tag{5-50}$$

将式（5-49）和式（5-50）合并，则闭环系统的状态空间描述为

$$\left(\begin{array}{c} \dot{x} \\ \hdashline \dot{\hat{x}} \end{array}\right) = \left(\begin{array}{c:c} A & -BK \\ \hdashline GC & A - GC - BK \end{array}\right)\left(\begin{array}{c} x \\ \hdashline \hat{x} \end{array}\right) + \left(\begin{array}{c} B \\ \hdashline B \end{array}\right)v \tag{5-51}$$

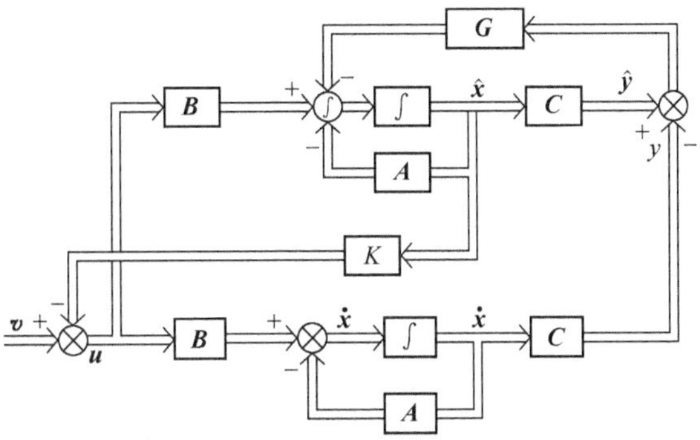

图 5-18　带全维状态观测器的状态反馈闭环系统

$$y=(C\ \vdots\ 0)\begin{pmatrix}x\\ \hat{x}\end{pmatrix} \tag{5-52}$$

式（5-52）表明，系统的维数变为 $2n$，是原受控系统的两倍。

简记闭环系统为 Σ_b（A_b，B_b，C_b）。

二、闭环系统的基本特性

下面分析，在引入了重构状态 $\hat{x}$ 的状态反馈后，是否会改变状态观测器的极点配置，从而影响到状态估计误差 $\tilde{x}$ 的衰减特性，或者说，会影响到状态估计 $\hat{x}$ 的精度。另一方面，如何设计反馈矩阵 G 和 K，使系统满足性能指标要求。

设状态估计误差 $\tilde{x}$ 为

$$\tilde{x}=x-\hat{x}$$

x 为原系统的状态变量真值，$\hat{x}$ 为状态观测器重构的状态变量估值。

对闭环系统方程式（5-51）和式（5-52）进行等效的坐标变换

$$\begin{pmatrix}x\\ \tilde{x}\end{pmatrix}=\begin{pmatrix}I & 0\\ I & -I\end{pmatrix}\begin{pmatrix}x\\ \hat{x}\end{pmatrix}=\begin{pmatrix}x\\ x-\hat{x}\end{pmatrix}$$

坐标变换矩阵为

$$P=\begin{pmatrix}I & 0\\ I & -I\end{pmatrix},\ P^{-1}=\begin{pmatrix}I & 0\\ I & -I\end{pmatrix}=P$$

设经过坐标变换后的系统状态空间描述为

$$\bar{x}=\bar{A}_b\bar{x}+\bar{B}_b v$$
$$\bar{y}=\bar{C}_b\bar{x}$$

$$\bar{A}_b=P^{-1}A_bP=\begin{pmatrix}I & 0\\ I & -I\end{pmatrix}\begin{pmatrix}A & -BK\\ GC & A-GC-BK\end{pmatrix}\begin{pmatrix}I & 0\\ I & -I\end{pmatrix}=\begin{pmatrix}A-BK & BK\\ 0 & A-GC\end{pmatrix}$$

$$\bar{B}_b=P^{-1}B_b=\begin{pmatrix}I & 0\\ I & -I\end{pmatrix}\begin{pmatrix}B\\ B\end{pmatrix}=\begin{pmatrix}B\\ 0\end{pmatrix}$$

$$\bar{C}_b=C_bP=(C\quad 0)\begin{pmatrix}I & 0\\ I & -I\end{pmatrix}=(C\quad 0)$$

$$\bar{\boldsymbol{x}} = \begin{pmatrix} \boldsymbol{x} \\ \tilde{\boldsymbol{x}} \end{pmatrix}$$

简记为$\overline{\Sigma}_b = (\bar{\boldsymbol{A}}_b, \bar{\boldsymbol{B}}_b, \bar{\boldsymbol{C}}_b)$。

由于等效变换不会改变系统的特征值，所以$\overline{\Sigma}_b$ 和 Σ_b 的特征值相同。系统闭环特征多项式为

$$\begin{aligned} f(\lambda) &= \det[\lambda \boldsymbol{I} - \bar{\boldsymbol{A}}_b] = \det[\lambda \boldsymbol{I} - \boldsymbol{A}_b] \\ &= \begin{pmatrix} \lambda \boldsymbol{I} - (\boldsymbol{A} - \boldsymbol{BK}) & -\boldsymbol{BK} \\ \boldsymbol{0} & \lambda \boldsymbol{I} - (\boldsymbol{A} - \boldsymbol{GC}) \end{pmatrix} \\ &= |\lambda \boldsymbol{I} - (\boldsymbol{A} - \boldsymbol{BK})| |\lambda \boldsymbol{I} - (\boldsymbol{A} - \boldsymbol{GC})| = f_1(\lambda) f_2(\lambda) \end{aligned} \quad (5\text{-}53)$$

而状态估值误差方程为

$$\dot{\tilde{\boldsymbol{x}}} = (\boldsymbol{A} - \boldsymbol{GC})\ \tilde{\boldsymbol{x}}$$

上式的解，即状态估值误差为

$$\tilde{\boldsymbol{x}} = \tilde{\boldsymbol{x}}_0 \mathbf{e}^{(\boldsymbol{A} - \boldsymbol{GC})t} \quad (5\text{-}54)$$

$\tilde{\boldsymbol{x}}_0$ 为初始状态误差值。

由式（5-53）可看出，由状态观测器构成的状态反馈系统，其特征多项式是矩阵($\boldsymbol{A}-\boldsymbol{BK}$) 和（$\boldsymbol{A}-\boldsymbol{GC}$）的特征多项式的乘积，或者说，闭环系统的极点等于状态反馈($\boldsymbol{A}-\boldsymbol{BK}$) 的极点和状态观测器（$\boldsymbol{A}-\boldsymbol{GC}$）的极点之和，而且两者相互独立、彼此互不影响。

由式（5-54）可看出，状态估计误差的衰减特征与是否引入状态反馈完全无关，即引入状态反馈后不会影响到状态估计值$\hat{\boldsymbol{x}}$的精度。

由以上分析，引出如下定理：

定理 5-7 只要受控系统具有能观测、能控性，则可先按极点配置的需要设计出状态反馈控制矩阵 $\boldsymbol{K}$，然后按观测器动态特性的要求设计出反馈矩阵 $\boldsymbol{G}$。$\boldsymbol{G}$ 的选择并不会影响配置好的极点。

上面的定理告诉我们，系统的极点配置和观测器的设计完全可分开进行。所以，定理 5-7 又称为**分离定理**。

通常把状态反馈阵 $\boldsymbol{K}$ 和观测器统称为控制器。

例 5-8 设受控系统的状态空间描述为

$$\begin{pmatrix} \dot{x}_1 \\ \dot{x}_2 \end{pmatrix} = \begin{pmatrix} 0 & 1 \\ 0 & -1 \end{pmatrix}\begin{pmatrix} x_1 \\ x_2 \end{pmatrix} + \begin{pmatrix} 0 \\ 1 \end{pmatrix}\boldsymbol{u} \qquad y = (10 \quad 0)\ (x_1 \quad x_2)^{\mathrm{T}}$$

试采用状态观测器实现状态反馈，使闭环系统的特征值为$\lambda_{1,2} = -2 \pm \mathrm{j}$。

解 受控系统是能控能观测的。

根据分离定理，分别单独地计算状态反馈矩阵 $\boldsymbol{K}$ 和观测器反馈矩阵 $\boldsymbol{G}$。

矩阵 $\boldsymbol{K}$ 的计算：由于是单输入－单输出系统，$\boldsymbol{K} = (k_1 \quad k_2)$。

特征多项式

$$f(\lambda) = \det(\lambda \boldsymbol{I} - (\boldsymbol{A} - \boldsymbol{BK})) = \lambda^2 + (1 + k_2)\lambda + k_1$$

期望特征多项式

$$f(\lambda^*)=(\lambda+2+\mathrm{j})(\lambda+2-\mathrm{j})=\lambda^2+4\lambda+5$$

比较$f(\lambda)$和$f(\lambda^*)$的系数关系可得

$$k_1=5,\ k_2=3,\ 即\ \boldsymbol{K}=(k_1\quad k_2)=(5\quad 3)。$$

矩阵$\boldsymbol{G}$的计算：$\boldsymbol{G}=(g_1\quad g_2)^{\mathrm{T}}$。

特征多项式$f(\lambda)=\det(\lambda\boldsymbol{I}-(\boldsymbol{A}-\boldsymbol{GC}))=\lambda^2+(1+10g_1)\lambda+10g_1+10g_2$

选择观测器特征值为-15，-15，则期望特征多项式

$$f(\lambda^*)=(\lambda+15)^2=\lambda^2+30\lambda+225$$

比较$f(\lambda)$和$f(\lambda^*)$的系数关系可得

$$g_1=2.9,\ g_2=19.6,\ 即\ \boldsymbol{G}=(g_1\quad g_2)^{\mathrm{T}}=(2.9\quad 19.6)^{\mathrm{T}}$$

第六节　解耦控制系统的综合

现代化的工业生产装置，往往要求被控制的参数较多，这就要求设置多个控制回路去控制这些参数。然而，在这些回路间常常会发生相互耦合、相互影响的作用，构成一个互相关联耦合的多变量系统。由于这种互相耦合、影响的结果，通常使系统的性能变差，难于控制，甚至系统无法正常运行。

解耦控制，简单来说，就是对一个互相关联耦合的受控系统，采用某种方法使其变成“一对一”的控制关系，即一个受控量只受一个控制量控制而与其他的控制量无关。目前，实现解耦控制的方法有多种。本节只介绍较常用的两种综合方法，一是串联补偿器方法，二是状态反馈方法。

一、多变量系统的耦合关系

多输入－多输出受控系统的状态空间描述为

$$\dot{\boldsymbol{x}}=\boldsymbol{Ax}+\boldsymbol{Bu}$$
$$\boldsymbol{y}=\boldsymbol{Cx}$$

设输入向量$\boldsymbol{u}$和输出向量$\boldsymbol{y}$有相同的维数m。在初始条件$\boldsymbol{x}(0)=\boldsymbol{0}$时，输出与输入之间关系可用传递矩阵表示：

$$\boldsymbol{W}(s)=\frac{\boldsymbol{Y}(s)}{\boldsymbol{U}(s)}=\boldsymbol{C}\ (s\boldsymbol{I}-\boldsymbol{A})^{-1}\boldsymbol{B}=\begin{pmatrix}w_{11}(s) & w_{12}(s) & \cdots & w_{1m}(s)\\ w_{21}(s) & w_{22}(s) & \cdots & w_{2m}(s)\\ \vdots & \vdots & & \vdots\\ w_{m1}(s) & w_{m2}(s) & \cdots & w_{mm}(s)\end{pmatrix}$$

或写成

$$\boldsymbol{Y}(s)=\boldsymbol{W}(s)\boldsymbol{U}(s) \tag{5-55}$$

展开式（5-55）有

$$\begin{aligned}y_1(s)&=w_{11}(s)u_1(s)+w_{12}(s)u_2(s)+\cdots+w_{1m}(s)u_m(s)\\ y_2(s)&=w_{21}(s)u_1(s)+w_{22}(s)u_2(s)+\cdots+w_{2m}(s)u_m(s)\\ &\ \ \vdots\\ y_m(s)&=w_{m1}(s)u_1(s)+w_{m2}(s)u_2(s)+\cdots+w_{mm}(s)u_m(s)\end{aligned}$$

由展开式看出，每一个输出量都受到所有输入量的作用，每一个输入量都影响所有的输出量。若想调节某个输出量而又希望其他输出都不变，十分困难，甚至不可能。像这样的关

联耦合作用便使系统难于获得良好的控制性能。

多输入－多输出系统的耦合关系也可用图5-19表示。

二、解耦控制的基本原理

分析多变量系统的耦合关系，容易看出，控制回路之间的耦合关系是由于对象特性中的子传递函数 w_{ij}，$i \neq j$，$(i, j=1, 2, \cdots, m)$ 造成的，使得 y_i 不仅受到 u_i 的作用，而且也受到其他输入的作用。

所谓解耦控制，就是在系统中引入某种补偿回路，或采用某种控制结构去消除这种耦合关系，使其变成具有如图5-20所示的型式。

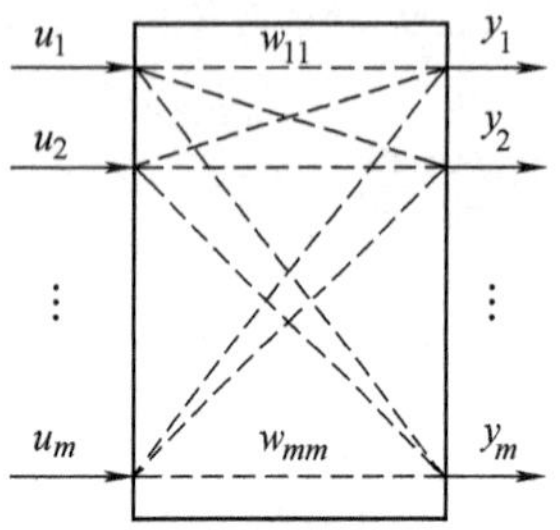

图5-19 多输入－多输出系统耦合关系示意图

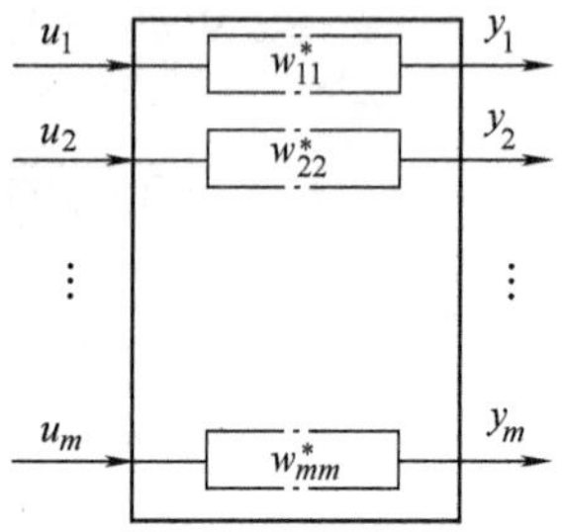

图5-20 解耦系统示意图

从信号观点看解耦后的系统，一个被控量只受一个控制量的控制，与其他控制量无关；从结构看解耦后的系统，原耦合的多变量系统变成彼此相互独立的单输入－单输出系统。

三、解耦控制系统的综合方法

解耦控制系统的综合问题，就是确定解耦系统的基本结构，求解解耦控制律，使相互关联耦合的系统变成为相互独立的系统，并具有良好的控制品质。目前，较常用的方法有串联补偿器法和状态反馈法。

1. 串联补偿器解耦综合方法

设 m 个输入 m 个输出耦合的受控系统 Σ_0 $(\boldsymbol{A}, \boldsymbol{B}, \boldsymbol{C})$，其传递矩阵为 $\boldsymbol{W}_p(s)$。采用串联补偿器解耦方法，系统结构图如图5-21所示。

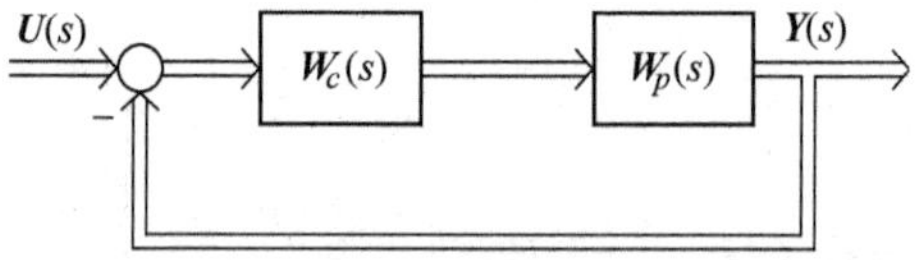

图5-21 串联补偿器解耦系统结构图

图中，$\boldsymbol{W}_c(s)$为待设计的 $(m \times m)$ 解耦补偿器。要求解耦后的系统，其 m 个输入和 m 个输出是互相独立的。

由图5-21，可求出闭环系统的传递矩阵

$$\boldsymbol{W}(s)=\frac{\boldsymbol{Y}(s)}{\boldsymbol{U}(s)}=[1+\boldsymbol{W}_o(s)]^{-1}\boldsymbol{W}_o(s)$$

式中的 $\boldsymbol{W}_o(s)=\boldsymbol{W}_p(s)\boldsymbol{W}_c(s)$为系统的开环传递矩阵。

若引入 $\boldsymbol{W}_c(s)$后系统的闭环传递矩阵是一个对角线矩阵 $\boldsymbol{\Lambda}$ 即

$$\boldsymbol{W}(s)=\frac{\boldsymbol{Y}(s)}{\boldsymbol{U}(s)}=[1+\boldsymbol{W}_o(s)]^{-1}\boldsymbol{W}_o(s)=\boldsymbol{\Lambda} \tag{5-56}$$

式中

$$\boldsymbol{\Lambda}=\begin{pmatrix} w_{11}^{*}(s) & & & 0 \\ & w_{22}^{*}(s) & & \\ & & \ddots & \\ 0 & & & w_{mm}^{*}(s) \end{pmatrix}$$

即

$$\boldsymbol{Y}(s)=\boldsymbol{\Lambda U}(s) \tag{5-57}$$

展开式（5-57），有

$$\begin{aligned} y_1(s) &= w_{11}^{*}(s)u_1(s) \\ y_2(s) &= w_{22}^{*}(s)u_2(s) \\ &\vdots \\ y_m(s) &= w_{mm}^{*}(s)u_m(s) \end{aligned}$$

可见，一个输出仅受一个输入的控制作用而与其他输入无关。这便达到了解耦控制目的。

重写式（5-56）

$$[\boldsymbol{I}+\boldsymbol{W}_o(s)]^{-1}\boldsymbol{W}_o(s)=\boldsymbol{W}(s)$$

用$[\boldsymbol{I}+\boldsymbol{W}_o(s)]$左乘上式，整理后有

$$\boldsymbol{W}_o(s)=\boldsymbol{W}(s)[\boldsymbol{I}-\boldsymbol{W}(s)]^{-1} \tag{5-58}$$

考虑到 $\boldsymbol{W}_o(s)=\boldsymbol{W}_p(s)\boldsymbol{W}_c(s)$，$\boldsymbol{W}(s)=\boldsymbol{\Lambda}$，由式（5-58）可求出解耦补偿器的传递矩阵为

$$\boldsymbol{W}_c(s)=\boldsymbol{W}_p^{-1}(s)\boldsymbol{W}_o(s)=\boldsymbol{W}_p^{-1}(s)\boldsymbol{W}(s)[\boldsymbol{I}-\boldsymbol{W}(s)]^{-1}=\boldsymbol{W}_p^{-1}(s)\boldsymbol{\Lambda}[\boldsymbol{I}-\boldsymbol{\Lambda}]^{-1} \tag{5-59}$$

由上面分析可归纳出求串联解耦补偿器 $\boldsymbol{W}_c(s)$的方法如下：

1）判别受控系统 Σ_0 传递矩阵 $\boldsymbol{W}_p(s)$的秩。若满秩，说明可采用图 5-21 结构实现串联解耦控制。

2）根据性能要求，给定一个对角线型的闭环传递矩阵 $\boldsymbol{W}(s)=\boldsymbol{\Lambda}$。

3）按式（5-58）计算 $\boldsymbol{W}_o(s)$。

4）按式（5-59）求解出串联解耦补偿器 $\boldsymbol{W}_c(s)$。

例 5-9 有一多输入多输出系统，其传递矩阵为

$$\boldsymbol{W}_p(s)=\begin{pmatrix} \dfrac{1}{2s+1} & 0 \\ 1 & \dfrac{1}{s+1} \end{pmatrix}$$

试用图 5-21 串联补偿器解耦系统结构，确定补偿器的传递矩阵 $\boldsymbol{W}_c(s)$，使闭环系统的传递矩阵为

$$\boldsymbol{W}(s)=\begin{pmatrix} \dfrac{1}{s+1} & 0 \\ 0 & \dfrac{1}{5s+1} \end{pmatrix}$$

解 由于 $\boldsymbol{W}_p(s)$满秩，即 $\boldsymbol{W}_p^{-1}(s)$存在，能实现串联补偿解耦控制。

根据式（5-58）有

$$W_o(s)=W(s)[I-W(s)]^{-1}=\begin{pmatrix}\frac{1}{s+1} & 0\\ 0 & \frac{1}{5s+1}\end{pmatrix}\begin{pmatrix}\frac{s+1}{s} & 0\\ 0 & \frac{5s+1}{5s}\end{pmatrix}=\begin{pmatrix}\frac{1}{s} & 0\\ 0 & \frac{1}{5s}\end{pmatrix}$$

由式（5-59），得解耦补偿器的传递矩阵为

$$W_c(s)=W_p^{-1}(s)W_o(s)=\begin{pmatrix}\frac{1}{2s+1} & 0\\ 1 & \frac{1}{s+1}\end{pmatrix}^{-1}\begin{pmatrix}\frac{1}{s} & 0\\ 0 & \frac{1}{5s}\end{pmatrix}=\begin{pmatrix}\frac{2s+1}{s} & 0\\ -\frac{(2s+1)(s+1)}{s} & \frac{s+1}{5s}\end{pmatrix}$$

由 $W_c(s)$ 可看出，补偿器是由比例加积分和比例加积分加微分这些控制器所组成的。其系统结构图如图5-22所示。

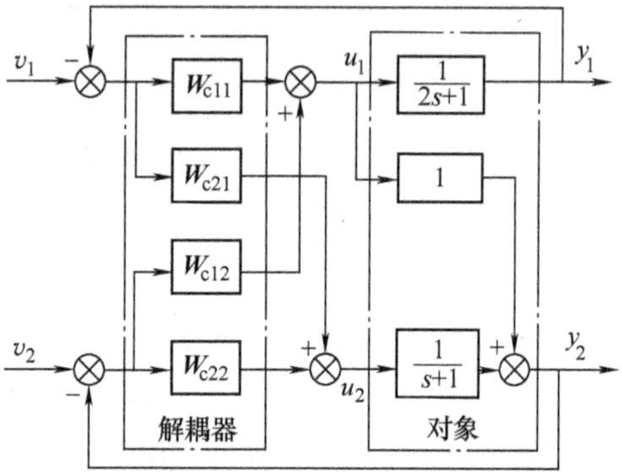

图5-22 例5-9串联补偿解耦系统结构图

2. 状态反馈解耦综合方法

状态反馈解耦系统的结构图如图5-23所示。图中点画线框内为待解耦的受控系统 $\Sigma_0(A,B,C)$，具有能控性。K 是一个（$m\times n$）实常数状态反馈矩阵，F 是一个（$m\times n$）实常数非奇异变换矩阵，v 是($m\times1$) 的输入矢量。

由图5-23可写出闭环系统控制律为

$$u=Fv-Kx$$

现在要研究的问题是，如何设计反馈矩阵 K 和变换矩阵 F，使系统从输入 v 到输出 y 的传递函数阵是解耦的。下面将讨论这个问题，由于证明较复杂，仅介绍其主要的结论和具体的应用。

（1）状态反馈解耦中的特征量

1）d_i，它是一个满足下列不等式

$$c_iA^lB\neq0,l=0,1,2\cdots,m \tag{5-60}$$

的一个最小整数 l。

式中 c_i 是系统输出矩阵 C 中的第 i 行行向量（$i=1,2,\cdots,m$）。显然，d_i 中的下标 i 表示行数。

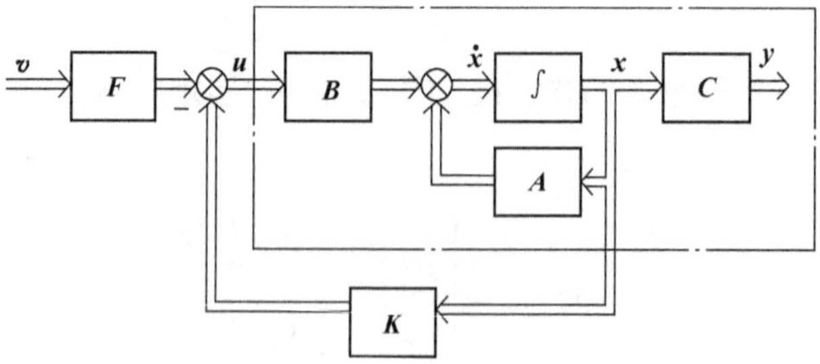

图5-23 状态反馈解耦系统结构图

例 5-10 已知系统 $\Sigma_0(\boldsymbol{A},\ \boldsymbol{B},\ \boldsymbol{C})$

$$\boldsymbol{A}=\begin{pmatrix}0&1&0&0\\3&0&0&2\\0&0&0&1\\0&-2&0&0\end{pmatrix},\boldsymbol{B}=\begin{pmatrix}0&0\\1&0\\0&0\\0&1\end{pmatrix},\boldsymbol{C}=\begin{pmatrix}1&0&0&0\\0&0&1&0\end{pmatrix}$$

试计算 $d_i(i=1,\ 2)$。

解 先算 d_1，将 $\boldsymbol{c}_1\boldsymbol{A}^0\boldsymbol{B}$ 代入式（5-60）得

$$\boldsymbol{c}_1\boldsymbol{A}^0\boldsymbol{B}=\boldsymbol{c}_1\boldsymbol{B}=(0\quad 0)$$

$$\boldsymbol{c}_1\boldsymbol{A}^1\boldsymbol{B}=(1\quad 0)$$

使 $\boldsymbol{c}_1\boldsymbol{A}^l\boldsymbol{B}\neq 0$ 的最小 l 是 1，所以

$$d_1=1$$

再算 d_2，将 $\boldsymbol{c}_2\boldsymbol{A}^0\boldsymbol{B}$ 代入式（5-60）得

$$\boldsymbol{c}_2\boldsymbol{A}^0\boldsymbol{B}=(0\quad 0)$$

$$\boldsymbol{c}_2\boldsymbol{A}^1\boldsymbol{B}=(0\quad 1)$$

使 $\boldsymbol{c}_2\boldsymbol{A}^l\boldsymbol{B}\neq 0$ 的最小 l 值是 1，所以

$$d_2=1$$

2）根据 d_i 值定义下列矩阵

$$\boldsymbol{D}\triangleq\begin{pmatrix}\boldsymbol{c}_1\boldsymbol{A}^{d_1}\\\boldsymbol{c}_2\boldsymbol{A}^{d_2}\\\vdots\\\boldsymbol{c}_m\boldsymbol{A}^{d_m}\end{pmatrix}\quad \boldsymbol{E}\triangleq\boldsymbol{DB}=\begin{pmatrix}\boldsymbol{c}_1\boldsymbol{A}^{d_1}\boldsymbol{B}\\\boldsymbol{c}_2\boldsymbol{A}^{d_2}\boldsymbol{B}\\\vdots\\\boldsymbol{c}_m\boldsymbol{A}^{d_m}\boldsymbol{B}\end{pmatrix}\quad \boldsymbol{L}\triangleq\boldsymbol{DA}=\begin{pmatrix}\boldsymbol{c}_1\boldsymbol{A}^{(d_1+1)}\\\boldsymbol{c}_2\boldsymbol{A}^{(d_2+1)}\\\vdots\\\boldsymbol{c}_m\boldsymbol{A}^{(d_m+1)}\end{pmatrix}$$

例 5-11 试计算例 5-10 的 $\boldsymbol{D}$、$\boldsymbol{E}$ 和 $\boldsymbol{L}$。

解

$$\boldsymbol{D}=\begin{pmatrix}\boldsymbol{c}_1\boldsymbol{A}^{d_1}\\\boldsymbol{c}_2\boldsymbol{A}^{d_2}\end{pmatrix}=\begin{pmatrix}\boldsymbol{c}_1\boldsymbol{A}\\\boldsymbol{c}_2\boldsymbol{A}\end{pmatrix}=\begin{pmatrix}0&1&0&0\\0&0&0&1\end{pmatrix}$$

$$\boldsymbol{E}=\begin{pmatrix}\boldsymbol{c}_1\boldsymbol{A}^{d_1}\boldsymbol{B}\\\boldsymbol{c}_2\boldsymbol{A}^{d_2}\boldsymbol{B}\end{pmatrix}=\begin{pmatrix}\boldsymbol{c}_1\boldsymbol{AB}\\\boldsymbol{c}_2\boldsymbol{AB}\end{pmatrix}=\begin{pmatrix}1&0\\0&1\end{pmatrix}$$

$$\boldsymbol{L}=\begin{pmatrix}\boldsymbol{c}_1\boldsymbol{A}^{(d_1+1)}\\\boldsymbol{c}_2\boldsymbol{A}^{(d_2+1)}\end{pmatrix}=\begin{pmatrix}\boldsymbol{c}_1\boldsymbol{A}^2\\\boldsymbol{c}_2\boldsymbol{A}^2\end{pmatrix}=\begin{pmatrix}3&0&0&2\\0&-2&0&0\end{pmatrix}$$

（2）有关解耦控制的两个主要定理

定理 5-8 能解耦性判据。受控系统 $\Sigma_0=(\boldsymbol{A},\ \boldsymbol{B},\ \boldsymbol{C})$ 采用状态反馈能解耦的充分必要条件是（$m\times m$）维矩阵 $\boldsymbol{E}$ 为非奇异的。即

$$\det\boldsymbol{E}=\det\begin{pmatrix}\boldsymbol{c}_1\boldsymbol{A}^{d_1}\boldsymbol{B}\\\boldsymbol{c}_2\boldsymbol{A}^{d_2}\boldsymbol{B}\\\vdots\\\boldsymbol{c}_m\boldsymbol{A}^{d_m}\boldsymbol{B}\end{pmatrix}\neq 0$$

定理5-9 若受控系统Σ_0满足定理5-8中的条件时，即Σ_0是可以采用状态反馈实现解耦的，当选择状态反馈矩阵为

$$\boldsymbol{K}=\boldsymbol{E}^{-1}\boldsymbol{L} \tag{5-61}$$

输入变换阵为

$$\boldsymbol{F}=\boldsymbol{E}^{-1} \tag{5-62}$$

则其闭环系统是一个积分型解耦系统。

其中闭环系统状态空间描述为

$$\begin{aligned}\dot{\boldsymbol{x}}&=(\boldsymbol{A}-\boldsymbol{BK})\boldsymbol{x}+\boldsymbol{BF}\boldsymbol{v}=(\boldsymbol{A}-\boldsymbol{BE}^{-1}\boldsymbol{L})\boldsymbol{x}+\boldsymbol{BE}^{-1}\boldsymbol{v}\\ \boldsymbol{y}&=\boldsymbol{Cx}\end{aligned}$$

闭环系统的传递函数阵为

$$\boldsymbol{W}(s)=\boldsymbol{C}[s\boldsymbol{I}-(\boldsymbol{A}-\boldsymbol{BK})]^{-1}\boldsymbol{BF}=\begin{pmatrix}\frac{1}{s^{(d_1+1)}} & & & \boldsymbol{0}\\ & \frac{1}{s^{(d_2+1)}} & & \\ & & \ddots & \\ \boldsymbol{0} & & & \frac{1}{s^{(d_m+1)}}\end{pmatrix} \tag{5-63}$$

由式（5-63）可看出，根据定理5-9所得到的解耦系统其每个子系统相当于一个（d_i+1）阶的积分器，所以称这种解耦系统为积分器型解耦系统。

例5-12 判别例5-10受控系统Σ_0采用状态反馈解耦的可能性。

解 由例5-11的计算可知，由于

$$\boldsymbol{E}=\begin{pmatrix}1 & 0\\ 0 & 1\end{pmatrix}$$

是一个非奇异的矩阵，依定理5-8，该系统可以采用状态反馈实现解耦。

例5-13 试求例5-10受控系统的状态反馈解耦矩阵$\boldsymbol{K}$和输入变换阵$\boldsymbol{F}$。

解 例5-10和例5-11已经算得

$$d_1=1,d_2=1,\boldsymbol{E}=\begin{pmatrix}1 & 0\\ 0 & 1\end{pmatrix}$$

按照式（5-61）和式（5-62）有

$$\boldsymbol{K}=\boldsymbol{E}^{-1}\boldsymbol{L}=\begin{pmatrix}3 & 0 & 0 & 2\\ 0 & -2 & 0 & 0\end{pmatrix}$$

$$\boldsymbol{F}=\boldsymbol{E}^{-1}=\begin{pmatrix}1 & 0\\ 0 & 1\end{pmatrix}$$

闭环系统为

$$\dot{\boldsymbol{x}} = (\boldsymbol{A}-\boldsymbol{B}\boldsymbol{E}^{-1}\boldsymbol{L})\boldsymbol{x}+\boldsymbol{B}\boldsymbol{E}^{-1}\boldsymbol{v} = \begin{pmatrix} 0 & 1 & 0 & 0 \\ 0 & 0 & 0 & 0 \\ 0 & 0 & 0 & 1 \\ 0 & 0 & 0 & 0 \end{pmatrix}\boldsymbol{x}+\begin{pmatrix} 0 & 0 \\ 1 & 0 \\ 0 & 0 \\ 0 & 1 \end{pmatrix}\boldsymbol{v} \tag{5-64}$$

$$\boldsymbol{y} = \boldsymbol{C}\boldsymbol{x} = \begin{pmatrix} 1 & 0 & 0 & 0 \\ 0 & 0 & 1 & 0 \end{pmatrix}\boldsymbol{x} \tag{5-65}$$

闭环系统的传递函数阵为

$$\boldsymbol{W}(s) = \begin{pmatrix} \dfrac{1}{s^{(d_1+1)}} & 0 \\ 0 & \dfrac{1}{s^{(d_2+1)}} \end{pmatrix} = \begin{pmatrix} \dfrac{1}{s^2} & 0 \\ 0 & \dfrac{1}{s^2} \end{pmatrix} \tag{5-66}$$

闭环系统状态反馈解耦系统示意图如图 5-24 所示。

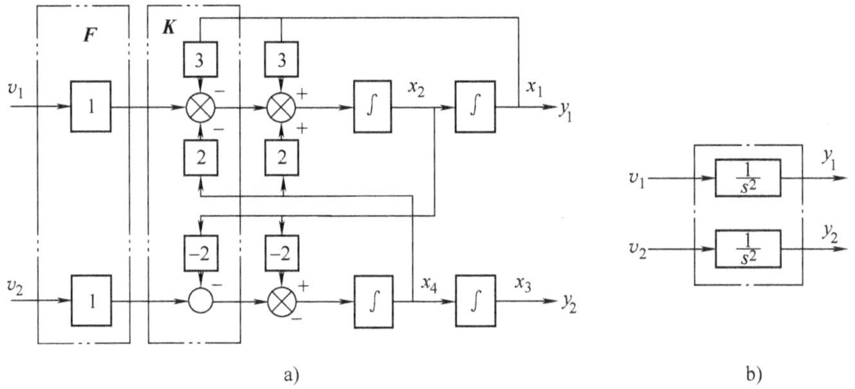

图 5-24　例 5-13 的解耦系统示意图

a）状态结构图　b）输入输出信息传递图

从图 5-24 解耦系统图看出，状态反馈解耦矩阵中的每个元素作用是消去相应状态变量间的交连影响，使解耦后的系统变为一些单输入 - 单输出的子系统。由于分解出的单输入 - 单输出子系统，其信号传递关系都是多重积分关系，所以这些子系统由于所有的极点都处于原点，其动态性能是不会满意的。

3. 解耦后子系统的附加综合

实际中，积分型的解耦方法由于动态性能不能令人满意而只是作为耦合系统综合时的一个中间性的步骤。解耦后，对相互独立的各子系统还要再通过附加的综合方法，例如经典控制中的超前校正、滞后超前校正，PID 校正、状态空间方法中的极点配置等综合方法，使各个子系统都具有满意的性能指标。

下面只讨论在解耦后的各子系统中再施加附加的状态反馈达到极点配置的方法。

首先必须回答的问题是，在每一个已经解耦的子系统中再引入附加的状态反馈是否会破坏已经建立起来的解耦关系呢？

回答是否定的。有文献证明，只要把每个独立的子系统中的不能观测的状态分解出来，使每个独立的子系统成为能控能观测的，那么就可以对每一个独立的能控能观测的子系统分别采用状态反馈进行极点的任意配置。

如何对各独立子系统实施状态反馈进行极点的任意配置？

这里只讨论积分型解耦系统是能控能观测的情况。首先必须把积分型解耦系统的闭环状态空间方程化成“标准解耦形式”。一旦化成了标准解耦形式后，便可对每个独立的能控能观测的子系统 Σ_i（$\hat{\boldsymbol{A}}_i$，$\hat{\boldsymbol{B}}_i$，$\hat{\boldsymbol{C}}_i$），$i=1$，2，…，m 采用状态反馈

$$\boldsymbol{v}_i=\boldsymbol{K}_i\boldsymbol{x}_i+\boldsymbol{w}_i,\ i=1,2,\cdots,m \tag{5-67}$$

再按照设计状态反馈阵的方法和步骤求出 $\boldsymbol{K}_i$ 值。

关于标准解耦形式有如下定义：

如果 Σ（$\hat{\boldsymbol{A}}$，$\hat{\boldsymbol{B}}$，$\hat{\boldsymbol{C}}$）具有如下形式：

$$\begin{cases}\hat{\boldsymbol{A}}=\begin{pmatrix}\boldsymbol{A}_1 & & \boldsymbol{0}\\ & \ddots & \\ 0 & & \boldsymbol{A}_m\end{pmatrix}\begin{matrix}p_1\\ \vdots\\ p_m\end{matrix}\\ \qquad\ \begin{matrix}p_1 & \cdots & p_m\end{matrix}\\ \hat{\boldsymbol{B}}=\begin{pmatrix}\boldsymbol{b}_1 & & \boldsymbol{0}\\ & \ddots & \\ \boldsymbol{0} & & \boldsymbol{b}_m\end{pmatrix}\begin{matrix}p_1\\ \vdots\\ p_m\end{matrix}\\ \hat{\boldsymbol{C}}=\begin{pmatrix}\boldsymbol{c}_1 & & \boldsymbol{0}\\ & \ddots & \\ \boldsymbol{0} & & \boldsymbol{c}_m\end{pmatrix}\begin{matrix}1\\ \vdots\\ 1\end{matrix}\end{cases} \tag{5-68}$$

而

$$p_i=d_i+1,(i=1,2,\cdots,m);p_1+p_2+\cdots+p_m=n$$

$$\begin{cases}\boldsymbol{A}_i=\begin{pmatrix}0 & 1 & & 0\\ & & \ddots & \\ & \ddots & & 1\\ 0 & & & 0\end{pmatrix}=\left(\begin{array}{c:c}\boldsymbol{0} & \boldsymbol{I}d_i\\ \hdashline \boldsymbol{0} & \underbrace{\boldsymbol{0}}\end{array}\right)\begin{matrix}\}\ d_i\\ 1\end{matrix}\\ \qquad\qquad\qquad\qquad\quad \begin{matrix}1 & d_i\end{matrix}\\ \boldsymbol{b}_i=\begin{pmatrix}0\\ \vdots\\ 0\\ 1\end{pmatrix}\begin{matrix}\left.\begin{matrix}\\ \\ \\ \end{matrix}\right\}d_i\\ 1\end{matrix}\\ \boldsymbol{c}_i=\begin{matrix}(1 & \underbrace{0\cdots0}) & 1\\ 1 & d_i & \end{matrix}\end{cases}$$

则称 Σ($\hat{\boldsymbol{A}}$，$\hat{\boldsymbol{B}}$，$\hat{\boldsymbol{C}}$) 为标准解耦形式。

例 5-14 试对例 5-13 的积分型解耦系统设计附加状态反馈，使闭环解耦系统的极点配置为 −1，−1，−1，−1。

解　考虑到例 5-13 所得的积分型解耦系统

$$\boldsymbol{A}=\left(\begin{array}{cc:cc}0&1&0&0\\0&0&0&0\\ \hdashline 0&0&0&1\\0&0&0&0\end{array}\right)=\left(\begin{array}{c:c}\boldsymbol{A}_1&\boldsymbol{0}\\ \hdashline \boldsymbol{0}&\boldsymbol{A}_2\end{array}\right)$$

$$\boldsymbol{B}=\left(\begin{array}{c:c}0&0\\1&0\\ \hdashline 0&0\\0&1\end{array}\right)=\left(\begin{array}{c:c}\boldsymbol{b}_1&\boldsymbol{0}\\ \hdashline \boldsymbol{0}&\boldsymbol{b}_2\end{array}\right)$$

$$\boldsymbol{C}=\left(\begin{array}{cc:cc}1&0&0&0\\ \hdashline 0&0&1&0\end{array}\right)=\left(\begin{array}{c:c}\boldsymbol{c}_1&\boldsymbol{0}\\ \hdashline \boldsymbol{0}&\boldsymbol{c}_2\end{array}\right)$$

$\boldsymbol{A}$，$\boldsymbol{B}$，$\boldsymbol{C}$ 已具有式（5-68）的解耦标准型。所以可分别对各独立子系统进行状态反馈。

对于 $\Sigma_1(\boldsymbol{A}_1,\boldsymbol{b}_1,\boldsymbol{c}_1)$，有

$$\boldsymbol{v}_1=(k_1\quad k_2)\begin{pmatrix}x_1\\x_2\end{pmatrix}+w_1$$

对于 $\Sigma_2(\boldsymbol{A}_2,\boldsymbol{b}_1,\boldsymbol{c}_2)$，有

$$\boldsymbol{v}_2=(k_3\quad k_4)\begin{pmatrix}x_3\\x_4\end{pmatrix}+w_2$$

将$\boldsymbol{v}_1$、$\boldsymbol{v}_2$分别代入式（5-64），整理得

$$\dot{\boldsymbol{x}}=\begin{pmatrix}0&1&0&0\\k_1&k_2&0&0\\0&0&0&1\\0&0&k_3&k_4\end{pmatrix}\boldsymbol{x}+\begin{pmatrix}0&0\\1&0\\0&0\\0&1\end{pmatrix}\begin{pmatrix}w_1\\w_2\end{pmatrix}$$

由式（5-65）有

$$\boldsymbol{y}=\begin{pmatrix}1&0&0&0\\0&0&1&0\end{pmatrix}\boldsymbol{x}$$

为使闭环系统极点配置在 -1，-1，-1，-1 位置上，按照求解状态反馈矩阵的方法和步骤可得出

$$k_1=-1,k_2=-2,k_3=-1,k_4=-2$$

例 5-14 的系统结构图如图 5-25 所示。

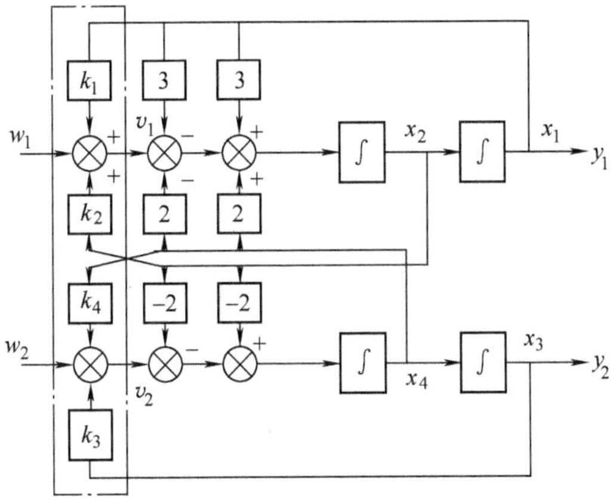

图 5-25　例 5-14 系统结构图

综上所述，采用状态反馈实现系统解耦的综合方法及其步骤如下：

1）检验受控系统 Σ_0 是否满足能解耦的充要条件。

2）按照式（5-61）和式（5-62）计算状态反馈矩阵 $\boldsymbol{K}$ 和输入变换阵 $\boldsymbol{F}$。把系统化成标准解耦形式。

3）对独立的子系统按（5-67）用附加状态反馈，把极点配置为期望值。

如果在积分型解耦系统中存在不能控不能观测的状态，则在采用附加状态反馈时，必须通过非奇异变换，使其化成能解耦标准形，这部分内容由于计算烦琐而没做介绍，有兴趣的读者可参阅有关文献或书籍。

最后还应该说明，对不满足状态反馈解耦充要条件的受控系统，只要其传递函数矩阵是非奇异的，除可以采用串联补偿器解耦外，还可以采用状态反馈加串联补偿器的办法进行解耦，如图5-26所示。

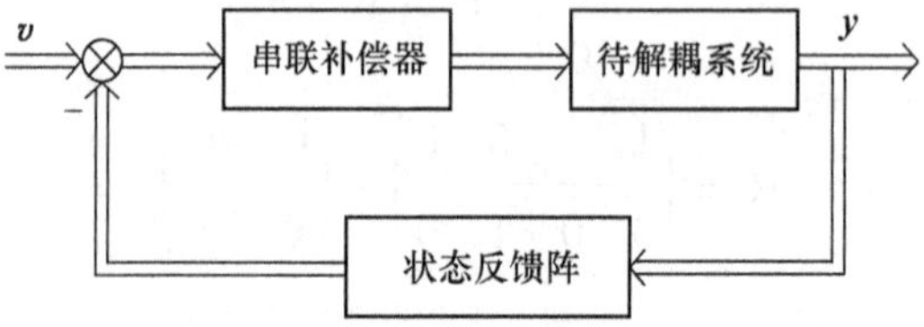

图5-26　用状态反馈加串联补偿器进行解耦示意图

习　　题

5-1　为什么采用状态反馈系统的性能比采用输出反馈系统的性能要好？

5-2　利用状态反馈实现极点任意配置的条件是什么？基本思路？

5-3　什么情况下要采用观测器？有几种观测器？观测器的基本设计方法？

5-4　设计配置观测器极点时要注意什么原则？

5-5　已知系统状态方程为

$$\dot{\boldsymbol{x}} = \begin{pmatrix} -1 & 0 \\ 1 & -2 \end{pmatrix}\boldsymbol{x} + \begin{pmatrix} 1 \\ -1 \end{pmatrix}\boldsymbol{u}$$

用状态反馈，使闭环极点为 $-3 \pm \mathrm{j}5$。

5-6　已知系统传递函数

$$G(s) = \frac{10}{s(s+1)(s+2)}$$

用状态反馈，使闭环极点为 -2 和 $-1 \pm \mathrm{j}$。

5-7　设系统状态方程为

$$\dot{\boldsymbol{x}} = \begin{pmatrix} 0 & 0 & 0 \\ 1 & -6 & 0 \\ 0 & 1 & -12 \end{pmatrix}\boldsymbol{x} + \begin{pmatrix} 1 \\ 0 \\ 0 \end{pmatrix}\boldsymbol{u}$$

（1）说明是否可用状态反馈任意配置闭环极点。

（2）若可以，求状态反馈矩阵，使闭环极点位于 -2 和 $-1 \pm j$，并画出状态变量图。

5-8　设系统状态方程为

$$\dot{\boldsymbol{x}} = \begin{pmatrix} 1 & 3 \\ 0 & -1 \end{pmatrix}\boldsymbol{x} + \begin{pmatrix} 0 \\ 1 \end{pmatrix}\boldsymbol{u}, \quad \boldsymbol{y} = (1 \quad 1)\boldsymbol{x}$$

试设计全维状态观测器，使其极点位于 -2 和 -2，并画出状态变量图。

5-9　已知系统状态方程

$$\dot{\boldsymbol{x}} = \begin{pmatrix} 1 & 2 & 0 \\ 3 & -1 & 1 \\ 0 & 2 & 0 \end{pmatrix}\boldsymbol{x} + \begin{pmatrix} 2 \\ 1 \\ 1 \end{pmatrix}\boldsymbol{u}, \quad \boldsymbol{y} = (0 \quad 0 \quad 1)\boldsymbol{x}$$

试设计状态观测器，使其极点位于 -3，-4 和 -5，并画出状态变量图。

第六章 线性系统的最优控制

最优控制是现代控制理论的核心内容，是控制系统的一种设计方法。

最优控制研究的核心问题是，已知被控对象的数学模型，在控制量约束范围内设计出控制器（又称为“控制率或控制策略”），使控制系统的性能在某种意义上达到最优。

线性系统二次型的最优化控制，因为其性能指标具有明确的物理意义，在大量的工程实际中具有代表性，而且最优控制率的求解较简单，并具有统一的解析表达式，构成的最优控制系统具有简单的线性状态反馈的型式，易于工程实现，所以在国内外实际的工程中已得到广泛应用。本章主要介绍最优控制的基本概念、基本原理和设计方法。

第一节 最优控制的数学表达

已知系统的数学模型

$$\dot{\boldsymbol{x}}(t) = f[\boldsymbol{x}(t), \boldsymbol{u}(t), t] \tag{6-1}$$

初始状态为

$$x(t_0) = x_0 \tag{6-2}$$

式中，$\boldsymbol{x}(t)$为 n 维状态向量；$\boldsymbol{u}(t)$为 r 维控制向量；f 为 n 维向量函数，是$\boldsymbol{x}(t)$ 、$\boldsymbol{u}(t)$和 t 的连续函数，可以是线性定常函数，也可以是非线性时变函数，并且对 $\boldsymbol{x}(t)$、t 连续可微。

若存在某种控制率 $\boldsymbol{u}(t)$，能使性能指标函数

$$J = \Phi[\boldsymbol{x}(t), t_f] + \int_{t_0}^{t_f} L[\boldsymbol{x}(t), \boldsymbol{u}(t), t]\mathrm{d}t \tag{6-3}$$

取极值（最大值或最小值），则称该控制率为最优控制率 u^*；该系统为最优控制系统；对应系统的运动状态轨迹线，称为最优轨线 x^*。

第二节 求解最优控制率的方法

目前求解最优控制率，主要有“变分法”、“极大（小）值原理”、“动态规划”和“线性二次型”等方法。

1. 变分法

由于性能指标 J 是控制量 u 的函数，这种以函数为自变量的函数，即函数的函数，从数学角度看，就是一个“泛函”。要从泛函性能指标 J 中求解出一个未知控制函数 $u(t)$，使性能指标 J 值为极值 J^*（最大值或最小值），这种泛函求极值的方法，实际上就是数学上的“变分”问题，需采用数学中的“变分法”。

采用直接变分法求解最优控制率，难以甚至无法解决容许控制属于闭集的最优控制问题，所以受到实际工程应用上的限制。例如，每台电动机都有最大功率的限制；船舶或飞机的操纵舵面也有最大偏转角的限制。况且采用直接变分法设计出的系统，其抗参数变化的能力，即系统的鲁棒性也不强。因此，工程上的实用价值较小。

2. 极大（小）值原理

20世纪50年代末，苏联学者Pontryagin（庞特里亚金）提出了极值原理。虽然这种方法可以解决“变分法”无法解决的一些问题，即“容许控制属于闭集”的最优控制问题，但对于非线性系统，甚至有些线性系统，在某些情况下要得到最优控制的解析表达式，仍是十分困难的。

3. 动态规划

美国学者Bellman（别尔曼）在1953—1957年间提出“动态规划”方法，这种方法也可以解决“容许控制属于闭集”的最优控制问题。虽然该方法推导还算简单，但求解也不易，甚至会有些困难。

4. 线性二次型

美国学者R. E. Kalman（卡尔曼），基于线性系统的状态方程、能控能观测性，提出线性系统若用“二次型性能指标”，将使最优控制器的求解变得简单容易。按这种方法求解最优控制器，主要归结为求解一个称为“Riccati（黎卡提）矩阵微分方程或代数方程”，再通过简单的矩阵运算就可得出状态反馈控制率的解析式。而且，其结果也适用于小信号下运行的非线性系统。

5. 各方法的比较

总的来说，当控制量无约束时，采用“变分法”；当控制量有约束时，采用“极大（小）值原理”或“动态规划”；如果系统是线性的，采用“线性二次型”方法最好，因为，一方面，二次型性能指标反映了大量实际的工程性能指标的要求；另一方面，理论上的分析及求解较简单、方便、规范，而且还有标准的计算机程序可供使用；其次，得到的控制器易于通过状态反馈实现闭环最优控制，工程实现方便。在实际的工程控制中，目前线性二次型最优控制已得到了广泛的应用。

下面只介绍线性二次型最优控制的基本概念、求解原理及设计中的一些主要结论。

第三节 线性二次型最优控制

一、控制对象数学模型

线性系统的状态空间表达式

$$\begin{cases} \dot{\boldsymbol{x}}(t) = \boldsymbol{A}(t)\boldsymbol{x}(t) + \boldsymbol{B}(t)\boldsymbol{u}(t), \quad x(t_0) = x_0 \\ \boldsymbol{y}(t) = \boldsymbol{C}(t)\boldsymbol{x}(t) \end{cases} \tag{6-4}$$

式中，$\boldsymbol{x}(t)$为n维状态向量；$\boldsymbol{A}(t)$为$n\times n$维系统矩阵；$\boldsymbol{B}(t)$为$n\times r$维控制矩阵；$\boldsymbol{u}(t)$为r维控制向量；$\boldsymbol{C}(t)$为$m\times n$维输出矩阵；$\boldsymbol{y}(t)$为m维输出向量。

二、性能指标

采用二次型

$$J = \frac{1}{2}\boldsymbol{x}^{\mathrm{T}}(t_f)\boldsymbol{S}\boldsymbol{x}(t_f) + \frac{1}{2}\int_{t_0}^{t_f}[\boldsymbol{x}^{\mathrm{T}}(t)\boldsymbol{Q}(t)\boldsymbol{x}(t) + \boldsymbol{u}^{\mathrm{T}}(t)\boldsymbol{R}(t)\boldsymbol{u}(t)]\mathrm{d}t \quad (6\text{-}5)$$

$$= J_1 + J_2$$

式（6-5）中，$\boldsymbol{S}$ 为 $n\times n$ 维正定（或半正定）常值对称矩阵；$\boldsymbol{Q}(t)$ 为 $n\times n$ 维正定（或半正定）对称矩阵；$\boldsymbol{R}(t)$ 为 $r\times r$ 维正定对称矩阵；性能指标 J 是一个标量。

性能指标的物理意义说明：

1）式（6-5）中的$\frac{1}{2}$是为了运算方便引入的。

2）式（6-5）中等号右端的第一项$\frac{1}{2}\boldsymbol{x}^{\mathrm{T}}(t_f)\boldsymbol{S}\boldsymbol{x}(t_f)$，强调状态的终值，表示在给定的控制终端时刻 t_f 到来时，系统的终态 $x(t_f)$ 接近预定终态的程度。

当对系统的终端误差要求严格时，此项不能缺少，而且特别重要。例如，两个航天器的交会对接，控制大气层外导弹的拦截等，终端状态的一致性就显得非常重要。

加权矩阵 $\boldsymbol{S}$，表示对各个对应分量的重视程度可有不同。

$$\boldsymbol{x}^{\mathrm{T}}(t_f)\boldsymbol{S}\boldsymbol{x}(t_f) = (x_1 \quad x_2 \quad \cdots \quad x_n)\begin{pmatrix} s_{11} & & & 0 \\ & s_{12} & & \\ & & \ddots & \\ 0 & & & s_{nn}\end{pmatrix}\begin{pmatrix} x_1 \\ x_2 \\ \vdots \\ x_n\end{pmatrix}$$

$$= s_{11}x_1^2 + s_{22}x_2^2 + \cdots + s_{nn}x_n^2$$

3）式（6-5）中等号右端第二项的积分是一个综合指标。其中，积分项中的第一项代表状态的暂态误差，表示在 $t_0\sim t_f$ 整个控制期间，系统的实际状态与给定状态之间综合误差的总和，体现系统对动态过程的要求。加权矩阵 $\boldsymbol{Q}(t)$ 是对各个对应分量的重视程度可有不同，可为常值也可时变，若是时变则意味着在暂态过程中不同的时刻对各个分量的重视程度可有不同。积分项的第二项体现对控制信号能量的限制，加权矩阵 $\boldsymbol{R}(t)$ 要求大于 0，可为常值也可时变。

值得注意的是，性能指标中的加权矩阵 $\boldsymbol{S}$、$\boldsymbol{Q}(t)$ 和 $\boldsymbol{R}(t)$ 对系统暂态过程的影响很大。设计控制器时，可预先选若干组 $\boldsymbol{S}$、$\boldsymbol{Q}$ 和 $\boldsymbol{R}$ 值，对每组离线求出各组对应的最优控制器，再通过系统仿真后选择其中性能最好的那一组作为加权矩阵 $\boldsymbol{S}$、$\boldsymbol{Q}(t)$ 和 $\boldsymbol{R}(t)$。

三、最优控制率 u^*

最优控制率 u^* 的含义是，对于线性系统式（6-4），确定出的**控制率** $u(t)$，能使式（6-5）的 J 值为最小。

相关的最优控制理论严格的推导证明，使式（6-5）的 J 值为最小的最优控制率为

$$\boldsymbol{u}^*(t) = -\boldsymbol{R}^{-1}(t)\boldsymbol{B}^{\mathrm{T}}(t)\boldsymbol{S}(t)\boldsymbol{x}(t) \quad (6\text{-}6)$$

$$= -\boldsymbol{K}(t)\boldsymbol{x}(t)$$

式中，$\boldsymbol{K}(t) = \boldsymbol{R}^{-1}(t)\boldsymbol{B}^{\mathrm{T}}(t)\boldsymbol{S}(t)$。其中，$\boldsymbol{S}(t)$ 为 $n\times n$ 维对称非负定矩阵，被称为黎卡提（Riccati）矩阵方程式

$$\dot{\boldsymbol{S}}(t) = \boldsymbol{P}(t)\boldsymbol{B}(t)\boldsymbol{R}^{-1}(t)\boldsymbol{B}^{\mathrm{T}}(t)\boldsymbol{S}(t) - \boldsymbol{S}(t)\boldsymbol{A}(t) - \boldsymbol{A}^{\mathrm{T}}(t)\boldsymbol{S}(t) - \boldsymbol{Q}(t) \quad (6\text{-}7)$$

的解。

为了帮助读者更好地理解最优控制的原理，下面从矩阵理论角度介绍其求解思路。

由高等数学，有

$$\int_{t_0}^{t_f}\left(\frac{\mathrm{d}}{\mathrm{d}t}\boldsymbol{x}^{\mathrm{T}}\boldsymbol{S}\boldsymbol{x}\right)\mathrm{d}t = \boldsymbol{x}^{\mathrm{T}}\boldsymbol{S}\boldsymbol{x}(t_f) - \boldsymbol{x}^{\mathrm{T}}\boldsymbol{S}\boldsymbol{x}(t_0) \tag{6-8}$$

或

$$\begin{aligned}\int_{t_0}^{t_f}\left(\frac{\mathrm{d}}{\mathrm{d}t}\boldsymbol{x}^{\mathrm{T}}\boldsymbol{S}\boldsymbol{x}\right)\mathrm{d}t &= \int_{t_0}^{t_f}(\boldsymbol{x}^{\mathrm{T}}\dot{\boldsymbol{S}}\boldsymbol{x}+\dot{\boldsymbol{x}}^{\mathrm{T}}\boldsymbol{S}\boldsymbol{x}+\boldsymbol{x}^{\mathrm{T}}\boldsymbol{S}\dot{\boldsymbol{x}})\mathrm{d}t + \\ &\int_{t_0}^{t_f}(\boldsymbol{x}^{\mathrm{T}}\boldsymbol{Q}\boldsymbol{x}+\boldsymbol{u}^{\mathrm{T}}\boldsymbol{R}\boldsymbol{u})\mathrm{d}t - \int_{t_0}^{t_f}(\boldsymbol{x}^{\mathrm{T}}\boldsymbol{Q}\boldsymbol{x}+\boldsymbol{u}^{\mathrm{T}}\boldsymbol{R}\boldsymbol{u})\mathrm{d}t \\ &= \int_{t_0}^{t_f}(\boldsymbol{x}^{\mathrm{T}}\dot{\boldsymbol{S}}\boldsymbol{x}+\dot{\boldsymbol{x}}^{\mathrm{T}}\boldsymbol{S}\boldsymbol{x}+\boldsymbol{x}^{\mathrm{T}}\boldsymbol{S}\dot{\boldsymbol{x}}+\boldsymbol{x}^{\mathrm{T}}\boldsymbol{Q}\boldsymbol{x}+\boldsymbol{u}^{\mathrm{T}}\boldsymbol{R}\boldsymbol{u})\mathrm{d}t - \int_{t_0}^{t_f}(\boldsymbol{x}^{\mathrm{T}}\boldsymbol{Q}\boldsymbol{x}+\boldsymbol{u}^{\mathrm{T}}\boldsymbol{R}\boldsymbol{u})\mathrm{d}t\end{aligned} \tag{6-9}$$

由式（6-8）和式（6-9），有

$$\begin{aligned}&\boldsymbol{x}^{\mathrm{T}}\boldsymbol{S}\boldsymbol{x}(t_f) - \boldsymbol{x}^{\mathrm{T}}\boldsymbol{S}\boldsymbol{x}(t_0) \\ &= \int_{t_0}^{t_f}(\boldsymbol{x}^{\mathrm{T}}\dot{\boldsymbol{S}}\boldsymbol{x}+\dot{\boldsymbol{x}}^{\mathrm{T}}\boldsymbol{S}\boldsymbol{x}+\boldsymbol{x}^{\mathrm{T}}\boldsymbol{S}\dot{\boldsymbol{x}}+\boldsymbol{x}^{\mathrm{T}}\boldsymbol{Q}\boldsymbol{x}+\boldsymbol{u}^{\mathrm{T}}\boldsymbol{R}\boldsymbol{u})\mathrm{d}t - \int_{t_0}^{t_f}(\boldsymbol{x}^{\mathrm{T}}\boldsymbol{Q}\boldsymbol{x}+\boldsymbol{u}^{\mathrm{T}}\boldsymbol{R}\boldsymbol{u})\mathrm{d}t\end{aligned}$$

上式移项整理

$$\begin{aligned}\boldsymbol{x}^{\mathrm{T}}\boldsymbol{S}\boldsymbol{x}(t_f) + \int_{t_0}^{t}(\boldsymbol{x}^{\mathrm{T}}\boldsymbol{Q}\boldsymbol{x}+\boldsymbol{u}^{\mathrm{T}}\boldsymbol{R}\boldsymbol{u})\mathrm{d}t &= \boldsymbol{x}^{\mathrm{T}}\boldsymbol{S}\boldsymbol{x}(t_0) + \\ \int_{t_0}^{t_f}(\boldsymbol{x}^{\mathrm{T}}\dot{\boldsymbol{S}}\boldsymbol{x}+\dot{\boldsymbol{x}}^{\mathrm{T}}\boldsymbol{S}\boldsymbol{x}+\boldsymbol{x}^{\mathrm{T}}\boldsymbol{S}\dot{\boldsymbol{x}}&+\boldsymbol{x}^{\mathrm{T}}\boldsymbol{Q}\boldsymbol{x}+\boldsymbol{u}^{\mathrm{T}}\boldsymbol{R}\boldsymbol{u})\mathrm{d}t\end{aligned} \tag{6-10}$$

式（6-10）等号左边项，实际上就是性能指标式（6-5）。令等号右边积分项为

$$\boldsymbol{F}=\boldsymbol{x}^{\mathrm{T}}\dot{\boldsymbol{S}}\boldsymbol{x}+\dot{\boldsymbol{x}}^{\mathrm{T}}\boldsymbol{S}\boldsymbol{x}+\boldsymbol{x}^{\mathrm{T}}\boldsymbol{S}\dot{\boldsymbol{x}}+\boldsymbol{x}^{\mathrm{T}}\boldsymbol{Q}\boldsymbol{x}+\boldsymbol{u}^{\mathrm{T}}\boldsymbol{R}\boldsymbol{u} \tag{6-11}$$

则式（6-10）可简写为

$$J = \boldsymbol{x}^{\mathrm{T}}\boldsymbol{S}\boldsymbol{x}(t_0) + \int_{t_0}^{t_f}\boldsymbol{F}\mathrm{d}t \tag{6-12}$$

分析式（6-12），由于等号右边第一项只与起始时间有关而与控制量无关，不受 $\boldsymbol{u}$ 的控制，因此只要能找到一个控制量 $\boldsymbol{u}$，在 $t_0<t<t_f$，能使被积函数为零或接近零，即

$$\lim\int_{t_0}^{t}\boldsymbol{F}\mathrm{d}t = 0$$

那么，性能指标 J 就有最小值，而且为

$$\boldsymbol{J}^{*}=\boldsymbol{x}^{\mathrm{T}}\boldsymbol{S}\boldsymbol{x}(t_0)$$

为此，把状态方程式（6-1），代入式（6-11），有

$$\begin{aligned}\boldsymbol{F} &= \boldsymbol{x}^{\mathrm{T}}\dot{\boldsymbol{S}}\boldsymbol{x}+\dot{\boldsymbol{x}}^{\mathrm{T}}\boldsymbol{S}\boldsymbol{x}+\boldsymbol{x}^{\mathrm{T}}\boldsymbol{S}\dot{\boldsymbol{x}}+\boldsymbol{x}^{\mathrm{T}}\boldsymbol{Q}\boldsymbol{x}+\boldsymbol{u}^{\mathrm{T}}\boldsymbol{R}\boldsymbol{u} \\ &= \boldsymbol{x}^{\mathrm{T}}\dot{\boldsymbol{S}}\boldsymbol{x}+(\boldsymbol{A}\boldsymbol{x}+\boldsymbol{B}\boldsymbol{u})^{\mathrm{T}}\boldsymbol{S}\boldsymbol{x}+\boldsymbol{x}^{\mathrm{T}}\boldsymbol{S}(\boldsymbol{A}\boldsymbol{x}+\boldsymbol{B}\boldsymbol{u})+\boldsymbol{x}^{\mathrm{T}}\boldsymbol{Q}\boldsymbol{x}+\boldsymbol{u}^{\mathrm{T}}\boldsymbol{R}\boldsymbol{u}\end{aligned} \tag{6-13}$$

由矩阵的转置运算，有

$$(\boldsymbol{A}\boldsymbol{x}+\boldsymbol{B}\boldsymbol{u})^{\mathrm{T}}\boldsymbol{S}\boldsymbol{x}=(\boldsymbol{A}\boldsymbol{x})^{\mathrm{T}}\boldsymbol{S}\boldsymbol{x}+(\boldsymbol{B}\boldsymbol{u})^{\mathrm{T}}\boldsymbol{S}\boldsymbol{x}=\boldsymbol{x}^{\mathrm{T}}\boldsymbol{A}^{\mathrm{T}}\boldsymbol{S}\boldsymbol{x}+\boldsymbol{u}^{\mathrm{T}}\boldsymbol{B}^{\mathrm{T}}\boldsymbol{S}\boldsymbol{x} \tag{6-14}$$

式（6-14）代入式（6-13）

$$\begin{aligned}\boldsymbol{F} &= (\boldsymbol{x}^{\mathrm{T}}\dot{\boldsymbol{S}}\boldsymbol{x}+\boldsymbol{x}^{\mathrm{T}}\boldsymbol{A}^{\mathrm{T}}\boldsymbol{S}\boldsymbol{x}+\boldsymbol{x}^{\mathrm{T}}\boldsymbol{S}\boldsymbol{A}\boldsymbol{x}+\boldsymbol{x}^{\mathrm{T}}\boldsymbol{Q}\boldsymbol{x})+(\boldsymbol{u}^{\mathrm{T}}\boldsymbol{B}^{\mathrm{T}}\boldsymbol{S}\boldsymbol{x}+\boldsymbol{x}^{\mathrm{T}}\boldsymbol{S}\boldsymbol{B}\boldsymbol{u})+\boldsymbol{u}^{\mathrm{T}}\boldsymbol{R}\boldsymbol{u} \\ &= \boldsymbol{x}^{\mathrm{T}}(\dot{\boldsymbol{S}}+\boldsymbol{A}^{\mathrm{T}}\boldsymbol{S}+\boldsymbol{S}\boldsymbol{A}+\boldsymbol{Q})\boldsymbol{x}+(\boldsymbol{u}^{\mathrm{T}}\boldsymbol{B}^{\mathrm{T}}\boldsymbol{S}\boldsymbol{x}+\boldsymbol{x}^{\mathrm{T}}\boldsymbol{S}\boldsymbol{B}\boldsymbol{u})+\boldsymbol{u}^{\mathrm{T}}\boldsymbol{R}\boldsymbol{u}\end{aligned} \tag{6-15}$$

式（6-15）可写成典型的二次型的形式

$$\begin{aligned} \boldsymbol{F} &= (\boldsymbol{kx}+\boldsymbol{u})^{\mathrm{T}}\boldsymbol{R}(\boldsymbol{kx}+\boldsymbol{u}) \\ &= \{(\boldsymbol{kx})^{\mathrm{T}}+\boldsymbol{u}^{\mathrm{T}}\}\boldsymbol{R}\{\boldsymbol{kx}+\boldsymbol{u}\} \\ &= \boldsymbol{x}^{\mathrm{T}}\boldsymbol{k}^{\mathrm{T}}\boldsymbol{R}(\boldsymbol{kx}+\boldsymbol{u})+\boldsymbol{u}^{\mathrm{T}}\boldsymbol{R}(\boldsymbol{kx}+\boldsymbol{u}) \\ &= (\boldsymbol{x}^{\mathrm{T}}\boldsymbol{k}^{\mathrm{T}}\boldsymbol{Rkx})+(\boldsymbol{u}^{\mathrm{T}}\boldsymbol{Rkx}+\boldsymbol{x}^{\mathrm{T}}\boldsymbol{k}^{\mathrm{T}}\boldsymbol{Ru})+\boldsymbol{u}^{\mathrm{T}}\boldsymbol{Ru} \end{aligned} \tag{6-16}$$

比较式（6-15）和式（6-16）的右边系数，有

$$\boldsymbol{k}^{\mathrm{T}}\boldsymbol{Rk} = \dot{\boldsymbol{S}}+\boldsymbol{A}^{\mathrm{T}}\boldsymbol{S}+\boldsymbol{SA}+\boldsymbol{Q} \tag{6-17}$$

$$\boldsymbol{Rk} = \boldsymbol{B}^{\mathrm{T}}\boldsymbol{S} \tag{6-18}$$

式（6-18）两边左乘 $\boldsymbol{R}^{-1}$，有

$$\boldsymbol{k} = \boldsymbol{R}^{-1}\boldsymbol{B}^{\mathrm{T}}\boldsymbol{S} \tag{6-19}$$

又由式（6-16）可知，当

$$\boldsymbol{u} = -\boldsymbol{kx} = -\boldsymbol{R}^{-1}\boldsymbol{B}^{\mathrm{T}}\boldsymbol{Sx} \tag{6-20}$$

并且满足式（6-17）、式（6-18）时，积分项的被积函数 $\boldsymbol{F}$ 为零。于是只要确定了 $\boldsymbol{S}$，最优控制率 $\boldsymbol{u}^*$ 就可由式（6-20）求出，即

$$\boldsymbol{u}^* = -\boldsymbol{R}^{-1}\boldsymbol{B}^{\mathrm{T}}\boldsymbol{Sx} \tag{6-21}$$

从式（6-17）和式（6-18）消去 $\boldsymbol{k}$，有

$$(\boldsymbol{R}^{-1}\boldsymbol{B}^{\mathrm{T}}\boldsymbol{S})^{\mathrm{T}}\boldsymbol{R}(\boldsymbol{R}^{-1}\boldsymbol{B}^{\mathrm{T}}\boldsymbol{S}) = \dot{\boldsymbol{S}}+\boldsymbol{A}^{\mathrm{T}}\boldsymbol{S}+\boldsymbol{SA}+\boldsymbol{Q}$$

化简及移项后有

$$\dot{\boldsymbol{S}} = \boldsymbol{SBR}^{-1}\boldsymbol{B}^{\mathrm{T}}\boldsymbol{S}-\boldsymbol{A}^{\mathrm{T}}\boldsymbol{S}-\boldsymbol{SA}-\boldsymbol{Q} \tag{6-22}$$

注意，式（6-22）就是《最优控制理论》中提到的黎卡提（Riccati）矩阵方程式。为了求解出式（6-21）的最优控制律 $\boldsymbol{u}^*$，必须先求解式（6-22）黎卡提（Riccati）矩阵方程中的 $\boldsymbol{S}$。

第四节　线性二次型最优控制系统的设计

常见的线性二次型最优控制分为两类，即调节器和伺服器。它们已在实际中得到了广泛的应用。下面不加证明地给出三种最常用的典型系统最优控制的设计方法。

一、最优状态调节器

状态调节器的最优控制，只对系统的状态提出性能要求。当系统受到干扰，状态偏离了原来的平衡位置时，要求产生一控制作用使系统的状态回到原来的状态或原状态附近，并使要求的性能指标有极小值。例如，电动机转速控制系统，电动机原运行在1000rad/min。当增加负载后其转速下降至980rad/min，应如何设计控制器使电动机的转速从 t_0 时刻起到 t_f 时刻止，又回到1000rad/min，并满足某种目标为最优。

状态调节器又分为“有限时间”和“无限时间”调节器两种。

1. 有限时间状态调节器

若被控对象是线性时变，当性能指标式（6-5）中的终值时间 t_f 为有限值时，这种状态调节器称为有限时间状态调节器。

有限时间的状态调节器，要求系统在有限时间内稳态误差、暂态误差和消耗的控制能量都要小，其最优解有如下结论。

（1）线性时变系统状态方程

$$\dot{\boldsymbol{x}}(t)=\boldsymbol{A}(t)\boldsymbol{x}(t)+\boldsymbol{B}(t)\boldsymbol{u}(t);\quad \boldsymbol{x}(t_0)=\boldsymbol{x}_0 \tag{6-23}$$

式中，相关矩阵的定义及维数与式（6-4）相同。

（2）**二次型**性能指标

$$J=\frac{1}{2}\boldsymbol{x}^{\mathrm{T}}(t_f)\boldsymbol{S}\boldsymbol{x}(t_f)+\frac{1}{2}\int_{t_0}^{t_f}[\boldsymbol{x}^{\mathrm{T}}(t)\boldsymbol{Q}(t)\boldsymbol{x}(t)+\boldsymbol{u}^{\mathrm{T}}(t)\boldsymbol{R}(t)\boldsymbol{u}(t)]\mathrm{d}t \tag{6-24}$$

（3）最优控制率

$$\begin{aligned}\boldsymbol{u}^*(t)&=-\boldsymbol{R}^{-1}(t)\boldsymbol{B}^{\mathrm{T}}(t)\boldsymbol{P}(t)\boldsymbol{x}(t)\\&=-\boldsymbol{K}(t)\boldsymbol{x}(t)\end{aligned} \tag{6-25}$$

式中，$\boldsymbol{K}(t)=\boldsymbol{R}^{-1}(t)\boldsymbol{B}^{\mathrm{T}}(t)\boldsymbol{P}(t)$；$\boldsymbol{P}(t)$为$n\times n$维对称非负定矩阵，是下式黎卡提（Riccati）**矩阵微分方程式**

$$\dot{\boldsymbol{P}}(t)=\boldsymbol{P}(t)\boldsymbol{B}(t)\boldsymbol{R}^{-1}(t)\boldsymbol{B}^{\mathrm{T}}(t)\boldsymbol{P}(t)-\boldsymbol{P}(t)\boldsymbol{A}(t)-\boldsymbol{A}^{\mathrm{T}}(t)\boldsymbol{P}(t)-\boldsymbol{Q}(t) \tag{6-26}$$

和边界条件

$$\boldsymbol{P}(t_f)=\boldsymbol{S} \tag{6-27}$$

的解。

（4）最优性能

$$J^*=\frac{1}{2}\boldsymbol{x}^{\mathrm{T}}(t_0)\boldsymbol{P}(t_0)\boldsymbol{x}(t_0) \tag{6-28}$$

（5）最优状态轨迹曲线 $\boldsymbol{x}^*(t)$

$x^*(t)$是下式线性向量微分方程

$$\dot{\boldsymbol{x}}(t)=[\boldsymbol{A}(t)-\boldsymbol{B}(t)\boldsymbol{R}^{-1}(t)\boldsymbol{B}^{\mathrm{T}}(t)\boldsymbol{P}(t)]\boldsymbol{x}(t);\quad \boldsymbol{x}(t_0)=\boldsymbol{x}_0 \tag{6-29}$$

的解。

图6-1为有限时间最优状态调节器的结构图。

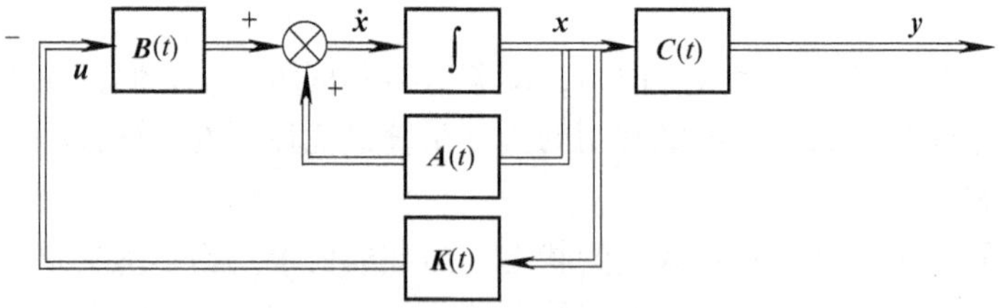

图6-1 有限时间最优状态系统图

说明：

（1）最优控制器是状态反馈形式，具有时变性。应用时，先离线计算出$\boldsymbol{K}(t)=\boldsymbol{R}^{-1}(t)\boldsymbol{B}^{\mathrm{T}}(t)\boldsymbol{P}(t)$值，并存储在计算机中。系统运行过程中，从存储器取出，并与同一时刻测量到的$\boldsymbol{x}(t)$相乘，构成控制量。可见，当系统较复杂时，需要的存储量大，不利于工程应用。

（2）若系统是线性定常时，有限时间状态调节器的有关结论可以仿照上面线性时变系统的相关结论得出。即对于线性定常系统

$$\dot{\boldsymbol{x}}(t)=\boldsymbol{A}\boldsymbol{x}(t)+\boldsymbol{B}\boldsymbol{u}(t);\quad \boldsymbol{x}(t_0)=\boldsymbol{x}_0 \tag{6-30}$$

使性能指标式（6-23）最小的最优控制率为

$$\begin{aligned}\boldsymbol{u}^*(t)&=-\boldsymbol{R}^{-1}\boldsymbol{B}^{\mathrm{T}}\boldsymbol{P}(t)\boldsymbol{x}(t)\\&=-\boldsymbol{K}(t)\boldsymbol{x}(t)\end{aligned} \tag{6-31}$$

式中，$\boldsymbol{K}(t)=\boldsymbol{R}^{-1}\boldsymbol{B}^{\mathrm{T}}\boldsymbol{P}(t)$。其中，$\boldsymbol{P}(t)$是**黎卡提**（Riccati）方程式

$$\dot{\boldsymbol{P}}(t)=\boldsymbol{P}(t)\boldsymbol{B}\boldsymbol{R}^{-1}\boldsymbol{B}^{\mathrm{T}}\boldsymbol{P}(t)-\boldsymbol{P}(t)\boldsymbol{A}-\boldsymbol{A}^{\mathrm{T}}\boldsymbol{P}(t)-\boldsymbol{Q} \tag{6-32}$$

和终端条件式

$$\boldsymbol{P}(t_f)=\boldsymbol{S} \tag{6-33}$$

的解。可见，对于被控对象是线性定常的有限时间状态调节器，其最优反馈控制率仍是时变的。

系统的最优性能

$$\boldsymbol{J}^*=\frac{1}{2}\boldsymbol{x}^{\mathrm{T}}(t_0)\boldsymbol{P}(t_0)\boldsymbol{x}(t_0) \tag{6-34}$$

2. 无限时间状态调节器

当终端时刻为无穷，$t_f\to\infty$，系统及性能指标中的各矩阵均为常值矩阵时，则这种状态调节器称为无限时间状态调节器。

无限时间状态调节器的最优解，是一状态反馈形式，而且增益矩阵是常数矩阵，要注意的是，系统必须完全能控。有如下一些主要结果。

（1）完全能控的线性定常系统

$$\dot{\boldsymbol{x}}(t)=\boldsymbol{A}\boldsymbol{x}(t)+\boldsymbol{B}\boldsymbol{u}(t),\quad x(t_0)=x_0 \tag{6-35}$$

（2）性能指标

由于这种情况下，系统的终端状态总是被要求达到某一平衡状态，所以，式（6-5）性能指标中的第一项为“0”，即

$$\boldsymbol{J}=\frac{1}{2}\int_{t_0}^{\infty}[\boldsymbol{x}^{\mathrm{T}}(t)\boldsymbol{Q}\boldsymbol{x}(t)+\boldsymbol{u}^{\mathrm{T}}(t)\boldsymbol{R}\boldsymbol{u}(t)]\mathrm{d}t \tag{6-36}$$

（3）最优控制率

$$\begin{aligned}\boldsymbol{u}^*(t)&=-\boldsymbol{R}^{-1}\boldsymbol{B}^{\mathrm{T}}\boldsymbol{P}\boldsymbol{x}(t)\\&=-\boldsymbol{K}\boldsymbol{x}(t)\end{aligned} \tag{6-37}$$

式中，$\boldsymbol{K}=\boldsymbol{R}^{-1}\boldsymbol{B}^{\mathrm{T}}\boldsymbol{P}$；$\boldsymbol{P}$ 是 $n\times n$ 维正定对称的常数矩阵，是黎卡提（Riccati）代数方程

$$\boldsymbol{P}\boldsymbol{B}\boldsymbol{R}^{-1}\boldsymbol{B}^{\mathrm{T}}\boldsymbol{P}-\boldsymbol{P}\boldsymbol{A}-\boldsymbol{A}^{\mathrm{T}}\boldsymbol{P}-\boldsymbol{Q}=0 \tag{6-38}$$

的解。

（4）最优性能指标

$$\boldsymbol{J}^*=\frac{1}{2}(\boldsymbol{x}_0)^{\mathrm{T}}\boldsymbol{P}\boldsymbol{x}_0 \tag{6-39}$$

（5）最优状态轨迹

最优状态轨迹 $\boldsymbol{x}^*(t)$是下式线性向量微分方程

$$\dot{\boldsymbol{x}}(t)=[\boldsymbol{A}-\boldsymbol{B}\boldsymbol{R}^{-1}\boldsymbol{B}^{\mathrm{T}}\boldsymbol{P}]\boldsymbol{x}(t),\quad x(t_0)=x_0 \tag{6-40}$$

的解。

例 6-1 已知系统

$$\dot{\boldsymbol{x}}(t)=\boldsymbol{A}\boldsymbol{x}(t)+\boldsymbol{b}u(t),\quad \boldsymbol{x}(0)=\begin{pmatrix}0\\1\end{pmatrix}$$

式中，$\boldsymbol{x}(t)=\begin{pmatrix}x_1\\x_2\end{pmatrix}$；$\boldsymbol{A}=\begin{pmatrix}0&1\\0&0\end{pmatrix}$；$\boldsymbol{b}=\begin{pmatrix}0\\1\end{pmatrix}$

性能指标

$$\boldsymbol{J}=\frac{1}{2}\int_0^{\infty}(\boldsymbol{x}_1^2+2\boldsymbol{b}\boldsymbol{x}_1\boldsymbol{x}_2+\boldsymbol{a}\boldsymbol{x}_2^2+\boldsymbol{u}^2)\mathrm{d}t$$

求最优控制率 $\boldsymbol{u}^*(t)$ 和最优性能 $\boldsymbol{J}^*$。

解 本例题属线性定常系统无限时间最优状态调节器的问题。

（1）判断系统的能控性

$$\mathrm{rank}[\boldsymbol{B}\quad \boldsymbol{AB}]=\mathrm{rank}\begin{pmatrix}0&1\\1&0\end{pmatrix}=2=n$$

系统完全能控，最优控制存在且唯一。

（2）由性能指标，求出加权矩阵

$$\boldsymbol{J}=\frac{1}{2}\int_0^{\infty}(\boldsymbol{x}_1^2+2\boldsymbol{b}\boldsymbol{x}_1\boldsymbol{x}_2+\boldsymbol{a}\boldsymbol{x}_2^2+\boldsymbol{u}^2)\mathrm{d}t=\frac{1}{2}\int_0^{\infty}\left\{(x_1\quad x_2)\begin{pmatrix}1&b\\b&a\end{pmatrix}\begin{pmatrix}x_1\\x_2\end{pmatrix}+\boldsymbol{u}^2\right\}\mathrm{d}t$$

加权矩阵为

$$\boldsymbol{Q}=\begin{pmatrix}1&b\\b&a\end{pmatrix};\quad R=1$$

当 $a>b^2$ 时，$\boldsymbol{Q}$ 正定。

（3）解黎卡提（Riccati）代数方程，求矩阵 $\boldsymbol{P}$

令 $\boldsymbol{P}=\begin{pmatrix}p_{11}&p_{12}\\p_{12}&p_{22}\end{pmatrix}$，代入黎卡提（Riccati）代数方程

$$\boldsymbol{P}\boldsymbol{B}\boldsymbol{R}^{-1}\boldsymbol{B}^{\mathrm{T}}\boldsymbol{P}-\boldsymbol{P}\boldsymbol{A}-\boldsymbol{A}^{\mathrm{T}}\boldsymbol{P}-\boldsymbol{Q}=0$$

$$\begin{pmatrix}p_{11}&p_{12}\\p_{12}&p_{22}\end{pmatrix}\begin{pmatrix}0\\1\end{pmatrix}1(1\quad 0)\begin{pmatrix}p_{11}&p_{12}\\p_{12}&p_{22}\end{pmatrix}-\begin{pmatrix}p_{11}&p_{12}\\p_{12}&p_{22}\end{pmatrix}\begin{pmatrix}0&1\\0&0\end{pmatrix}-\begin{pmatrix}0&0\\1&0\end{pmatrix}\begin{pmatrix}p_{11}&p_{12}\\p_{12}&p_{22}\end{pmatrix}-\begin{pmatrix}1&b\\b&a\end{pmatrix}=\begin{pmatrix}0&0\\0&0\end{pmatrix}$$

展开上式，可得代数方程组

$$\begin{cases}p_{12}^2=1\\-p_{11}+p_{11}p_{12}-b=0\\-2p_{12}+p_{22}^2-a=0\end{cases}$$

求解代数方程组，并取正解

$$p_{12}=1,\quad p_{22}=\sqrt{a+2p_{12}},\quad p_{11}=\sqrt{a+2}-b$$

于是有

$$\boldsymbol{P}=\frac{1}{2}\begin{pmatrix}1&1\\1&2\end{pmatrix}$$

（4）最优控制率

由式（6-38），最优控制率

$$u^{*}=-\boldsymbol{R}^{-1}\boldsymbol{B}^{\mathrm{T}}\boldsymbol{P}\boldsymbol{x}=-1(0\quad 1)\begin{pmatrix}p_{11} & p_{12}\\ p_{12} & p_{22}\end{pmatrix}\begin{pmatrix}x_1\\ x_2\end{pmatrix}$$

$$=-p_{12}x_1-p_{22}x_2$$

$$=x_1-\sqrt{a+2}x_2$$

（5）最优性能

$$\boldsymbol{J}^{*}=\frac{1}{2}\boldsymbol{x}^{\mathrm{T}}(0)\boldsymbol{P}\boldsymbol{x}(0)=\frac{1}{2}(0\quad 1)\begin{pmatrix}p_{11} & p_{12}\\ p_{12} & p_{22}\end{pmatrix}\begin{pmatrix}0\\ 1\end{pmatrix}=0.5p_{22}$$

（6）最优系统结构图如图 6-2 所示。

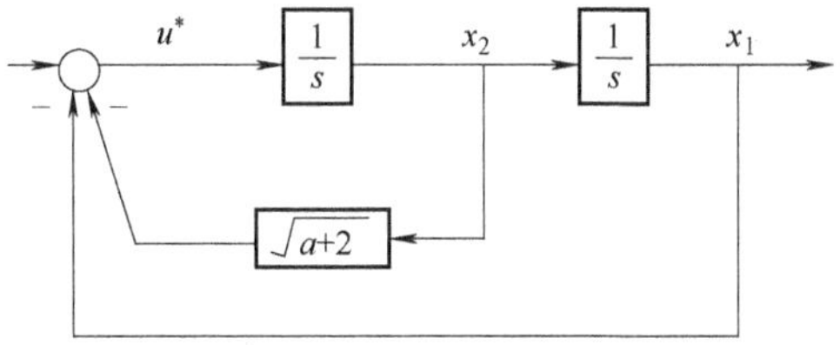

图 6-2　例 6-1 最优系统结构图

二、最优输出调节器

输出调节器的最优控制问题，只考虑对系统的输出提出性能要求，即当系统受到干扰偏离了原来的平衡状态时，要求产生一控制量使系统的输出回到原来的状态或原状态附近，并使性能指标有极值。同样，输出调节器也分为“有限时间”和“无限时间”两种。实际上，所有对状态调节器的相关结论都可以推广到输出调节器。

1. 有限时间输出调节器

（1）被控对象数学模型

完全能控能观测的线性时变系统

$$\begin{cases}\dot{\boldsymbol{x}}(t)=\boldsymbol{A}(t)\boldsymbol{x}(t)+\boldsymbol{B}(t)\boldsymbol{u}(t), \quad x(t_0)=x_0\\ \boldsymbol{y}(t)=\boldsymbol{C}(t)\boldsymbol{x}(t)\end{cases} \tag{6-41}$$

式中，相关矩阵的定义及维数与式（6-4）相同。

（2）性能指标

$$\boldsymbol{J}=\frac{1}{2}\boldsymbol{y}^{\mathrm{T}}(t_f)\boldsymbol{S}\boldsymbol{y}(t_f)+\frac{1}{2}\int_{t_0}^{t_f}[\boldsymbol{y}^{\mathrm{T}}(t)\boldsymbol{Q}(t)\boldsymbol{y}(t)+\boldsymbol{u}^{\mathrm{T}}(t)\boldsymbol{R}(t)\boldsymbol{u}(t)]\mathrm{d}t \tag{6-42}$$

（3）最优控制 $u^{*}(t)$

为了利用前述状态调节器的结论求最优控制 $u^{*}(t)$，输出方程代入性能指标式（6-42），有

$$\begin{aligned}\boldsymbol{J}=&\frac{1}{2}\boldsymbol{x}^{\mathrm{T}}(t_f)\boldsymbol{C}^{\mathrm{T}}(t_f)\boldsymbol{S}\boldsymbol{C}(t_f)\boldsymbol{x}(t_f)+\\ &\frac{1}{2}\int_{t_0}^{t_f}[\boldsymbol{x}^{\mathrm{T}}(t)\boldsymbol{C}^{\mathrm{T}}(t)\boldsymbol{Q}(t)\boldsymbol{C}(t)\boldsymbol{x}(t)+\boldsymbol{u}^{\mathrm{T}}(t)\boldsymbol{R}(t)\boldsymbol{u}(t)]\mathrm{d}t\end{aligned} \tag{6-43}$$

观察式（6-43）可见，与有限时间状态调节器的性能指标相比，式（6-43）只是用

“$\boldsymbol{C}^{\mathrm{T}}(t_f)\boldsymbol{S}\boldsymbol{C}(t_f)$”代替式（6-23）中的“$\boldsymbol{S}$”，“$\boldsymbol{C}^{\mathrm{T}}(t)\boldsymbol{Q}(t)\boldsymbol{C}(t)$”代替式（6-24）中的“$\boldsymbol{Q}(t)$”。

所以，只要$\boldsymbol{C}^{\mathrm{T}}(t_f)\boldsymbol{S}\boldsymbol{C}(t_f)$和$\boldsymbol{C}^{\mathrm{T}}(t)\boldsymbol{Q}(t)\boldsymbol{C}(t)$是正定对称矩阵，输出调节器的问题实际上就是状态调节器的问题。上面关于最优状态调节器的相关结论就可以方便地“移植”过来。所以，使性能指标式（6-43）最小的输出调节器最优控制率为

$$\begin{aligned} u^*(t) &= -\boldsymbol{R}^{-1}(t)\boldsymbol{B}^{\mathrm{T}}(t)\boldsymbol{P}(t)\boldsymbol{x}(t) \\ &= -\boldsymbol{K}(t)\boldsymbol{x}(t) \end{aligned} \tag{6-44}$$

式中，$\boldsymbol{K}(t)=\boldsymbol{R}^{-1}(t)\boldsymbol{B}^{\mathrm{T}}(t)\boldsymbol{P}(t)$；$\boldsymbol{P}(t)$是**黎卡提**（Riccati）矩阵微分方程

$$\dot{\boldsymbol{P}}(t)=\boldsymbol{P}(t)\boldsymbol{B}(t)\boldsymbol{R}^{-1}(t)\boldsymbol{B}^{\mathrm{T}}(t)\boldsymbol{P}(t)-\boldsymbol{P}(t)\boldsymbol{A}(t)-\boldsymbol{A}^{\mathrm{T}}(t)\boldsymbol{P}(t)-\boldsymbol{C}^{\mathrm{T}}(t)\boldsymbol{Q}(t)\boldsymbol{C}(t) \tag{6-45}$$

及边界条件

$$\boldsymbol{P}(t_f)=\boldsymbol{C}^{\mathrm{T}}(t_f)\boldsymbol{S}\boldsymbol{C}(t_f) \tag{6-46}$$

的解。

（4）性能指标

$$\boldsymbol{J}^*=\frac{1}{2}\boldsymbol{x}^{\mathrm{T}}(t_0)\boldsymbol{P}(t_0)\boldsymbol{x}(t_0) \tag{6-47}$$

（5）最优状态轨迹$\boldsymbol{x}^*(t)$

$x^*(t)$是下式线性向量微分方程

$$\dot{\boldsymbol{x}}(t)=[\boldsymbol{A}(t)-\boldsymbol{B}(t)\boldsymbol{R}^{-1}(t)\boldsymbol{B}^{\mathrm{T}}(t)\boldsymbol{P}(t)]\boldsymbol{x}(t),\quad x(t_0)=x_0 \tag{6-48}$$

的解。

2. 无限时间输出调节器

如果终端时刻为无穷，$t_f\to\infty$，系统及性能指标中的各矩阵均为常值矩阵，则称为无限时间输出调节器。

（1）能控能观测的线性定常系统

$$\begin{cases} \dot{\boldsymbol{x}}(t)=\boldsymbol{A}\boldsymbol{x}(t)+\boldsymbol{B}\boldsymbol{u}(t),\ x(t_0)=x_0 \\ \boldsymbol{y}(t)=\boldsymbol{C}\boldsymbol{x}(t) \end{cases} \tag{6-49}$$

式中，相关矩阵的维数与式（6-4）相同。

（2）性能指标

$$\boldsymbol{J}=\frac{1}{2}\int_0^\infty[\boldsymbol{y}^{\mathrm{T}}(t)\boldsymbol{Q}\boldsymbol{y}(t)+\boldsymbol{u}^{\mathrm{T}}(t)\boldsymbol{R}\boldsymbol{u}(t)]\mathrm{d}t \tag{6-50}$$

式中，$\boldsymbol{Q}>0$，$\boldsymbol{R}>0$，且均为常值对称矩阵。

（3）最优控制

类似地，上面关于无限时间状态调节器的相关结论“移植”过来，就可得到无限时间输出调节器的相关结论

$$\boldsymbol{u}^*(t)=-\boldsymbol{R}^{-1}\boldsymbol{B}^{\mathrm{T}}\boldsymbol{P}\boldsymbol{x}(t) \tag{6-51}$$

式中，$\boldsymbol{P}$是如下**黎卡提**（Riccati）代数方程

$$\boldsymbol{P}\boldsymbol{B}\boldsymbol{R}^{-1}\boldsymbol{B}^{\mathrm{T}}\boldsymbol{P}-\boldsymbol{P}\boldsymbol{A}-\boldsymbol{A}^{\mathrm{T}}\boldsymbol{P}-\boldsymbol{C}^{\mathrm{T}}\boldsymbol{Q}\boldsymbol{C}=0 \tag{6-52}$$

的解。

（4）最优性能指标

$$J^* = \frac{1}{2}x^{\mathrm{T}}(t_0)Px(t_0) \tag{6-53}$$

（5）最优状态轨迹 $x^*(t)$

$x^*(t)$是下式线性向量微分方程

$$\dot{x}(t) = [A - BR^{-1}B^{\mathrm{T}}P]x(t),\quad x(t_0) = x_0 \tag{6-54}$$

的解。

例 6-2 已知系统状态空间式及性能指标

$$\begin{cases}\dot{x}(t) = \begin{pmatrix}0 & 1\\0 & 0\end{pmatrix}x(t) + \begin{pmatrix}0\\1\end{pmatrix}u(t)\\ y(t) = (1 \quad 0)x(t)\end{cases}$$

$$J = \frac{1}{4}\int_0^{\infty}[y(t) + u^2(t)]\mathrm{d}t$$

求最优输出调节器。

解 （1）判定系统能控能观测性

$$\mathrm{rank}(b \quad Ab) = \mathrm{rank}\begin{pmatrix}0 & 1\\1 & 0\end{pmatrix} = 2$$

$$\mathrm{rank}\begin{pmatrix}c\\cA\end{pmatrix} = \mathrm{rank}\begin{pmatrix}1 & 0\\0 & 1\end{pmatrix} = 2$$

系统具有能控能观测性，无限时间输出调节器存在且唯一。

（2）由性能指标有

$$Q = 1$$

（3）解黎卡提（Riccati）代数方程

令
$$P = \begin{pmatrix}p_{11} & p_{12}\\p_{12} & p_{22}\end{pmatrix}$$

由黎卡提（Riccati）代数方程

$$PA + A^{\mathrm{T}}P - PbR^{-1}b^{\mathrm{T}}P + c^{\mathrm{T}}Qc = 0$$

得
$$P = \begin{pmatrix}\sqrt{2} & 1\\1 & \sqrt{2}\end{pmatrix} > 0$$

（4）最优控制 $u^*(t)$

由式（6-51）有

$$u^*(t) = -R^{-1}b^{\mathrm{T}}Px(t) = -x_1(t) - \sqrt{2}x_2(t) = -y(t) - \sqrt{2}x_2(t)$$

三、最优输出跟踪器

最优输出跟踪的控制问题是，寻求最优控制率 $u^*(t)$，使系统的实际输出 $y(t)$在给定的时间内跟踪某个指定的 $y^*(t)$或未知的输入函数，并使性能指标最小。

最优输出跟踪的控制问题同样可分为有限时间最优输出跟踪和无限时间最优输出跟踪的问题。

1. 有限时间输出跟踪问题

（1）能观测的线性时变系统

$$\begin{cases}\dot{\boldsymbol{x}}(t)=\boldsymbol{A}(t)\boldsymbol{x}(t)+\boldsymbol{B}(t)\boldsymbol{u}(t), \quad x(t_0)=x_0\\ \boldsymbol{y}(t)=\boldsymbol{C}(t)\boldsymbol{x}(t)\end{cases} \tag{6-55}$$

设 m 维的 $\boldsymbol{y}^*(t)$ 为系统的期望跟踪输出，定义误差向量

$$\boldsymbol{e}(t)=\boldsymbol{y}^*(t)-\boldsymbol{y}(t) \tag{6-56}$$

（2）性能指标

$$\boldsymbol{J}=\frac{1}{2}\boldsymbol{e}^{\mathrm{T}}(t_f)\boldsymbol{S}\boldsymbol{e}(t_f)+\frac{1}{2}\int_{t_0}^{t_f}(\boldsymbol{e}^{\mathrm{T}}(t)\boldsymbol{Q}(t)\boldsymbol{e}(t)+\boldsymbol{u}^{\mathrm{T}}(t)\boldsymbol{R}(t)\boldsymbol{u}(t))\mathrm{d}t \tag{6-57}$$

式中，$\boldsymbol{S}$、$\boldsymbol{Q}(t)$ 和 $\boldsymbol{R}(t)$ 均为相对应的正定对称矩阵。

（3）最优控制率 $\boldsymbol{u}^*(t)$

终端时间 $t=t_f$ 时，使性能指标式（6-57）为最小值的最优控制率

$$\boldsymbol{u}^*(t)=-\boldsymbol{R}^{-1}(t)\boldsymbol{B}^{\mathrm{T}}(t)[\boldsymbol{P}(t)\boldsymbol{x}(t)-\boldsymbol{g}(t)] \tag{6-58}$$

式（6-58）中，$\boldsymbol{P}(t)$ 是如下**黎卡提**（Riccati）矩阵微分方程

$$\dot{\boldsymbol{P}}(t)=\boldsymbol{P}(t)\boldsymbol{B}(t)\boldsymbol{R}^{-1}(t)\boldsymbol{B}^{\mathrm{T}}(t)\boldsymbol{P}(t)-\boldsymbol{P}(t)\boldsymbol{A}(t)-\boldsymbol{A}^{\mathrm{T}}(t)\boldsymbol{P}(t)-\boldsymbol{C}^{\mathrm{T}}(t)\boldsymbol{Q}(t)\boldsymbol{C}(t) \tag{6-59}$$

及终端边界条件

$$\boldsymbol{P}(t_f)=\boldsymbol{C}^{\mathrm{T}}(t_f)\boldsymbol{S}\boldsymbol{C}(t_f) \tag{6-60}$$

的解。

式（6-58）中，$\boldsymbol{g}(t)$ 为 n 维向量，是如下向量微分方程

$$\dot{\boldsymbol{g}}(t)=[\boldsymbol{B}(t)\boldsymbol{R}^{-1}(t)\boldsymbol{B}^{\mathrm{T}}(t)\boldsymbol{P}(t)-\boldsymbol{A}(t)]^{\mathrm{T}}\boldsymbol{g}(t)-\boldsymbol{C}^{\mathrm{T}}(t)\boldsymbol{Q}(t)\boldsymbol{y}^*(t) \tag{6-61}$$

及边界条件

$$\boldsymbol{g}(t_f)=\boldsymbol{C}^{\mathrm{T}}(t_f)\boldsymbol{S}\boldsymbol{y}^*(t_f) \tag{6-62}$$

的解。

（4）最优性能指标

$$\boldsymbol{J}^*=\frac{1}{2}\boldsymbol{x}^{\mathrm{T}}(t_0)\boldsymbol{P}(t_0)\boldsymbol{x}(t_0)-\boldsymbol{g}^{\mathrm{T}}(t_0)\boldsymbol{x}(t_0)+\boldsymbol{\varphi}(t_0) \tag{6-63}$$

式中，$\boldsymbol{\varphi}(t)$ 是如下方程

$$\dot{\boldsymbol{\varphi}}(t)=-\frac{1}{2}[y^{*\mathrm{T}}(t)Qy(t)\varphi(t)-g^{\mathrm{T}}(t)B(t)R^{-1}(t)B^{\mathrm{T}}(t)g(t)] \tag{6-64}$$

及边界条件

$$\boldsymbol{\varphi}(t_f)=(\boldsymbol{y}^*(t_f))^{\mathrm{T}}\boldsymbol{S}\boldsymbol{y}^*(t_f) \tag{6-65}$$

的解。

（5）最优状态轨迹线 $\boldsymbol{x}^*(t)$

$\boldsymbol{x}^*(t)$ 是下式线性向量微分方程

$$\dot{\boldsymbol{x}}(t)=[\boldsymbol{A}(t)-\boldsymbol{B}(t)\boldsymbol{R}^{-1}(t)\boldsymbol{B}^{\mathrm{T}}(t)\boldsymbol{P}(t)]\boldsymbol{x}(t)+\boldsymbol{B}(t)\boldsymbol{R}^{-1}(t)\boldsymbol{B}(t)\boldsymbol{g}(t), \quad x(t_0)=x_0 \tag{6-66}$$

的解。

2. 无限时间跟踪器问题

当终端时刻为无穷（$t_f \to \infty$），系统及性能指标中的各矩阵均为常值矩阵，则这种输出跟踪器称为无限时间跟踪器问题。

这类跟踪器问题，目前还没有严格的求解方法。有关文献指出，当理想输出为常值向量时，工程上可应用下面的近似结果。

（1）能控能观测的线性定常系统

$$\dot{\boldsymbol{x}}(t)=\boldsymbol{A}\boldsymbol{x}(t)+\boldsymbol{B}\boldsymbol{u}(t),\quad x(t_0)=x_0 \qquad (6\text{-}67)$$
$$\boldsymbol{y}(t)=\boldsymbol{C}\boldsymbol{x}(t)$$

（2）性能指标

$$J=\frac{1}{2}\int_{t_0}^{\infty}[\boldsymbol{e}^{\mathrm{T}}(t)\boldsymbol{Q}\boldsymbol{e}(t)+\boldsymbol{u}^{\mathrm{T}}(t)\boldsymbol{R}\boldsymbol{u}(t)]\mathrm{d}t \qquad (6\text{-}68)$$

式中，$\boldsymbol{e}(t)=\boldsymbol{y}^*(t)-\boldsymbol{y}(t)$；$\boldsymbol{Q}$、$\boldsymbol{R}$ 为对称正定常值矩阵。

（3）使性能指标式（6-68）最小的最优控制为

$$\boldsymbol{u}^*(t)=-\boldsymbol{R}^{-1}\boldsymbol{B}^{\mathrm{T}}\boldsymbol{P}\boldsymbol{x}(t)+\boldsymbol{R}^{-1}\boldsymbol{B}^{\mathrm{T}}\boldsymbol{g} \qquad (6\text{-}69)$$

式中，$\boldsymbol{P}$ 是黎卡提（Riccati）代数方程

$$\boldsymbol{P}\boldsymbol{B}\boldsymbol{R}^{-1}\boldsymbol{B}^{\mathrm{T}}\boldsymbol{P}-\boldsymbol{P}\boldsymbol{A}-\boldsymbol{A}^{\mathrm{T}}\boldsymbol{P}-\boldsymbol{C}^{\mathrm{T}}\boldsymbol{Q}\boldsymbol{C}=0 \qquad (6\text{-}70)$$

的解。

$\boldsymbol{g}(t)$ 为 n 维向量，是如下向量微分方程

$$\boldsymbol{g}(t)=[\boldsymbol{P}\boldsymbol{B}\boldsymbol{R}^{-1}\boldsymbol{B}^{\mathrm{T}}-\boldsymbol{A}^{\mathrm{T}}]^{-1}\boldsymbol{C}^{\mathrm{T}}\boldsymbol{Q}\boldsymbol{y}^*(t) \qquad (6\text{-}71)$$

的解。

（4）近似最优状态轨迹线 $\boldsymbol{x}^*(t)$

$x^*(t)$ 是下式线性向量微分方程

$$\dot{\boldsymbol{x}}(t)=[\boldsymbol{A}-\boldsymbol{B}\boldsymbol{R}^{-1}\boldsymbol{B}^{\mathrm{T}}\boldsymbol{P}]\boldsymbol{x}(t)+\boldsymbol{B}\boldsymbol{R}^{-1}\boldsymbol{B}\boldsymbol{g} \qquad (6\text{-}72)$$

及初始条件

$$x(t_0)=x_0 \qquad (6\text{-}73)$$

的解。

习　题

6-1　什么是最优控制？目前处理最优控制的方法有几种？它们之间有什么不同？

6-2　线性系统的二次型最优控制的基本原理是什么？

6-3　二次型性能指标有何工程含义？指标中的加权矩阵有何物理意义？

6-4　线性系统的二次型最优控制问题分为几种类型？是根据什么划分的？

6-5　为什么说二次型最优控制最具有工程实用性？

6-6　已知系统状态方程

$$\dot{\boldsymbol{x}}=\begin{pmatrix}0&1\\0&0\end{pmatrix}\boldsymbol{x}+\begin{pmatrix}0\\1\end{pmatrix}\boldsymbol{u}$$

性能指标

$$\boldsymbol{J}=\int_0^{\infty}\frac{1}{2}[(\boldsymbol{x}_1^2(t)+\boldsymbol{u}^2(t)]\mathrm{d}t$$

设计状态调节器，使性能指标具有最小值。

6-7 已知系统方程

$$\dot{\boldsymbol{x}} = \begin{pmatrix} 0 & 1 \\ 0 & 0 \end{pmatrix}\boldsymbol{x} + \begin{pmatrix} 0 \\ 1 \end{pmatrix}\boldsymbol{u}$$

$$\boldsymbol{y} = (1 \quad 0)\boldsymbol{x}$$

性能指标

$$\boldsymbol{J} = \frac{1}{4}\int_0^\infty [\boldsymbol{y}(t) + \boldsymbol{u}^2(t)]\mathrm{d}t$$

设计输出调节器，使性能指标具有最小值。

6-8 已知系统方程

$$\dot{\boldsymbol{x}}_1 = \boldsymbol{x}_2(t)$$

$$\dot{\boldsymbol{x}}_2 = 4\boldsymbol{u}(t)$$

$$\boldsymbol{y}(t) = (1 \quad 0)\boldsymbol{x}$$

性能指标

$$\boldsymbol{J} = \int_0^\infty [(\boldsymbol{y}^*(t) - \boldsymbol{y}(t))^2 + \boldsymbol{u}^2(t)]\mathrm{d}t$$

设计输出跟踪器，使性能指标具有最小值。

第七章 工程应用实例

工程设计中应用现代控制理论最广泛的是线性系统的状态空间综合方法，也就是状态反馈与状态观测器的方法。本章通过三个工程实例予以说明状态空间分析方法的具体应用。

第一节 单倒立摆控制系统的状态空间设计

许多工业工程和军事工程中的运动控制系统，其控制思路和方法均来自于倒立摆的控制机理。例如，工业机器人行走的平衡控制、海洋钻井平台的稳定控制、火箭发射器的垂直控制和飞行器飞行的姿态控制等。

单倒立摆系统的原理图，如图 7-1 所示。设摆的长度为 L、质量为 m，用铰链安装在质量为 M 的小车上。小车由一台直流电动机拖动，在水平方向对小车施加控制力 u，相对参考系产生位移 z。若不给小车施加控制力，则倒立摆会向左或向右倾倒，因此，它是一个不稳定系统。控制的目的是，当倒立摆无论出现向左或向右倾倒时，通过控制直流电动机，使小车在水平方向运动，将倒立摆保持在垂直位置上。

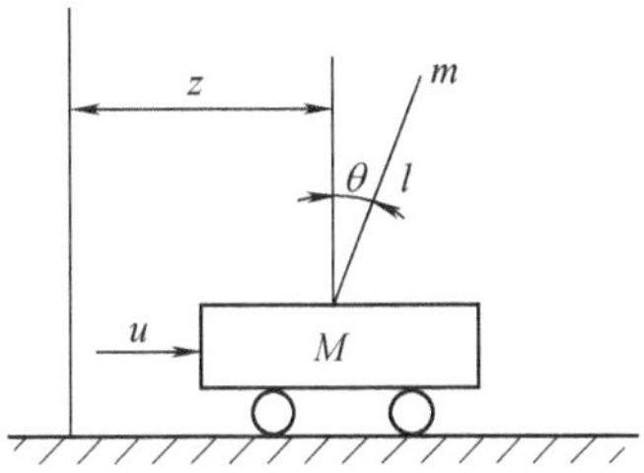

图 7-1 单倒立摆系统的原理图

一、倒立摆的状态空间方程

为简化问题，工程上往往忽略一些次要因素。本例中，忽略摆杆质量、执行电动机惯性以及摆轴、轮轴、轮与接触面之间的摩擦及风力。设小车瞬时位置为 z，倒立摆出现的偏角为 θ，则摆心瞬时位置为（$z+l\sin\theta$）。在控制力 u 的作用下，小车及摆均产生加速运动，根据牛顿第二定律，在水平直线运动方向的惯性力应与控制力 u 平衡，则有

$$M\frac{\mathrm{d}^2 z}{\mathrm{d}t^2}+m\frac{\mathrm{d}^2}{\mathrm{d}t^2}(z+l\sin\theta)=u$$

即

$$(M+m)\ddot{z}+ml\ddot{\theta}\cos\theta-ml\dot{\theta}^2\sin\theta=u \tag{7-1}$$

由于绕摆轴旋转运动的惯性力矩应与重力矩平衡，因而有

$$\left[m\frac{\mathrm{d}^2}{\mathrm{d}t^2}(z+l\sin\theta)\right]l\cos\theta=mgl\sin\theta$$

即

$$\ddot{z}\cos\theta+l\ddot{\theta}\cos^2\theta-l\dot{\theta}^2\sin\theta\cos\theta=g\sin\theta \tag{7-2}$$

式（7-1）、式（7-2）两个方程都是非线性方程，需作线性化处理。由于控制的目的是

保持倒立摆直立，因此，在施加合适 u 的条件下，可认为 θ、$\dot{\theta}$ 均接近零，此时 $\sin\theta \approx \theta$，$\cos\theta \approx 1$，且可忽略 $\dot{\theta}^2\theta$ 项，于是有

$$(M+m)\ddot{z}+ml\ddot{\theta}=u \tag{7-3}$$

$$\ddot{z}+l\ddot{\theta}=g\theta \tag{7-4}$$

联立求解式（7-3）、式（7-4），可得

$$\ddot{z}=-\frac{mg}{M}\theta+\frac{1}{M}u \tag{7-5}$$

$$\ddot{\theta}=\frac{(M+m)}{Ml}g\theta-\frac{1}{Ml}u \tag{7-6}$$

消去中间变量 θ，可得到输入量为 u、输出量为 z 的系统微分方程为

$$z^{(4)}-\frac{(M+m)g}{Ml}\ddot{z}=\frac{1}{M}\ddot{u}-\frac{g}{Ml}u \tag{7-7}$$

选取小车的位移 z 及其速度 $\dot{z}$、摆的角位置 θ 及其角速度 $\dot{\theta}$ 作为状态变量，z 为输出变量，并考虑恒等式 $\frac{\mathrm{d}}{\mathrm{d}t}z=\dot{z}$，$\frac{\mathrm{d}}{\mathrm{d}t}\theta=\dot{\theta}$ 及式（7-5）、式（7-6），可列出系统的状态空间表达式为

$$\dot{\boldsymbol{x}}=\begin{pmatrix}0 & 1 & 0 & 0\\ 0 & 0 & -\frac{mg}{M} & 0\\ 0 & 0 & 0 & 1\\ 0 & 0 & \frac{(M+m)g}{Ml} & 0\end{pmatrix}\boldsymbol{x}+\begin{pmatrix}0\\ \frac{1}{M}\\ 0\\ -\frac{1}{Ml}\end{pmatrix}\boldsymbol{u} \tag{7-8a}$$

$$\boldsymbol{y}=(1\quad 0\quad 0\quad 0)\boldsymbol{x} \tag{7-8b}$$

式中

$$\boldsymbol{x}=(z\quad \dot{z}\quad \theta\quad \dot{\theta})^{\mathrm{T}}$$

假定系统参数 $M=1\mathrm{kg}$，$m=0.1\mathrm{kg}$，$l=1\mathrm{m}$，$g=9.81\mathrm{m/s^2}$，则状态方程中参数矩阵为

$$\boldsymbol{A}=\begin{pmatrix}0 & 1 & 0 & 0\\ 0 & 0 & -1 & 0\\ 0 & 0 & 0 & 1\\ 0 & 0 & 11 & 0\end{pmatrix},\boldsymbol{b}=\begin{pmatrix}0\\ 1\\ 0\\ -1\end{pmatrix},\boldsymbol{c}=(1\quad 0\quad 0\quad 0) \tag{7-9}$$

二、被控对象特性分析

作为被控制的倒立摆，当它向左或向右倾倒时，能否通过控制作用使它回复到原直立位置？这须首先进行其能控性的分析。

1. 能控性分析

根据能控性的秩判据，并把式（7-9）的有关数值代入该判据，可得

$$\mathrm{rank}\boldsymbol{M}=\mathrm{rank}(\boldsymbol{b}\quad \boldsymbol{Ab}\quad \boldsymbol{A}^2\boldsymbol{b}\quad \boldsymbol{A}^3\boldsymbol{b})=4 \tag{7-10}$$

因此，单倒立摆的运动状态是可控的。换句话说，这意味着总存在一控制作用 u，将非零状态 $\boldsymbol{x}$ 转移至零。

2. 稳定性分析

由单倒立摆系统的状态方程，可求出其特征方程

$$|\lambda I - A| = \lambda^2(\lambda^2 - 11) = 0 \tag{7-11}$$

解得特征值为 0，0，$\sqrt{11}$，$-\sqrt{11}$。4 个特征值中存在一个正根，两个零根，这说明单倒立摆系统，即被控系统是不稳定的，须对被控系统进行反馈综合，使 4 个特征值全部位于根平面 s 左半边的适当位置，以满足系统的稳定工作并达到良好动、静态性能的要求。

三、单倒立摆系统的综合

采用全状态反馈。取状态变量 z、$\dot{z}$、θ、$\dot{\theta}$ 为反馈信号，状态反馈控制规律为

$$\boldsymbol{u} = \boldsymbol{v} - \boldsymbol{kx} \tag{7-12}$$

设

$$\boldsymbol{k} = (k_0 \quad k_1 \quad k_2 \quad k_3)$$

式中，$k_0 \sim k_3$ 分别为 z，$\dot{z}$，θ，$\dot{\theta}$ 反馈至参考输入 v 的增益。则闭环控制系统的状态方程为

$$\dot{\boldsymbol{x}} = (\boldsymbol{A} - \boldsymbol{bk})\boldsymbol{x} + \boldsymbol{b}\,\boldsymbol{v} \tag{7-13}$$

其特征多项式为

$$|\lambda \boldsymbol{I} - (\boldsymbol{A} - \boldsymbol{bk})| = \lambda^4 + (k_1 - k_3)\lambda^3 + (k_0 - k_2 - 11)\lambda^2 - 10k_1\lambda - 10k_0 \tag{7-14}$$

采用极点配置的综合方法。设希望闭环极点位置为 -1，-2，$-1 \pm \mathrm{j}$，则闭环控制系统的期望特征多项式为

$$(\lambda+1)(\lambda+2)(\lambda+1-\mathrm{j})(\lambda+1+\mathrm{j}) = \lambda^4 + 5\lambda^3 + 10\lambda^2 + 10\lambda + 4 \tag{7-15}$$

令式（7-14）与式（7-15）右边同次项的系数相等，可求得

$$k_0 = -0.4, k_1 = -1, k_2 = -21.4, k_3 = -6$$

状态反馈系统结构如图 7-2 所示。

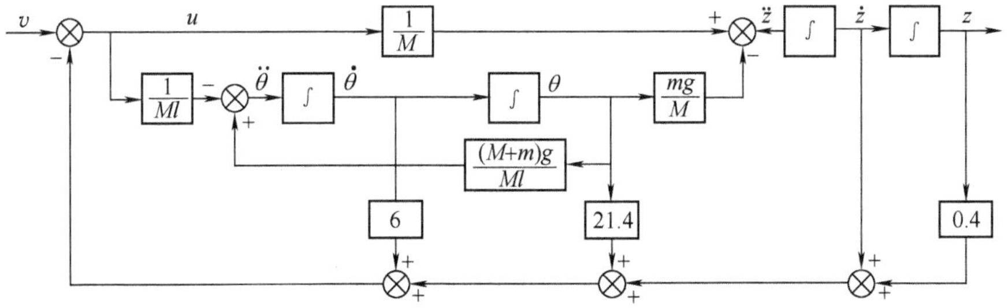

图 7-2　单倒立摆全状态反馈系统结构图

全状态反馈为稳定闭环系统，当参考输入 v 为零时，状态向量在初始扰动下的响应将渐近地衰减至零，这时摆杆和小车都会回到它的初始位置，即 $\theta=0$，$z=0$。如果不把 4 个状态变量全用作反馈，该系统则不能稳定，例如令 $k_0 \sim k_3$ 的任何一个系数为零时，式（7-14）所示特征多项式或是缺项，或是系数值小于零，由稳定的代数判据可以看出，不满足系统稳定的必要条件。

四、全维状态观测器设计

为实现单倒立摆控制系统的全状态反馈，必须获取系统的全部状态，即 θ、$\dot{\theta}$、z、$\dot{z}$ 的

信息。因此，需要设置测量θ、$\dot{\theta}$、z、$\dot{z}$ 的4个传感器。正如第五章第四节所指出的，往往在一实际的工程系统中并不是所有的状态信息都能检测到，或者，虽有些可以检则，但也可能由于检测装置昂贵或安装上的困难造成实际上难于获取信号，从而使状态反馈在实际中难于实现，甚至不可能实现。在这种情况下可设计全维状态观测器，解决全状态反馈的实现问题。

状态观测器设计前，先要对被控对象的状态作能观测性的判定。由能观测秩判据，并把式（7-9）的有关数值代入该判据，得

$$\mathrm{rank}\boldsymbol{N}=\mathrm{rank}(\boldsymbol{c}^{\mathrm{T}}\quad \boldsymbol{A}^{\mathrm{T}}\boldsymbol{c}^{\mathrm{T}}\quad (\boldsymbol{A}^{\mathrm{T}})^2\boldsymbol{c}^{\mathrm{T}}\quad (\boldsymbol{A}^{\mathrm{T}})^3\boldsymbol{c}^{\mathrm{T}})=4 \tag{7-16}$$

故被控系统的4个状态均是可观测的。这意味着，其状态可由一全维（四维）状态观测器给出估值。

由第五章全维状态观测器的动态方程为

$$\dot{\hat{\boldsymbol{x}}}=(\boldsymbol{A}-\boldsymbol{GC})\hat{\boldsymbol{x}}+\boldsymbol{Bu}+\boldsymbol{Gy} \tag{7-17}$$

式中

$$\boldsymbol{G}=(g_0\quad g_1\quad g_2\quad g_3)^{\mathrm{T}}$$

全维状态观测器以$\boldsymbol{G}$配置极点，决定状态向量估计误差衰减的速率。

全维状态观测器的特征多项式为

$$|\lambda\boldsymbol{I}-(\boldsymbol{A}-\boldsymbol{GC})|=\lambda^4+g_0\lambda^3+(g_1-11)\lambda^2+(-11g_0-g_2)\lambda+(-11g_1-g_3) \tag{7-18}$$

设状态观测器的希望闭环极点为-2，-3，$-2\pm \mathrm{j}1$（比状态反馈系统的希望闭环极点离虚轴较远），则期望特征多项式为

$$(\lambda+2)(\lambda+3)(\lambda+2+\mathrm{j})(\lambda+2-\mathrm{j})=\lambda^4+9\lambda^3+31\lambda^2+49\lambda+30 \tag{7-19}$$

令式（7-18）与式（7-19）同次项的系数相等，可求得

$$g_0=9, g_1=42, g_2=-148, g_3=-492$$

用全维状态观测器实现状态反馈的结构图如图7-3所示。由于最靠近虚轴的希望闭环极点为-2，这意味着任一状态变量估值误差至少以e^{-2t}规律衰减。

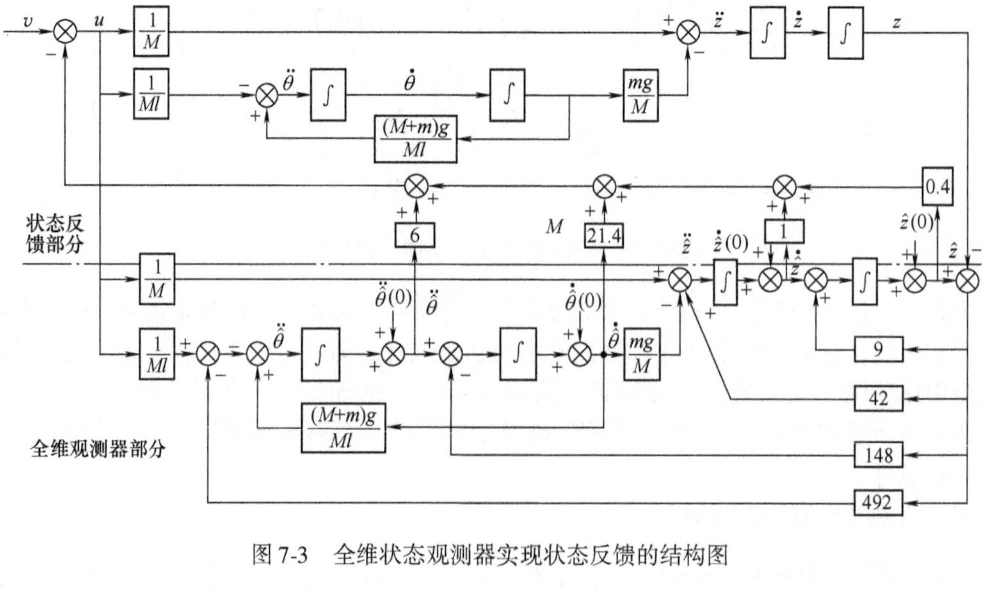

图7-3 全维状态观测器实现状态反馈的结构图

五、降维观测器设计

由于本系统中的小车位移 z，可由输出传感器测量，因而实际中无需估计，可以设计降维（三维）状态观测器。通过重新排列被控系统状态变量的次序，把需由降维状态观测器估计变量与输出传感器测得的状态变量分离开，也就是说，将 z 作为第四个状态变量，则被控系统的状态方程和输出方程变换为

$$\frac{\mathrm{d}}{\mathrm{d}t}\begin{pmatrix}\dot{z}\\ \theta\\ \dot{\theta}\\ z\end{pmatrix}=\left(\begin{array}{ccc:c}0&-1&0&0\\0&0&1&0\\0&11&0&0\\ \hdashline 1&0&0&0\end{array}\right)\begin{pmatrix}\dot{z}\\ \theta\\ \dot{\theta}\\ z\end{pmatrix}+\begin{pmatrix}1\\0\\-1\\0\end{pmatrix}\boldsymbol{u} \tag{7-20a}$$

$$y=(0\quad 0\quad 0\ \vdots\ 1)\begin{pmatrix}\dot{z}\\ \theta\\ \dot{\theta}\\ \vdots\\ z\end{pmatrix} \tag{7-20b}$$

简记为

$$\begin{pmatrix}\dot{\bar{\boldsymbol{x}}}_1\\ \dot{\bar{\boldsymbol{x}}}_2\end{pmatrix}=\begin{pmatrix}\bar{\boldsymbol{A}}_{11}&\bar{\boldsymbol{A}}_{21}\\ \bar{\boldsymbol{A}}_{12}&\bar{\boldsymbol{A}}_{22}\end{pmatrix}\begin{pmatrix}\bar{\boldsymbol{x}}_1\\ \bar{\boldsymbol{x}}_2\end{pmatrix}+\begin{pmatrix}\bar{\boldsymbol{b}}_1\\ \bar{\boldsymbol{b}}_2\end{pmatrix}\boldsymbol{u} \tag{7-21a}$$

式中

$$\bar{y}=y=(0\quad I_1)\begin{pmatrix}\bar{x}_1\\ \bar{x}_2\end{pmatrix} \tag{7-21b}$$

$$\bar{\boldsymbol{x}}_1=\begin{pmatrix}\dot{z}\\ \theta\\ \dot{\theta}\end{pmatrix},\bar{\boldsymbol{A}}_{11}=\begin{pmatrix}0&-1&0\\0&0&1\\0&11&0\end{pmatrix},\bar{\boldsymbol{A}}_{12}=\begin{pmatrix}0\\0\\0\end{pmatrix},\bar{\boldsymbol{b}}=\begin{pmatrix}1\\0\\-1\end{pmatrix}$$

$$\bar{\boldsymbol{x}}_2=z=\bar{y},\bar{\boldsymbol{A}}_{21}=[1\quad 0\quad 0],\bar{\boldsymbol{A}}_{22}=0,\bar{\boldsymbol{b}}_2=0,\boldsymbol{I}_1=1$$

被控系统的 $(n-q)$ 维子系统的动态方程一般形式为

$$\dot{\bar{\boldsymbol{x}}}_1=\bar{\boldsymbol{A}}_{11}\bar{\boldsymbol{x}}_1+v,\ z'=\bar{\boldsymbol{A}}_{21}\bar{\boldsymbol{x}}_1 \tag{7-22}$$

式中

$$v=\bar{\boldsymbol{A}}_{12}\bar{y}+\bar{\boldsymbol{b}}_1u=\bar{\boldsymbol{b}}_1u,\ z'=\dot{\bar{y}}-\bar{\boldsymbol{A}}_{22}\bar{y}-\bar{\boldsymbol{b}}_2u=\dot{\bar{y}}=\dot{z}$$

z'为子系统输出量。故单倒立摆三维子系统动态方程为

$$\frac{\mathrm{d}}{\mathrm{d}t}\begin{pmatrix}\dot{z}\\ \theta\\ \dot{\theta}\end{pmatrix}=\begin{pmatrix}0 & -1 & 0\\ 0 & 0 & 1\\ 0 & 11 & 0\end{pmatrix}\begin{pmatrix}\dot{z}\\ \theta\\ \dot{\theta}\end{pmatrix}+\begin{pmatrix}1\\ 0\\ -1\end{pmatrix}u \tag{7-23a}$$

$$z'=(1\quad 0\quad 0)\begin{pmatrix}\dot{z}\\ \theta\\ \dot{\theta}\end{pmatrix} \tag{7-23b}$$

对该子系统的可观测性进行检查，结果仍可观测。

降维状态观测器动态方程的一般形式为

$$\dot{\boldsymbol{w}}=(\overline{\boldsymbol{A}}_{11}-\boldsymbol{h}\overline{\boldsymbol{A}}_{21})w+(\overline{\boldsymbol{b}}_1-\boldsymbol{h}\overline{\boldsymbol{b}}_2)u+[(\overline{\boldsymbol{A}}_{11}-\boldsymbol{h}\overline{\boldsymbol{A}}_{21})h+\overline{\boldsymbol{A}}_{12}-\boldsymbol{h}\overline{\boldsymbol{A}}_{22}]\overline{\boldsymbol{y}} \tag{7-24}$$

$$\hat{\boldsymbol{x}}_1=\boldsymbol{w}+\boldsymbol{h}\overline{\boldsymbol{y}} \tag{7-25}$$

式中，$h=(h_0\quad h_1\quad h_2)^{\mathrm{T}}$。考虑被控对象参数，单倒立摆降维观测器动态方程的一般形式为

$$\dot{\boldsymbol{w}}=\begin{pmatrix}-h_0 & -1 & 0\\ -h_1 & 0 & 1\\ -h_2 & 11 & 0\end{pmatrix}\boldsymbol{w}+\begin{pmatrix}1\\ 0\\ -1\end{pmatrix}u+\begin{pmatrix}-h_0^2-h_1\\ -h_0h_1+h_2\\ -h_0h_2+11h_1\end{pmatrix}\overline{\boldsymbol{y}} \tag{7-26}$$

$$\hat{\boldsymbol{x}}_1=\boldsymbol{w}+\begin{pmatrix}h_0\\ h_1\\ h_2\end{pmatrix}\overline{\boldsymbol{y}} \tag{7-27}$$

降维状态观测器特征多项式为

$$|\lambda\boldsymbol{I}-(\overline{\boldsymbol{A}}_{11}-\boldsymbol{h}\overline{\boldsymbol{A}}_{21})|=\lambda^3+h_0\lambda^2+(-11-h_1)\lambda+(-11h_0-h_2) \tag{7-28}$$

设希望的观测器闭环极点为 -3，$-2\pm\mathrm{j}$，则期望特征多项式为

$$(\lambda+3)(\lambda+2+\mathrm{j})(\lambda+2-\mathrm{j})=\lambda^3+7\lambda^2+17\lambda+15 \tag{7-29}$$

令式（7-28）与式（7-29）同次项的系数相等，可求得

$$h_0=7,h_1=-28,h_2=-92$$

故所求的降维状态观测器的动态方程为

$$\dot{\boldsymbol{w}}=\begin{pmatrix}-7 & -1 & 0\\ 28 & 0 & 1\\ 92 & 11 & 0\end{pmatrix}\boldsymbol{w}+\begin{pmatrix}1\\ 0\\ -1\end{pmatrix}u+\begin{pmatrix}-21\\ 194\\ 336\end{pmatrix}\overline{\boldsymbol{y}} \tag{7-30}$$

$$\hat{\boldsymbol{x}}=\begin{pmatrix}\hat{\boldsymbol{x}}_1\\ \cdots\\ \overline{\boldsymbol{y}}\end{pmatrix}=\begin{pmatrix}\boldsymbol{w}\\ \cdots\\ 0\end{pmatrix}+\begin{pmatrix}7\\ -28\\ -92\\ 1\end{pmatrix}\overline{\boldsymbol{y}} \tag{7-31}$$

用降维状态观测器实现状态反馈的单倒立摆系统结构图如图 7-4 所示。该降维状态观测器将连续地提供状态向量估值，其估值误差至少以 e^{-2t} 规律衰减。

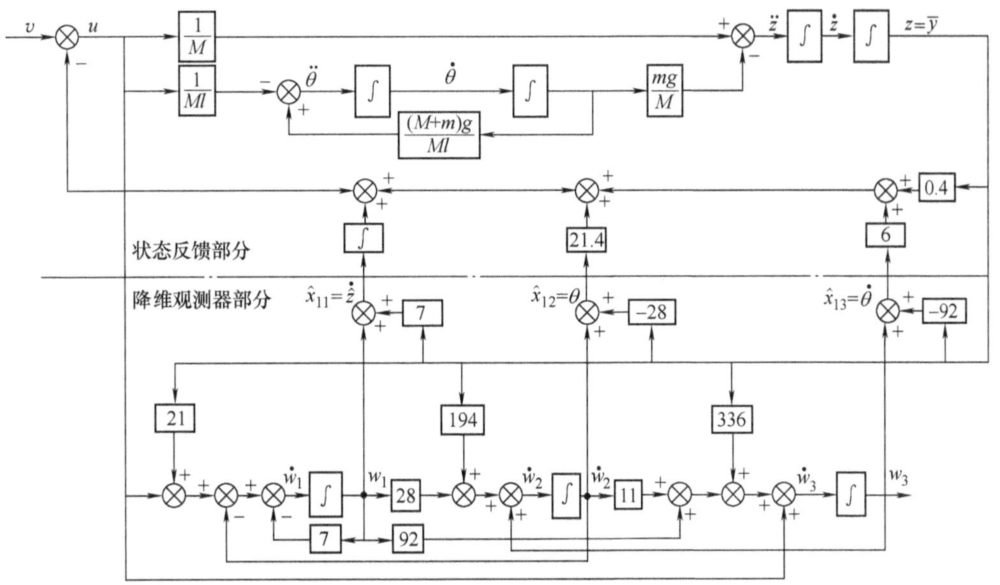

图 7-4 用降维观测器实现状态反馈的单倒立摆系统结构图

第二节 大型桥式起重机行车控制系统的状态空间设计

在工厂企业中，桥式起重机是一种普遍使用的起重、运输设备。图 7-5 为大型工厂中使用的桥式起重机（又称行车）工作示意图。在车间的两边墙体上，架设有一桥架（轨道），桥架可在车间上方的两边前后运动。桥架上有一起重机，该起重机在直流电动机的驱动下可在桥架上作水平运动，起重机上系有一钢绳，绳索下端有一承吊重物的吊钩，吊钩（含重物）可作上下运动。一般情况下，起重机首先将重物从地面上吊至一个预先规定的位置（高度），然后再送至某个对象的上方，最后将负载在一个确定的位置上卸下，在实际中，上述三步并不总是分开进行的。

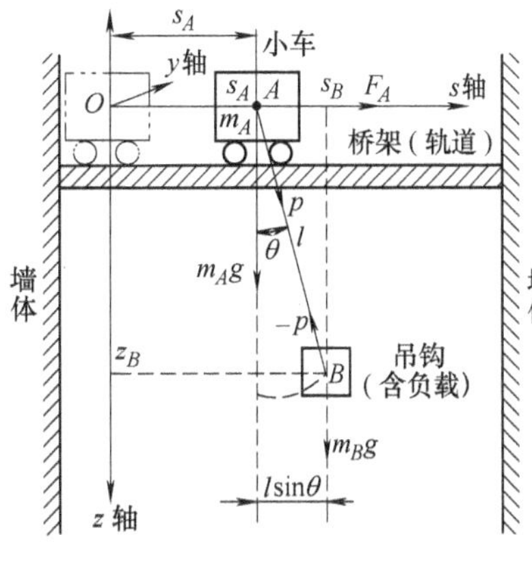

图 7-5 桥式起重机工作示意图

一、起重机系统的状态空间方程

起重机系统的状态空间运动方程，包括起重机 - 吊钩装置和驱动起重机装置的动力学方程。为了分析方便，起重机的工作过程均在由 s 轴与 y 轴构成的平面和由 s 轴与 z 轴构成的平面中进行讨论。

这种情况下，将重物从地面上吊至一个预先规定的位置，视为改变 z_B，然后再送至某个对象的上方视为改变 s_A，将负载在一个确定的位置上卸下，视为再次改变 z_B。

图 7-5 中，点 A 表示运行在桥架上的起重机，其中，s_A 为起重机在 s 轴上的坐标（$s_A \neq 0$，$z_A=0$）；m_A 为小车质量；F_A 为作用在小车上由驱动电动机产生的水平驱动力；p 为由吊钩与负载（下简称吊钩）产生并作用在小车上的绳索拉力。

点 B 表示吊钩，s_B、z_B 分别为吊钩在 s 轴、z 轴上的坐标，m_B 为吊钩的质量；l 为绳索长度、θ 为绳索同垂直方向之间的夹角（摆角）。

实现起重机的上述动作控制时，常常会遇到这样一些问题：由于起重机在 s 轴方向上的起动与制动，会使吊钩出现不希望的摆动（这种摆动系通过 θ 角的变化与大小来反映）；由于系统阻尼通常很小，将使这种摆动的衰减变得十分缓慢，从而增加负载上吊与下卸时的困难与时间。由于起重机的传送能力，即工作效率在很大程度上是同上吊与下卸速度有关的，并且起重机过程的自动化又将同此速度构成一个有机的整体。因此，如何借助于调节手段来避免减弱 θ 角的这种不希望的摆动，或者至少将其限制在允许的范围内，这就是在控制系统设计时需要解决的问题。

为简化分析又不失一般性，下面将起重机工作过程的自动调节的设计任务仅限于：对驱动起重机的电动机加以这样的控制，使起重机在 s 轴上（$y=0$）能从一个起始位置变化至另一个事先规定的位置，并最后在那里准确地停下来（届时，负载的重量与绳索长度均保持不变，即系统参数可视为常数），同时要求整个工作过程中有良好的动态特性。

1. 起重机—吊钩(机械) 系统的动力学方程

由图 7-5 可知，起重机与吊钩在平面上的坐标分别为（s_A，0）和（s_B，z_B）。在不计起重机与桥架（轨道）之间摩擦力的情况下，起重机在水平（s 轴）方向上的作用力平衡方程式为

$$m_A\ddot{s}_A = F_A + p\sin\theta \tag{7-32}$$

对于吊钩，则在水平与垂直（z 轴）方向上的作用力平衡方程式为

$$m_B\ddot{s}_B = -p\sin\theta \tag{7-33}$$

$$m_B\ddot{z}_B = m_Bg - p\cos\theta \tag{7-34}$$

式中，$g=9.8\text{m/s}^2$，为重力加速度。

与上述三个作用力平衡方程相对应，在假定绳索长度 l 不变条件下，由图 7-5 还可得出下面两个运动学方程

$$s_B = s_A + l\sin\theta \tag{7-35}$$

$$z_B = l\cos\theta \tag{7-36}$$

为消去式（7-32）～式（7-34）中的中间变量（绳索拉力 p），可将式（7-32）、式（7-33）两边相加得

$$m_A\ddot{s}_A + m_B\ddot{s}_B = F_A \tag{7-37}$$

与此同时，将式（7-33）、式（7-34）两边分别乘以 $\cos\theta$ 和（$-\sin\theta$）后再相加又有

$$\begin{aligned} m_B\ddot{s}_B\cos\theta + m_B\ddot{z}_B(-\sin\theta) &= -p\sin\theta\cos\theta + m_Bg(-\sin\theta) - p\cos\theta(-\sin\theta) \\ &= -m_Bg\sin\theta \end{aligned} \tag{7-38}$$

由此，式（7-37）、式（7-38）中不再含参数 p，进一步由式（7-35）、式（7-36）又可分别得

$$\ddot{s}_B = (\ddot{s_A + l\sin\theta}) = \ddot{s}_A + l(-\sin\theta\times\dot{\theta}^2 + \ddot{\theta}\cos\theta) \tag{7-39}$$

$$\ddot{z}_B = (\ddot{l\cos\theta}) = l(-\cos\theta\times\dot{\theta}^2 - \ddot{\theta}\sin\theta) \tag{7-40}$$

最后，将式（7-39）、式（7-40）代入式（7-37）、式（7-38）后可得

$$(m_A+m_B)\ddot{s}_A+m_Bl\ddot{\theta}\cos\theta-m_Bl\dot{\theta}^2\sin\theta=F_A \tag{7-41}$$

$$m_A(\ddot{s}_A+l\ddot{\theta}\cos\theta-l\dot{\theta}^2\sin\theta)\cos\theta+m_B(l\dot{\theta}^2\cos\theta+l\ddot{\theta}\sin\theta)\sin\theta=-m_Bg\sin\theta$$

$$\rightarrow \ddot{s}_A\cos\theta+l\ddot{\theta}+g\sin\theta=0 \tag{7-42}$$

至此，起重机—吊钩（机械）系统可由式（7-41）、式（7-42）两个二阶非线性微分方程给予描述，显然，这是一个四阶动力学（子）系统。

注：从数学角度讲，式（7-42）可视为图7-6“机械摆”对应的二阶非线性微分方程来描述，这是因为在式（7-42）中，当假定 s_A 的位置固定不变（即可令 $\ddot{s}_A=0$）时可得

$$l\ddot{\theta}+g\sin\theta=0 \tag{7-43}$$

另一方面，对于图7-6的“机械摆”，在不计铰链摩擦力情况下，可得如下转矩平衡方程

$$ml^2\ddot{\theta}+(mg\sin\theta)l=0\rightarrow\ddot{\theta}+\frac{g}{l}\sin\theta=0 \tag{7-44}$$

显然，此式与式（7-43）相同。

由于式（7-44）对于任何一个 θ 值都适用，因此，式（7-41）、式（7-42）同样适用于描述任意的 θ 值，然而，要解析求解式（7-41）、式（7-42）是困难的，且也没有必要。从调节技术角度来说，常可采用某种调节手段，使 θ 角的变化（相对于稳态值的偏差量）控制在一个很小的范围内，例如≤3°，在此前提下，就可进行如下近似处理，即可令 $\sin\theta\approx\theta$，$\cos\theta\approx1$ 和 $\dot{\theta}^2\sin\theta\approx0$。由此，式（7-41）、式（7-42）就可分别写为

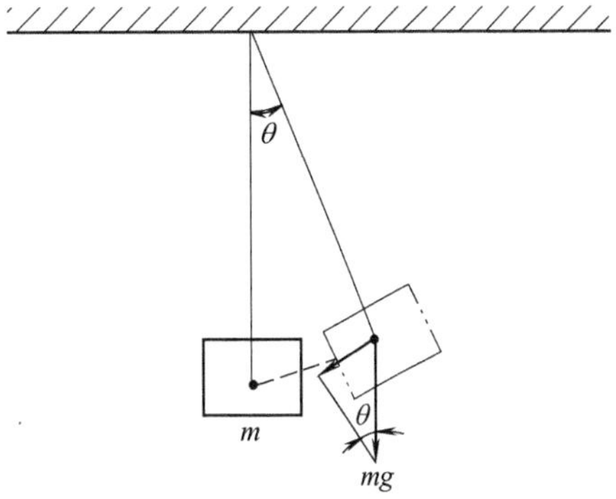

图7-6　“机械摆”示意图

$$(m_A+m_B)\ddot{s}_A+m_Bl\ddot{\theta}=F_A \tag{7-45}$$

$$\ddot{s}_A+l\ddot{\theta}+g\theta=0 \tag{7-46}$$

上述近似处理，亦可理解为此系统在稳定工作点附近进行线性化处理，由此得到的式（7-45）、式（7-46）便可以认为是非线性方程式（7-41）、式（7-42）相对应的二阶线性微分（偏差量）方程。其中，s_A 可理解为相对于稳态工作点的位置偏差量，而 θ 则可理解为相对垂直方向的摆角偏差量，F_A 亦应理解为起重机驱动力的偏差量。

2. 起重机驱动装置的运动方程

为简化分析，起重机驱动装置的运动方程，可认为是一阶定常线性微分方程，即

$$T_A\dot{F}_A+F_A=K_Au_A \tag{7-47}$$

式中　K_A——放大倍数（kN/s）；

T_A——时间常数（s）；

u_A——驱动直流电动机的控制电压（V）。

3. 起重机系统的状态空间方程

式（7-45）、式（7-46）和式（7-47）为描述整个起重机系统的三个线性定常动力学方

程。为将其写成状态空间形式，由式（7-45）、式（7-46）联解可得

$$\ddot{s}_A = \frac{m_B g}{m_A}\theta + \frac{1}{m_A}F_A \tag{7-48}$$

$$\ddot{\theta} = -\frac{(m_A + m_B)g}{m_A l}\theta - \frac{1}{m_A l}F_A \tag{7-49}$$

另外，由式（7-47）又可得

$$\dot{F}_A = -\frac{1}{T_A}F_A + \frac{K_A}{T_A}u_A \tag{7-50}$$

若选择如下状态变量 x_1（单位为 m）、x_2（单位为 m/s）、x_3（单位为 rad）、x_4（单位为 rad/s）、x_5（单位为 kN）

$$x_1 = s_A, x_2 = \dot{s}_A, x_3 = \theta$$

$$x_4 = \dot{\theta}, x_5 = F_A \tag{7-51}$$

和选择控制量 u（单位为 V）和输出量 y_1（单位为 m）、y_2（单位为 rad）

$$u = u_A, y_1 = s_A, y_2 = \theta \tag{7-52}$$

则由式（7-48）~式（7-50）和式（7-51）、式（7-52）可得状态方程描述式

$$\dot{x}_1 = x_2 \tag{7-53a}$$

$$\dot{x}_2 = \frac{m_B g}{m_A}x_3 + \frac{1}{m_A}x_5 \tag{7-53b}$$

$$\dot{x}_3 = x_4 \tag{7-53c}$$

$$\dot{x}_4 = -\frac{(m_A + m_B)g}{m_A l}x_3 - \frac{1}{m_A l}x_5 \tag{7-53d}$$

$$\dot{x}_5 = -\frac{1}{T_A}x_5 + \frac{K_A}{T_A}u \tag{7-53e}$$

以及由式（7-52）、式（7-53）可得输出方程描述式

$$y_1 = x_1, y_2 = x_3 \tag{7-54}$$

用矩阵形式表示，即

$$\dot{\boldsymbol{x}} = \boldsymbol{A}\boldsymbol{x} + \boldsymbol{b}u \tag{7-55a}$$

$$\boldsymbol{y} = \boldsymbol{C}\boldsymbol{x} \tag{7-55b}$$

式中

$$\boldsymbol{A} = \begin{pmatrix} 0 & 1 & 0 & 0 & 0 \\ 0 & 0 & a_{23} & 0 & a_{25} \\ \hdashline 0 & 0 & 0 & 1 & 0 \\ 0 & 0 & -a_{43} & 0 & -a_{45} \\ \hdashline 0 & 0 & 0 & 0 & -a_{55} \end{pmatrix} \begin{pmatrix} \text{小车} \\ \hdashline \text{吊钩} \\ \hdashline \text{驱动装置} \end{pmatrix} \tag{7-56}$$

其中

$$a_{23} = \frac{m_B g}{m_A}, a_{25} = \frac{1}{m_A}, a_{43} = \frac{(m_A + m_B)g}{m_A l}, a_{45} = \frac{1}{m_A l}, a_{55} = \frac{1}{T_A} \tag{7-56a}$$

和

$$\boldsymbol{b}=(0\quad 0\ \vdots\ 0\quad 0\ \vdots\ b_5)^{\mathrm{T}} \tag{7-56b}$$

小车　吊钩　驱动装置

其中

$$b_5=\frac{K_A}{T_A} \tag{7-56c}$$

以及

$$\boldsymbol{C}=\begin{pmatrix} c_{11} & 0 & 0 & 0 & 0 \\ 0 & 0 & c_{23} & 0 & 0 \end{pmatrix} \tag{7-56d}$$

其中

$$c_{11}=c_{23}=1 \tag{7-56e}$$

从状态方程可看出，这是一个单输入多输出量系统。另外，在 $\boldsymbol{A}$、$\boldsymbol{b}$ 中，小车、吊钩和驱动装置对应的由各有关参数构成的子系统可由虚线加以区分。

4. 起重机系统对应的状态结构图

将式（7-53）、式（7-54）拉普拉斯变换后，可绘出图 7-7 所示的桥式起重机系统状态结构图（为完整性起见，图中给出了阻尼系数 K_d，在此题中可令 $K_d=0$）。在此基础上又可得图 7-8 所示简化后的状态结构图。将图 7-7 与式（7-56）结合起来分析可知，a_{25}与 a_{45}分别体现了驱动装置对小车与吊钩的作用，a_{43}则体现了吊钩自身的负反馈作用，而吊钩对小车的反作用则是通过 a_{23}来体现的。

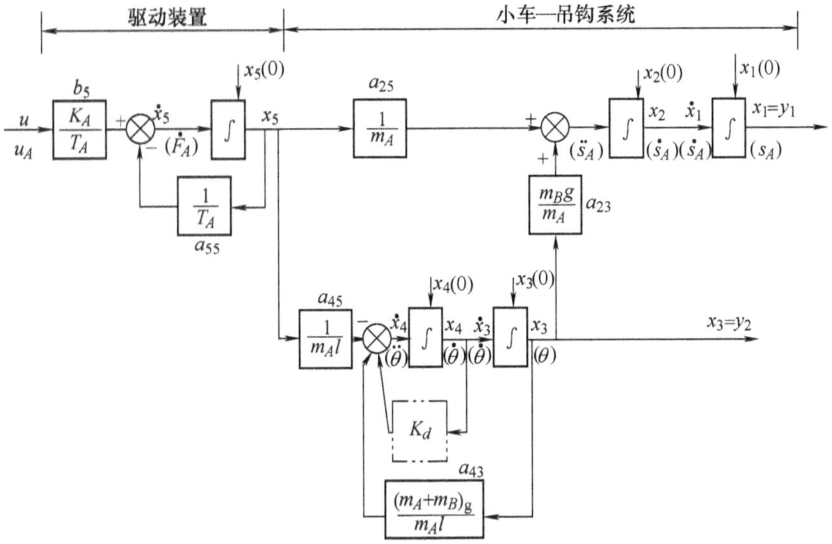

图 7-7　桥式起重机系统状态结构图

为便于后续分析与计算，假定系统中的具体参数为：$K_A=0.1\mathrm{kN/V}$、$T_A=1\mathrm{s}$、$m_A=1000\mathrm{kg}$、$m_B=4000\mathrm{kg}$、$l=10\mathrm{m}$。将上述有关数值代入式（7-56a）、式（7-56c）后进一步可得

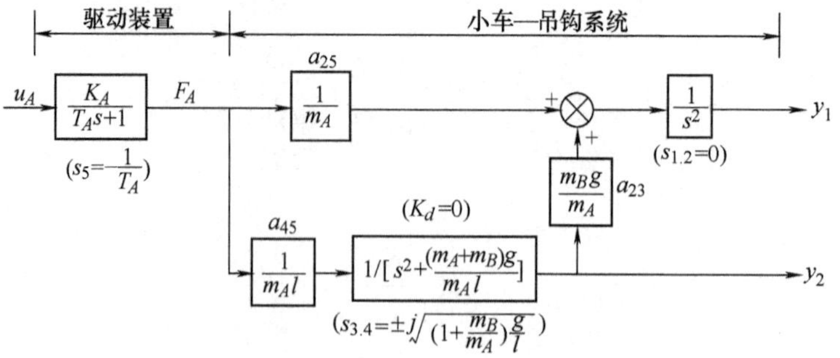

图7-8 桥式起重机系统简化后的状态结构图

$$\begin{cases} a_{23}=39.2\text{m/s}^2 \\ a_{25}=10^{-3}\text{kg} \\ a_{43}=4.9\text{m}^{-2} \\ a_{45}=10^{-4}/\text{kg}\cdot\text{m} \\ a_{55}=1\text{s}^{-1} \\ b_5=0.1\text{kV/V}\cdot\text{s} \\ c_{11}=c_{23}=1 \end{cases} \tag{7-57}$$

5. 被控对象的动态分析

(1) 被控对象的特征值

作为被控对象的起重机系统，其对应的（开环）特征值，可将式（7-56）代入对应的（开环）特征方程 $\det(\lambda I-A)=0$ 求出，即

$$\begin{aligned} &\lambda^2(\lambda^2+a_{43})(\lambda+a_{55})=0 \\ &\lambda^2\left[\lambda^2+\frac{(m_A+m_B)g}{m_A l}\right]\left(\lambda-\frac{1}{T_A}\right)=0 \end{aligned} \tag{7-58}$$

求解式（7-58），得（开环）特征值

$$\lambda_{1,2}=0,\lambda_{3,4}=\pm\mathrm{j}\sqrt{\frac{(m_A+m_B)g}{m_A l}},\lambda_5=-a_{55}=-\frac{1}{T_A} \tag{7-59}$$

代入式（7-57）的实际参数后，求得其特征值为

$$\lambda_{1,2}=0,\lambda_{3,4}=\pm\mathrm{j}2.21\text{s}^{-1},\lambda_5=-1\text{s}^{-1} \tag{7-60}$$

(2) 调节对象（起重机系统）自身动态特性分析

由式（7-59）知，此调节对象5个（开环）特征值中，有两个位于坐标原点，两个位于虚轴，一个位于负实轴，将这5个（开环）特征值的分布与图7-7或图7-8所示系统结构图结合起来分析可知：

$\lambda_5=-\frac{1}{T_A}$ 描述的是驱动装置的特性，由于该装置系一串联接入的一阶惯性环节，因此其对应的特性值将为负实数并可单独给予分析。

$\lambda_{1,2}=0$ 描述的是小车的动力学特性，这是因为在图7-7中 x_1 和 $\dot{x}_2$ 之间，也就是在 s_A 与 $\ddot{s}_A$ 之间相当于存在两个相互串联的积分环节，且无反馈支路存在，显然，两个位于坐标原点的特征值将是与此相对应的。

$\lambda_{3,4}=\pm \mathrm{j}\sqrt{a_{43}}=\pm \mathrm{j}\sqrt{\dfrac{(m_A+m_B)g}{m_A l}}$这样一对共轭虚数特征值描述的将是吊钩的无阻尼($K_d=0$)振荡(摆动)的动力学特征。这是因为在图7-7下方的闭环负反馈子系统对应的传递函数为$\dfrac{(1/s^2)}{(1+(1/s^2)a_{43})}=\dfrac{1}{s^2+a_{43}}$，显然，其对应的一对极点(也就是特征值)即为$\lambda_{3,4}$。

利用式(7-57)参数，在初始条件为$x_1(0)=x_2(0)=x_3(0)=x_4(0)=x_5(0)=0$(相对起重机静止地位于s-z平面的原点)，且在直流电动机控制电压由0V阶跃变化至10V时，得系统的仿真响应曲线如图7-9所示，响应曲线也表明起重机系统是不稳定。

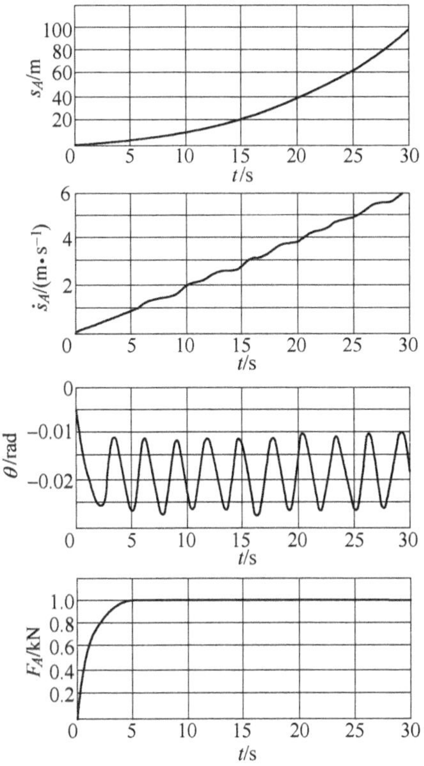

图7-9 起重机系统(开环)仿真响应曲线

现分析图7-9所示的响应曲线内含的物理概念。由于此时尚未采用闭环反馈调节，因此，在F_A的作用下，由于$\lambda_{1,2}=0$的存在，将导致s_A和$\dot{s}$，也就是图7-9中的小车位置与速度两条曲线随时间的变化而不断增加，而$\lambda_{3,4}=\pm \mathrm{j}\sqrt{a_{43}}$的存在，又将导致在不计空气阻力和绳索悬吊点铰链处摩擦力矩的情况下($K_d=0$)吊钩摆角θ的无阻尼振荡，由图7-7知，θ角的这种无阻尼振荡又将通过$a_{23}=\dfrac{m_B g}{m_A}$对小车的运动(即加速度$\ddot{s}_A$)产生反作用，且吊钩质量$m_B$越大，这种反作用也越强，行车的工作实践也可充分证明这一点。另外，由图7-9知，在$t>0$以及小车被加速后，由于吊钩出现一个平均值为-0.02rad(注意到负号表示摆方向与小车前行方向相反)、周期为$T=2.84$s的无阻尼振荡(摆动)，这种摆动，也就是θ角的变化，又将通过a_{23}的作用，使小车速度不断上升的程度减弱，这就是为什么$\dot{s}_A$曲线中会出现小波动的原因。然而，由于在$\dot{s}_A$与s_A之间存在一个能起平波作用的积分环节，因此，吊钩的这种无阻尼摆动虽会对$\dot{s}_A$产生影响，但对s_A却影响不大，这就是为什么s_A曲线中几乎不出现小波动的原因。应该指出，当需考虑上述摩擦阻尼作用时，可通过参数K_d的引入加以分析。在这种情况下，吊钩摆角θ的变化将会呈衰减振荡特性。

由上可见，调节对象，即起重机系统(开环)本身是不稳定的调节对象。

6. 起重机系统状态空间方程的简化(降价)式

由图7-8知，驱动装置对应的极点，即特征值有$s_5=\lambda_5=-1/T_A$。由于该装置系与小车—吊钩子系统相串联，其动力学特征易于分析，因此，对于行车系统，就可将重点放在小车—吊钩子系统上。此时，其对应的动力学矩阵 $\boldsymbol{A}$ 就可在式（7-56）基础上，删去与 $\dot{x}_5$ 对应的第5行和与 x_5 对应的第5列后获得，即有

$$\boldsymbol{A}'=\begin{pmatrix}0&1&0&0\\0&0&a_{23}&0\\0&0&0&1\\0&0&-a_{43}&0\end{pmatrix} \tag{7-61}$$

以及进一步由

$$\det(\lambda' I-\boldsymbol{A})=\lambda'^2(\lambda'^2+a_{43})=0 \tag{7-62}$$

可解得

$$\lambda'_{1,2}=0,\lambda'_{3,4}=\pm \mathrm{j}\sqrt{a_{43}}=\pm \mathrm{j}\sqrt{\frac{(m_A+m_B)g}{m_A l}} \tag{7-63}$$

可见，求得的4个（开环）特征值与式（7-59）完全相同。显然，若计及λ_5，则式(7-63)即为式（7-59）。由此，整个行车系统就可简化为小车—吊钩子系统（以下简称简化系统或降阶系统）进行分析了。

二、起重机系统的能控性分析

这里，只对简化（降价）系统进行能控性分析。

由能控性矩阵

$\boldsymbol{M}'=(\boldsymbol{b}' \quad \boldsymbol{A}'\boldsymbol{b}' \quad \boldsymbol{A}'^2\boldsymbol{b}' \quad \boldsymbol{A}'^3\boldsymbol{b}')$对起重机系统作能控性判定。当用式（7-61）的四阶系统动力学矩阵 A'进行分析时，可使系统能控性判断得到一定程度的简化，与此相对应，此时系统的控制量 u 不再是 u_A，而应该是 F_A，即 x_5。由此，利用式（7-53）可得

$$\dot{\boldsymbol{x}}=\boldsymbol{A}'\boldsymbol{x}+\boldsymbol{b}'u \tag{7-64}$$

式中 $\boldsymbol{x}=(x_1 \quad x_2 \quad x_3 \quad x_4)^{\mathrm{T}}$，$u=F_A$

$$\boldsymbol{b}'=\begin{pmatrix}0 & \dfrac{1}{m_A} & -\dfrac{1}{m_A l}\end{pmatrix}^{\mathrm{T}}=(0 \quad a_{25} \quad 0 \quad -a_{45})^{\mathrm{T}}$$

进一步考虑到式（7-61）可得

$$\boldsymbol{A}'\boldsymbol{b}'=\begin{pmatrix}a_{25}\\0\\-a_{45}\\0\end{pmatrix},\quad \boldsymbol{A}'^2\boldsymbol{b}'=\begin{pmatrix}0\\-a_{23}a_{45}\\0\\a_{43}a_{45}\end{pmatrix},\quad \boldsymbol{A}'^3\boldsymbol{b}'=\begin{pmatrix}-a_{23}a_{45}\\0\\a_{43}a_{45}\\0\end{pmatrix}$$

则能控性矩阵为

$$\boldsymbol{M}'=(\boldsymbol{b}' \quad \boldsymbol{A}'\boldsymbol{b}' \quad \boldsymbol{A}'^2\boldsymbol{b}' \quad \boldsymbol{A}'^3\boldsymbol{b}')=\begin{pmatrix}0&a_{25}&0&-a_{23}a_{45}\\a_{25}&0&-a_{23}a_{45}&0\\0&-a_{45}&0&a_{43}a_{45}\\-a_{45}&0&a_{43,45}&0\end{pmatrix} \tag{7-65}$$

以及对应有

$$\begin{aligned}|\boldsymbol{M}'|&=-a_{25}(a_{23}a_{43}a_{45}^3-a_{25}a_{43}^2a_{45}^2)+a_{45}(-a_{23}a_{25}a_{43}a_{45}^2+a_{23}^2a_{45}^2)\\&=a_{45}^2(a_{23}^2a_{45}^2+a_{25}^2a_{43}^2-2a_{23}a_{25}a_{43}a_{45})\end{aligned} \tag{7-66}$$

将有关参数代入上式有

$$|\boldsymbol{M}'| = \left(\frac{g}{m_A^2 l^2}\right)^2 \tag{7-67}$$

由此可见，只要 m_A 与 l 为有限值，即可确保小车—吊钩子系统完全可控。

三、利用极点配置法设计状态反馈调节器

极点配置法设计状态反馈调节器，主要涉及两个问题：一是根据什么原则来配置闭环特征值（极点）；二是如何利用极点配置法来设计调节器参数并完成闭环反馈调节。本例中，由于不存在着零、极点相对消，因此，为便于叙述，以后均称特征值为极点，且对应坐标用 s（复）平面描述。

1. 闭环极点配置

从行车系统对应的 4 个（开环）极点可知道，调节对象是一个不稳定系统，需通过闭环调节，使其由不稳定变为稳定并满足有关动、静态特性方面提出的要求，即：在与起重机位置相对应的给定值发生变化时，使 s_A 能快速并具有良好阻尼特性地变化至与新给定值对应之值，同时还应使稳态（位置）误差为零（准确），这些要求在 s 平面上就意味着：4 个（开环）极点中数值为零的两个极点 $s_{1,2}$ 和一对共轭虚数极点 $s_{3,4}$ 应移至 s 平面左半开平面合适的位置上，或者说，加入调节器后，与其相对应的 4 个闭环极点应均具有负实部的合适值。

（1）闭环极点分布的确定

由经典控制理论分析知，一个被控对象采用闭环调节，对其响应的快速性、良好的阻尼特性以及稳态误差三者之间的要求往往不易同时满足，需折中解决。而对于本例题就要求闭环极点之配置有一个合理的分布形态。为此，可在配置的 4 个闭环极点中事先考虑一对主导极点，并由这对主导极点基本确定闭环系统的动态运行特性，而剩下的两个闭环极点则可配置在这对主导极点左侧较远的地方，这样，这两个（闭环）极点的影响就可略去不计。采用一对主导极点后，四阶闭环系统就可以近似地用两阶系统进行分析，并可在此基础上进一步由其特征参数 ζ 和 ω_n 来确定这对主导极点在 s 平面上的位置。

（2）系统闭环极点的配置

设配置的 4 个闭环极点（特征值）λ_1^*、λ_2^*、λ_3^*、λ_4^* 为

$$\lambda_1^* = -0.172 + \mathrm{j}0.172$$

$$\lambda_2^* = -0.172 - \mathrm{j}0.172$$

$$\lambda_3^* = -1$$

$$\lambda_4^* = -1$$

闭环极点分布图如图 7-10 所示。

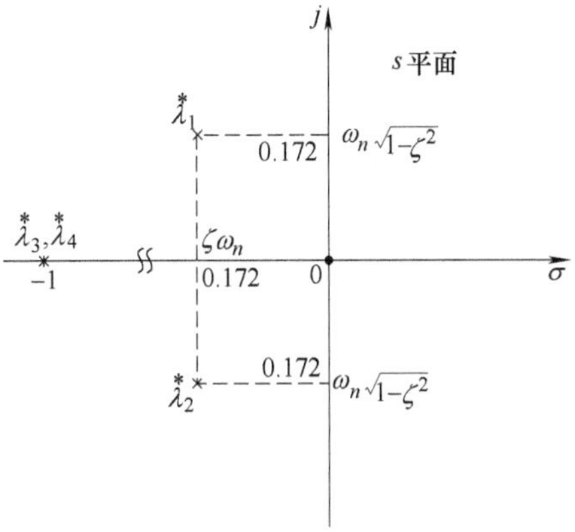

图 7-10　闭环极点分布图

由期望闭环极点 λ_1^*、λ_2^*、λ_3^*、λ_4^*，求得期望闭环特征多项式为

$$\begin{aligned} f(\lambda^*) &= (\lambda - \lambda_1^*)(s - \lambda_2^*)(s - \lambda_3^*)(s - \lambda_4^*) \\ &= (\lambda^2 + 0.344\lambda + 0.059)(\lambda + 1)^2 \\ &= \lambda^4 + p_3'\lambda^3 + p_2'\lambda^2 + p_1'\lambda + p_0' \end{aligned} \tag{7-68}$$

式中

$$p_3' = 2.344\mathrm{s}^{-1}, p_2' = 1.747\mathrm{s}^{-2}$$
$$p_1' = 0.462\mathrm{s}^{-3}, p_0' = 0.059\mathrm{s}^{-4} \tag{7-69}$$

2. 系统调节器与前置装置参数的设计

(1) 调节器参数的确定

在期望闭环特征多项式系数 p_3'、p_2'、p_1'、p_0'求出后，根据参考文献［8］，可以由下式确定调节器参数：

$$\begin{aligned}\boldsymbol{r}'^{\mathrm{T}} &= \boldsymbol{m}_s'^{\mathrm{T}}(p_0'I + p_1'A' + p_2'A'^2 + p_3'A'^3 + A'^4)\\ &= (r_1' \quad r_2' \quad r_3' \quad r_4')\end{aligned} \tag{7-70}$$

式中，$\boldsymbol{r}'^{\mathrm{T}}$为调节器的参数；$\boldsymbol{m}_s'^{\mathrm{T}}$ 为能控性矩阵式（7-65）M'的逆阵中的最后一行元素。

① 确定 $\boldsymbol{m}_s'^{\mathrm{T}}$。因 $\boldsymbol{m}_s'^{\mathrm{T}} = (0 \quad 0 \quad 0 \quad 1)\boldsymbol{M}'^{-1}$，故有 $\boldsymbol{m}_s'^{\mathrm{T}}\boldsymbol{M}' = (0 \quad 0 \quad 0 \quad 1)$，式中若设 $\boldsymbol{m}_s'^{\mathrm{T}} = (q_1' \quad q_2' \quad q_3' \quad q_4')$，并进一步将式（7-65）代入，则有

$$\left.\begin{aligned} a_{25}q_2' - a_{45}q_4' &= 0\\ a_{25}q_1' - a_{45}q_3' &= 0\\ -a_{23}a_{45}q_2' + a_{43}a_{45}q_4' &= 0\\ -a_{23}a_{45}q_1' + a_{43}a_{45}q_3' &= 1\end{aligned}\right\} \xrightarrow{\text{并可解得}} \left\{\begin{aligned} q' &= \frac{1}{a_{25}a_{43} - a_{23}a_{45}}\\ q_2' &= 0\\ q_3' &= \frac{a_{25}}{a_{45}}q_1'\\ q_4' &= 0\end{aligned}\right. \tag{7-71}$$

其中，进一步将式（7-56a）代入式（7-71）中，又有

$$q_1' \frac{1}{\dfrac{(m_A+m_B)g}{m_A l}\dfrac{1}{m_A} - \dfrac{m_B g}{m_A}\dfrac{1}{m_A l}} = \frac{m_A l}{g}, q_3' = \frac{\dfrac{1}{m_A}}{\dfrac{1}{m_A l}}\frac{m_A l}{g} = m_A\frac{l^2}{g}$$

最后可得

$$\boldsymbol{m}_s'^{\mathrm{T}} = (q_1' \quad 0 \quad q_3' \quad 0) = \begin{pmatrix}\dfrac{m_A l}{g} & 0 & \dfrac{m_A l^2}{g} & 0\end{pmatrix} \tag{7-72}$$

② 计算 $\boldsymbol{m}_s'^{\mathrm{T}}\boldsymbol{A}'^{v}$（$v = 1, 2, 3, 4$）。利用式（7-72）和式（7-61），可分别得

$$\boldsymbol{m}_s'^{\mathrm{T}}\boldsymbol{A}' = (q_1' \quad 0 \quad q_3' \quad 0)\begin{pmatrix}0 & 1 & 0 & 0\\ 0 & 0 & a_{23} & 0\\ 0 & 0 & 0 & 1\\ 0 & 0 & -a_{43} & 0\end{pmatrix} = (0 \quad q_1' \quad 0 \quad q_3') \tag{7-73a}$$

$$\boldsymbol{m}_s'^{\mathrm{T}}\boldsymbol{A}'^2 = (q_s'^{\mathrm{T}}\boldsymbol{A}')\boldsymbol{A}' = (0 \quad 0 \quad (a_{23}q_1' - a_{43}q_3') \quad 0) \tag{7-73b}$$

$$\boldsymbol{m}_s'^{\mathrm{T}}\boldsymbol{A}'^3 = (q_s'^{\mathrm{T}}\boldsymbol{A}'^2)\boldsymbol{A}' = (0 \quad 0 \quad 0 \quad (a_{23}q_1' - a_{43}q_3')) \tag{7-73c}$$

$$\boldsymbol{m}_s'^{\mathrm{T}}\boldsymbol{A}'^4 = (\boldsymbol{q}_s'^{\mathrm{T}}\boldsymbol{A}'^3)\boldsymbol{A}' = (0 \quad 0 \quad -a_{43}(a_{23}q_1' - a_{43}q_3') \quad 0) \tag{7-73d}$$

③ 确定 $\boldsymbol{r}^{\mathrm{T}}$。将式（7-72）、式（7-73）和式（7-69）代入式（7-70），并经中间运算后可得

$$\boldsymbol{r}'^{\mathrm{T}} = (r_1' \quad r_2' \quad r_3' \quad r_4') = (p_0'q_1' \quad p_1'q_1' \quad p_0'q_3' + (p_2' - a_{43})(a_{23}q_1' - a_{43}q_3') \quad p_1'q_3' + p_3'(a_{23}q_1' - a_{43}q_3'))$$

进一步将式（7-56a）和式（7-57）代入，又可得

$$r_1' = p_0'q_1' = p_0'\frac{m_A l}{g} = 0.059 \times \frac{1000 \times 10}{9.8}\text{kN/m} = 0.06\text{kN/m} \tag{7-74a}$$

$$r_2' = p_1'q_1' = p_1'\frac{m_A l}{g} = 0.462 \times \frac{1000 \times 10}{9.8}\text{kN}\cdot\text{s}\cdot\text{m}^{-1} = 0.472\text{kN}\cdot\text{s}\cdot\text{m}^{-1} \tag{7-74b}$$

$$\begin{aligned} r_3' &= p_0'q_3' + (p_2' - a_{43})(a_{23}q_1' - a_{43}q_3') \\ &= p_0'\frac{m_A l^2}{g} + \left[p_2' - \frac{(m_A + m_B)g}{m_A l}\right]\left[\frac{m_B g}{m_A}\frac{m_A l}{g} - \frac{(m_A + m_B)g}{m_A l}\frac{m_A}{g}l^2\right] \\ &= \frac{m_A l}{g}(p_0'l - p_2'g) + (m_A + m_B)g \\ &= \left[\frac{1000 \times 10}{9.8}(0.059 \times 10 - 1.747 \times 9.8) + \right. \\ &\quad \left.(10000 + 4000) \times 9.8\right]\text{kN} = 32.133\text{kN} \end{aligned} \tag{7-74c}$$

$$\begin{aligned} r_4' &= p_1'q_3' + p_3'(a_{23}q_1' - a_{43}q_3') = p_1'\frac{m_A l^2}{g} + p_3'(-m_A l) = \frac{m_A l}{g}(p_1'l - p_3'g) \\ &= \frac{1000 \times 10}{9.8}(0.462 \times 10 - 2.344 \times 9.8)\text{kN}\cdot\text{s} = -18.726\text{kN}\cdot\text{s} \end{aligned} \tag{7-74d}$$

实际上，对于四阶以上的单输入量的系统，通常都是利用计算机编程进行计算 $\boldsymbol{r}'^{\mathrm{T}}$、$\boldsymbol{m}_s'^{\mathrm{T}}$ 的值。图 7-11 为计算 $\boldsymbol{r}'^{\mathrm{T}}$、$\boldsymbol{m}_s^{\mathrm{T}}$ 的计算机程序框图。

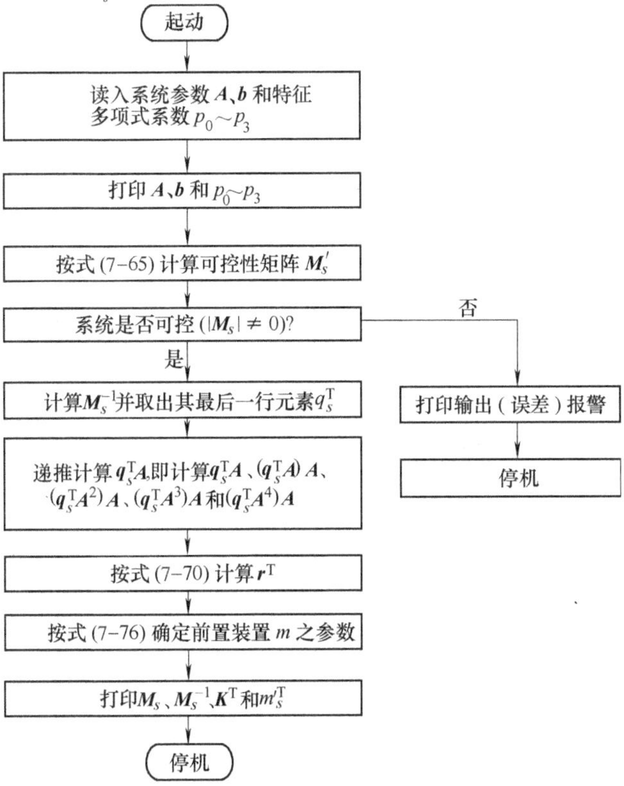

图 7-11　计算 $\boldsymbol{m}_s^{\mathrm{T}}$、$\boldsymbol{r}'^{\mathrm{T}}$的计算机程序框图

④ 闭环调节系统（不计驱动装置时的）框图。确定出 $\boldsymbol{r}'^{\mathrm{T}}$后即可绘得如图 7-12 所示的闭环调节系统框图（不计驱动装置的），由于是分析（四阶）简化系统。因此，反馈用的全部 4 个状态变量分别为 s_A、$\dot{s}_A$、θ、$\dot{\theta}$，经调节器 $r_1'\sim r_4'$后得到的，输出量（控制量）均为作用力（千牛顿）。

（2）前置装置的引入

对于多输入 - 多输出系统，在利用全状态反馈调节器 R 构成闭环后，若给定值矢量 $\boldsymbol{W}$ 的维数与输出量 $\boldsymbol{Y}$ 相等，而 $\boldsymbol{Y}$ 的维数 $\boldsymbol{q}$ 与 $\boldsymbol{u}$ 的维数 $\boldsymbol{p}$ 通常并不相等，因此，应如图 7-13 那样加入前置装置 M（$p\times q$）阵，以使 u_w（$=Mw$）能与 $\boldsymbol{u}_R$ 的维数相等，并在两者代数相加后能得到 u。即使是维数 $p=q$，考虑到 w 与 u 的量纲通常不一样，也应加入前置装置。

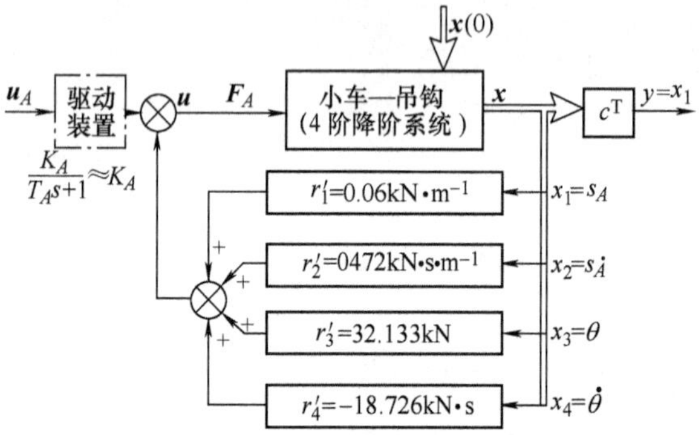

图 7-12 闭环调节系统框图（不计驱动装置的）

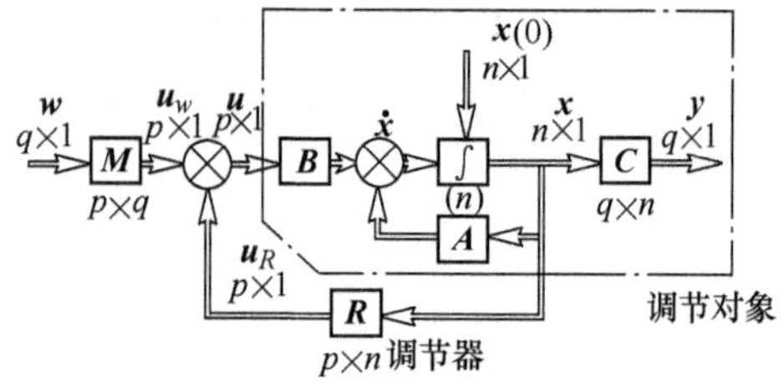

图 7-13 加入前置装置的系统框图

为简化分析，假设 $p=q$，根据参考文献［8］，前置装置 M 为

$$\boldsymbol{M}=[\boldsymbol{C}(\boldsymbol{BR}-\boldsymbol{A})^{-1}\boldsymbol{B}]^{-1} \tag{7-75}$$

对于单输入 - 单输出系统，因 $\boldsymbol{B}\to\boldsymbol{b}$，$\boldsymbol{C}\to\boldsymbol{c}^{\mathrm{T}}$，$\boldsymbol{R}\to\boldsymbol{r}^{\mathrm{T}}$，$\boldsymbol{M}\to m$（为标量），故对应 M 有

$$m=\frac{1}{\boldsymbol{c}^{\mathrm{T}}(\boldsymbol{br}^{\mathrm{T}}-\boldsymbol{A})^{-1}\boldsymbol{b}} \tag{7-76}$$

（3）计及驱动器装置后的闭环调节系统框图

由于实际系统的控制量为 u_A，而非 F_A。因此，在确定前置装置之前，需对图 7-12 进行变换，即应将图中的信号相加点移至驱动装置输入端。由式（7-60）知，在整个起重机系统的 5 个（开环）极点中，λ_5 从左侧离虚轴最远。或者说，系统的 5 个等效时间常数中，T_A 相对为最小。因此，为简化分析，可将驱动装置（即一阶惯性环节）近似视为一个放大倍数为 $K_A=0.1\mathrm{kN/V}$ 的比例环节。由此，就可将图 7-12 改画成图 7-14。此时，图中的$r_1''\sim r_4''$可利用式 $r_i''=\dfrac{r_i'}{K_A}$（$i=1，2，3，4$）分别计算得

$$r_1''=0.06\times\frac{1}{0.1}\mathrm{V/m}=0.6\mathrm{V/m},r_2''=0.472\times\frac{1}{0.1}\mathrm{V\cdot s\cdot m^{-1}}=4.72\mathrm{V\cdot s\cdot m^{-1}}$$

$$r_3''=32.133\times\frac{1}{0.1}\mathrm{V}=321.33\mathrm{V},r_4''=-18.726\times\frac{1}{0.1}\mathrm{V\cdot s}=-187.26\mathrm{V\cdot s} \tag{7-77}$$

根据式（7-76）前置装置参数的计算，此时图 7-14 中的 $m=r_1''=0.6\mathrm{V/m}$。同样，在要求 s_A 由 2m 变化至 10m 时，控制量 $u=u_A$，在 $t=0_+$ 时，其阶跃变化量应为 $\Delta u(0_+)=m\times$

$(10-2)\mathrm{m}=0.6\times 8\mathrm{V}=4.8\mathrm{V}$。与此相对应，驱动力 F_A 的阶跃变化量则应为 $\Delta F_A(0_+)=K_A\times\Delta u(0_+)=0.1\times 4.8\mathrm{kN}=0.48\mathrm{kN}$。

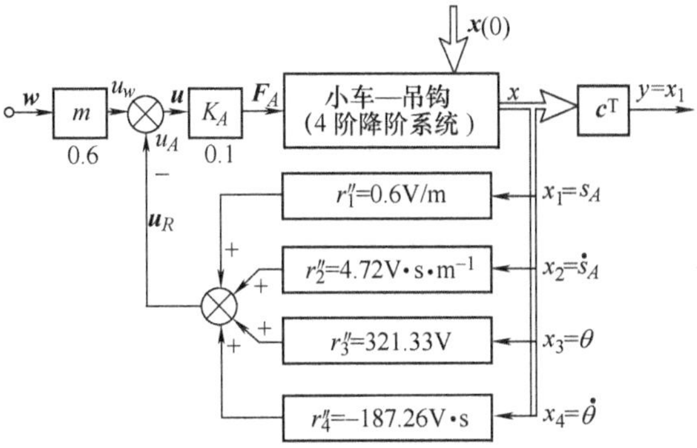

图 7-14 带驱动装置及前置装置的闭环系统框图

第三节 液压伺服电动机最优控制系统

液压伺服电动机和交、直流电动机一样，是组成运动控制系统中最常用的执行部件，其控制系统广泛应用于工业生产、机械制造业、国防武器装备等行业。现代控制理论问世以来，控制工程界的技术人员不断地采用各种先进的控制策略和算法应用于这类系统的设计，其中，采用二次型最优化控制理论设计就是最常用且最成功的一种方法之一。许多实例表明，采用二次型最优化控制理论设计的系统，有效地提高了系统的动、静态性能指标。

一、液压伺服最优系统的组成

液压伺服系统由液压电动机、油泵、伺服器、传感器、控制器等部件组成，如图 7-15 所示。

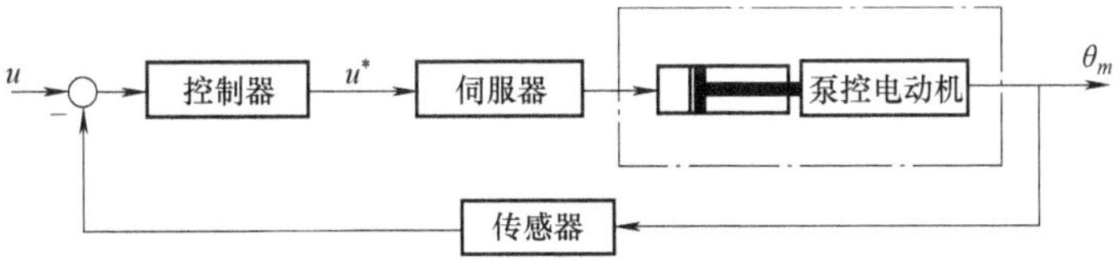

图 7-15 液压伺服控制系统框图

二、系统的数学模型

由参考文献，系统的传递函数

$$G(s)=\frac{\theta_m}{u}=\frac{k}{s\left(\frac{1}{\omega_n^2}s^2+\frac{2\zeta_n}{\omega_n}s+1\right)}$$

相应的状态空间表达式

$$\dot{x}=\begin{pmatrix}0 & 1 & 0\\ 0 & 0 & 1\\ 0 & -\omega_n^2 & -2\zeta_n\omega_n\end{pmatrix}\begin{pmatrix}x_1\\ x_2\\ x_3\end{pmatrix}+\begin{pmatrix}0\\ 0\\ k\omega_n^2\end{pmatrix}u$$

$$y=(1\quad 0\quad 0)x$$

相关参数

$$k = k_q k_2 k_3/(D_m^2 k_1) = 120; \quad \zeta_n = \sqrt{\frac{V_1 B^2}{4\beta J D_m^2}} = 0.4; \quad \omega_n = \sqrt{\frac{\beta D_m^2}{V_1 J}} = 200$$

式中，k_1 为液压缸位移与柱塞泵斜盘角的比例系数；k_2 为滑阀位移与输入电压的比例系数；k_3 为液压缸位移与伺服阀位移的比例系数；k_q 为变量泵的流量与柱塞泵斜盘角的比例系数；D_m 为电动机弧排量；V_1 为电动机高压腔侧容积；B 为活塞和负载的黏性阻尼系数；β 为液体体积弹性模量；J 为电动机与负载折算至电动机轴上的总转动惯量。

三、性能指标

采用二次型指标

$$\boldsymbol{J} = \frac{1}{2}\int_0^{\infty} [\boldsymbol{x}^{\mathrm{T}}(t)\boldsymbol{Q}\boldsymbol{x}(t) + \boldsymbol{u}^{\mathrm{T}}(t)\boldsymbol{R}\boldsymbol{u}(t)]\mathrm{d}t$$

式中，$\boldsymbol{Q} = \begin{pmatrix} q_1 & 0 & 0 \\ 0 & q_2 & 0 \\ 0 & 0 & q_3 \end{pmatrix}$，且取 $q_1 = 10$，$q_2 = q_3 = 0$；$R = 1$。

四、最化控制率

由第六章第三节，使二次型性能指标最小的最优控制

$$\boldsymbol{u}^* = -\boldsymbol{R}^{-1}\boldsymbol{b}^{\mathrm{T}}\boldsymbol{P}\boldsymbol{x} = -\boldsymbol{K}\boldsymbol{x} = (3.1623 \quad 0.0182 \quad 0.0001)\boldsymbol{x}$$

式中，$\boldsymbol{P}$ 是黎卡提（Riccati）代数方程式（6-38）的解。

五、系统性能

当二次型性能指标中的加权矩阵取值为

$$\boldsymbol{Q} = \begin{pmatrix} 10 & 0 & 0 \\ 0 & 0 & 0 \\ 0 & 0 & 0 \end{pmatrix}, \quad \boldsymbol{R} = \boldsymbol{I}$$

时，系统单位阶跃响应如图 7-16 所示。

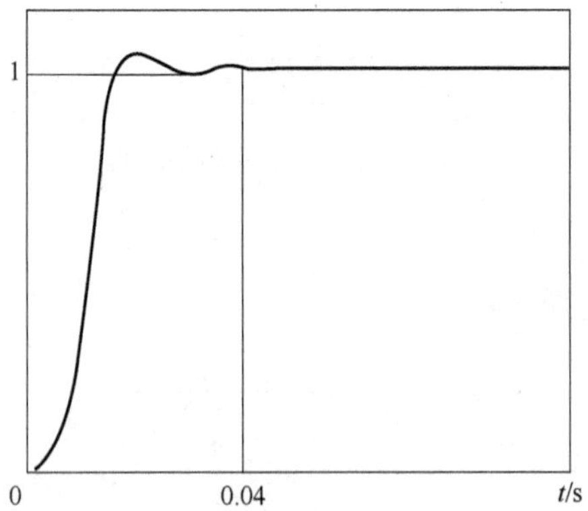

图 7-16 系统单位阶跃响应曲线

系统性能：上升时间 $t_{\mathrm{p}} = 0.02\mathrm{s}$；调节时间 $t_{\mathrm{s}} = 0.04\mathrm{s}$；最大超调量 $\delta\% = 4.7\%$。精度高，稳态误差为零。

可见，系统具有优良的性能，响应快，超调小，精度高。

附录　部分习题参考答案

第一章

1-1　根据《电路》，可列出如下方程

$$i_1=i_2+i_3=C_2\frac{\mathrm{d}u_0}{\mathrm{d}t}+C_1\frac{\mathrm{d}u}{\mathrm{d}t},\quad R_1\left(C_2\frac{\mathrm{d}u_0}{\mathrm{d}t}+C_1\frac{\mathrm{d}u}{\mathrm{d}t}\right)+u=u_i,\quad u=R_2C_2\frac{\mathrm{d}u_0}{\mathrm{d}t}+u_0$$

注：所选状态变量不同，状态空间表达式有不同。

1-2　设位移 $v=x_1$ 和速度 $y=x_2$ 为状态变量

$$\frac{\mathrm{d}x_1}{\mathrm{d}t}=-\frac{b}{m}x_1-\frac{k}{m}x_2+\frac{1}{m}u,\quad \frac{\mathrm{d}x_2}{\mathrm{d}t}=x_1$$

1-5　参考例 1-10 设置状态变量

$$\dot{\boldsymbol{x}}=\boldsymbol{Ax}+\boldsymbol{b}u;\boldsymbol{y}=\boldsymbol{cx}$$

式中　$\boldsymbol{A}=\begin{pmatrix}-1&0&1\\-1&-3&0\\0&2&-2\end{pmatrix}$，　$\boldsymbol{b}=\begin{pmatrix}0\\2\\0\end{pmatrix}$，$\boldsymbol{c}=(1\quad 0\quad 0)$

1-6　$G(s)=\boldsymbol{c}[(s\boldsymbol{I}-\boldsymbol{A})^{-1}]\boldsymbol{b}=\dfrac{2s^2+7s+3}{s^3-7s-6}$

1-8　提示：先部分分式展开，$w(z)=\dfrac{4/3}{(z-1)^2}-\dfrac{4/9}{(z-1)}+\dfrac{4/9}{(z+2)}$

第二章

2-4　特征值：(1) $\lambda_1=-1$，$\lambda_2=-3$　(2) $\lambda_1=-1$，$\lambda_2=-2$，$\lambda_3=-3$。

2-5　(1) $\mathrm{e}^{At}=\begin{pmatrix}2\mathrm{e}^{-t}-\mathrm{e}^{-2t}&\mathrm{e}^{-t}-\mathrm{e}^{-2t}\\-2\mathrm{e}^{-t}+2\mathrm{e}^{-2t}&-\mathrm{e}^{-t}+2\mathrm{e}^{-2t}\end{pmatrix}$；(2) $\mathrm{e}^{At}=\dfrac{1}{2}\begin{pmatrix}2\mathrm{e}^{4t}&0&0\\0&\mathrm{e}^{2t}+\mathrm{e}^{4t}&\mathrm{e}^{4t}-\mathrm{e}^{2t}\\0&\mathrm{e}^{4t}-\mathrm{e}^{2t}&\mathrm{e}^{2t}+\mathrm{e}^{4t}\end{pmatrix}$

2-6　注：根据状态转移矩阵的性质考虑，(1) 不是；(2) 是。$\boldsymbol{A}=\begin{pmatrix}0&2\\-1&-3\end{pmatrix}$

2-7　(1) $\boldsymbol{x}(t)=(-1+2\mathrm{e}^t\quad 2t\mathrm{e}^t)^{\mathrm{T}}$

(2) $\boldsymbol{x}(t)=(\mathrm{e}^t\quad 0\quad \mathrm{e}^{2t})^{\mathrm{T}}$

2-8　$\boldsymbol{x}(t)=\begin{pmatrix}-1+1.5\mathrm{e}^t-0.5\mathrm{e}^{-3t}\\0.5\ (\mathrm{e}^{-t}-\mathrm{e}^{-3t})\end{pmatrix}$

2-9　$y(t)=-\dfrac{5}{2}t\mathrm{e}^{-t}+\dfrac{7}{8}\mathrm{e}^{-t}-\dfrac{9}{8}\mathrm{e}^{-5t}$

第三章

3-1　(1) 能控；(2) 不能控；(3) 不能控；(4) 能控。

3-2 （1）能观测；（2）不能观测。

3-3 $b^2-ab+1=0$

3-4 $b-a\neq1$

3-6 能控

3-7 能观测

3-8 不能控

3-9 不能观测

3-10 不能控不能观测

3-12 a 为1，2，3 不能控或不能观测。

第四章

4-1 $a=1$ 或 2。

4-2 （1）不定；（2）正定；（3）负定。

4-3 $a>1$；$b>\dfrac{b}{b-1}$

4-4 $\boldsymbol{x}_e=(0\quad 0)^T$

4-5 大范围一致渐近稳定。

4-6 非渐近稳定；本方法不能确定。

4-7 $\boldsymbol{x}_e=(0\quad 0)^T$；大范围一致渐近稳定的

4-8 $\boldsymbol{x}_e=(0\quad 0)^T$；大范围一致渐近稳定的

4-9 $0<K<2$。

第五章

5-5 状态反馈 $\boldsymbol{k}=(16\quad 13)$。

5-6 状态反馈 $\boldsymbol{k}=(4\quad 4\quad 1)$。

5-7 状态反馈 $\boldsymbol{k}=(-14\quad 186\quad -1220)$。

5-8 反馈系数 $g_0=3$；$g_1=1$

5-9 $g_0=35$；$g_1=41$；$g_2=14$

第六章

6-6 $\boldsymbol{u}^*(t)=-\boldsymbol{x}_1(t)-\sqrt{2}\boldsymbol{x}_2(t)$

6-7 $\boldsymbol{u}^*(t)=-\boldsymbol{y}(t)-\sqrt{2}\boldsymbol{x}_2$

6-8 $\boldsymbol{u}^*(t)=-\boldsymbol{y}(t)-\dfrac{\sqrt{2}}{2}\boldsymbol{x}_2+\boldsymbol{y}^*(t)$

参 考 文 献

[1] CHEN Chitsong. Linear System Theory and Design [M]. New York: Oxford University Press, 1984.
[2] Driels Morrils. Linear Control Systems Engineering [M]. California: MGraw-Hill, 2007.
[3] 郑大钟. 线性系统理论 [M]. 北京: 清华大学出版社, 2002.
[4] 于长官. 现代控制理论 [M]. 哈尔滨: 哈尔滨工业大学出版社, 1992.
[5] 胡寿松. 自动控制原理 [M] 北京: 科学出版社, 2001.
[6] 刘豹, 唐万生. 现代控制理论 [M]. 北京: 机械工业出版社, 2010.
[7] 李国勇. 现代控制理论习题集 [M]. 北京: 清华大学出版社, 2011.
[8] 龚乐年. 现代控制理论题解分析与指导 [M]. 南京: 东南大学出版社, 2005.
[9] 王青, 陈宇, 等. 最优控制——理论、方法与应用 [M]. 北京: 高等教育出版社, 2011.
[10] 吴受章. 最优控制理论与应用 [M]. 北京: 机械工业出版社, 2008.
[11] 王宏华. 现代控制理论 [M]. 2 版. 北京: 电子工业出版社, 2013.
[12] 赵光宙. 现代控制理论 [M]. 北京: 机械工业出版社, 2010.
[13] 王孝武. 现代控制理论基础 [M]. 北京: 电子工业出版社, 2006.
[14] 马植衡. 现代控制理论入门 [M]. 北京: 国际工业出版社, 1982.
[15] 丘兆福, 胡永谟, 等. 线性代数 [M]. 上海: 同济大学出版社, 2012.